チューブハイドロフォーミング

軽量化のための成形加工技術

日本塑性加工学会 編

森北出版株式会社

チューブハイドロフォーミング　出版部会

部会長　淵澤定克（編集）
幹　事　真鍋健一（編集）
委　員　阿部英夫，加藤和明，栗山幸久，浜野秀光

執筆者（50音順）
阿部英夫（元JFEスチール(株)）　　中村正信（元(株)チューブフォーミング）
加藤和明（(株)三五）　　　　　　野村拓三（元(株)オプトン）
栗山幸久（東京大学）　　　　　　浜野秀光（JFEテクノリサーチ(株)）
小嶋正康（元住友金属工業(株)）　淵澤定克（元宇都宮大学）
白寄　篤（宇都宮大学）　　　　　麻　寧緒（(株)JSOL）
菅沼俊治（元アイダエンジニアリング(株)）　真鍋健一（首都大学東京）
鈴木孝司（元JFEスチール(株)）　水越秀雄（(株)UACJ）
都筑隆之（元三菱重工業(株)）　　水村正昭（新日鐵住金(株)）
轟　　寛（元ブリヂストンサイクル(株)）　吉田　亨（新日鐵住金(株)）

● 本書のサポート情報を当社Webサイトに掲載する場合があります．下記のURLにアクセスし，サポートの案内をご覧ください．

http://www.morikita.co.jp/support/

● 本書の内容に関するご質問は，森北出版 出版部「(書名を明記)」係宛に書面にて，もしくは下記のe-mailアドレスまでお願いします．なお，電話でのご質問には応じかねますので，あらかじめご了承ください．

editor@morikita.co.jp

● 本書により得られた情報の使用から生じるいかなる損害についても，当社および本書の著者は責任を負わないものとします．

■ 本書に記載している製品名，商標および登録商標は，各権利者に帰属します．

■ 本書を無断で複写複製（電子化を含む）することは，著作権法上での例外を除き，禁じられています．複写される場合は，そのつど事前に(社)出版者著作権管理機構（電話 03-3513-6969，FAX 03-3513-6979，e-mail:info@jcopy.or.jp）の許諾を得てください．また本書を代行業者等の第三者に依頼してスキャンやデジタル化することは，たとえ個人や家庭内での利用であっても一切認められておりません．

まえがき

　地球環境問題から省エネルギー，省資源が叫ばれ，工業製品，輸送機器の軽量化が進んでいる．ものづくりにおいて，軽量化を促進するためには，製品や機器を構成する各種要素部材および部品の中空構造化が重要である．その軽量化を目指した中空構造部品製造で鍵を握る成形加工法は，中空の管材料を用いるチューブフォーミング（管材の二次加工）技術である．チューブフォーミングは，1970年代に石油ショック以降に一度注目され，その後も継続して軽量化に適する加工技術として発展してきた．1990年代に入ると，欧米から自動車構造部材の軽量化に不可欠な加工技術であるとして，再び注目されはじめた．なかでも，管の内側から高圧を負荷して張り出させ，所望の形状に成形加工するバルジ加工は，それまではチューブフォーミングの要素技術の一つとして取り上げられる程度であったが，近年，コンピューターを駆使した高度なチューブハイドロフォーミング技術として発展し，チューブフォーミングを代表する成形技術として注目を浴びるようになった．チューブハイドロフォーミングでは，複雑な断面を有する高剛性中空軽量部材の一体成形が可能である．そのため，とくに輸送機器や自動車業界において，軽量化と衝突安全に対応できるものとして，足回り部品から構造部品へと自動車部品への適用が拡大している．それはまさに巨大マーケットをもつ自動車業界の強さから，欧米だけでなく，日本，韓国，中国など，アジアも巻き込んで世界中で一気に広がり，研究開発から実用研究に，さらには商業化へと大きく発展し，変貌を遂げている．

　チューブハイドロフォーミングは，重要な軽量化成形技術としていまや成形加工技術の中心的存在に位置付けられ，急速に進展している．しかし，その加工技術は複雑かつ高度であり，いまだに発展途上にある技術である．

　ところで，日本塑性加工学会では1992年に「塑性加工技術シリーズ」の第10巻として『チューブフォーミング−管材の二次加工と製品設計−』を出版した．それは当時の最新技術を紹介し，基礎から解説したものであったが，発刊からすでに20年が経過している．なかでも，チューブハイドロフォーミング技術は，出版当時はまだ萌芽期にあったため，説明は十分でなかった．チューブハイドロフォーミング技術は最近目覚しい進歩を遂げており，その記述内容の大幅な見直しが迫られていた．

　そこで，本書ではこの熱い注目を浴びる「チューブハイドロフォーミング技術」に

焦点を絞り，本加工技術の基礎知識とポイントを整理し，現在までの材料開発状況も含め，技術開発の経緯ならびに最新の研究開発成果・資料データから，本加工技術の全貌が総括的に理解できるように解説した．それによって，今後のさらなる本加工技術の発展への寄与を期待するものである．

　最後に，当初の予定より本出版が大幅に遅れ，出版社のみならず，日本塑性加工学会，出版事業委員会ならびに執筆者の関係各位に多大なご迷惑をおかけした．このたび，ようやく出版までこぎつけることができたことに対し，関係各位に深くお詫びするとともに感謝申し上げます．

2015 年 3 月

出版部会代表記す

目　次

第1章　チューブハイドロフォーミング概説 ─── 1

1.1　チューブフォーミングとチューブハイドロフォーミング ・・・・・ 1
1.2　チューブハイドロフォーミングとその開発の歴史 ・・・・・・・・ 2
 1.2.1　チューブハイドロフォーミングとは　2
 1.2.2　工法の特徴　4
 1.2.3　開発の歴史と現状　5
1.3　構造部材の軽量化とチューブハイドロフォーミング ・・・・・・・ 11
 1.3.1　中空構造化　11
 1.3.2　高強度化　12
 1.3.3　比強度・比剛性の高い材料への転換　12
1.4　自動車部品の中空構造設計による軽量化とその効果 ・・・・・・・ 13
 1.4.1　衝突安全性と軽量化　13
 1.4.2　地球環境保全と軽量化　15

第2章　成形基礎理論 ─── 21

2.1　自由バルジ成形理論 ・・・・・・・・・・・・・・・・・・・・・ 21
 2.1.1　無限長円管の自由バルジ成形理論　22
 2.1.2　有限長円管の自由バルジ成形理論　27
 2.1.3　異方性材料の自由バルジ成形理論　28
2.2　型バルジ成形理論 ・・・・・・・・・・・・・・・・・・・・・・ 30
2.3　T成形理論 ・・・・・・・・・・・・・・・・・・・・・・・・・ 33
 2.3.1　加工力の理論　35
 2.3.2　素管と成形金型の寸法について　37
 2.3.3　最大軸押込み量と最大内圧について　37
2.4　その他 ・・・・・・・・・・・・・・・・・・・・・・・・・・・ 39
 2.4.1　成形基礎理論における仮定とその妥当性について　39
 2.4.2　軸押し力と軸押し変位について　41

2.4.3　低圧法などに関する理論について　42

第3章　成形用材料 ──────────────────── 45

3.1　チューブハイドロフォーミング用材料 · · · · · · · · · · · · · · · · · 45
3.2　鋼　管 　49
3.3　非鉄金属管 　52
　3.3.1　アルミニウム合金　54
　3.3.2　その他の非鉄金属　57
3.4　成形性試験法 · 58
　3.4.1　引張試験　58
　3.4.2　拡管試験　60
　3.4.3　へん平試験　61
　3.4.4　曲げ試験　62
　3.4.5　バルジ試験　62
　3.4.6　成形限界線図　68
3.5　成形性とその支配因子 · 68
　3.5.1　曲げ加工性と材料特性　69
　3.5.2　ハイドロフォーミング性と材料特性　70

第4章　プリフォーミング ──────────────────── 81

4.1　プリフォーミングの考え方とその工法 · · · · · · · · · · · · · · · 81
4.2　拡管・縮管加工 · 82
4.3　プリベンディング · 83
　4.3.1　引曲げ　85
　4.3.2　プレス曲げ　86
　4.3.3　押通し曲げ　86
　4.3.4　せん断曲げ　88
4.4　つぶし加工 · 90
　4.4.1　つぶし加工の目的　91
　4.4.2　つぶし形状の選定　93
4.5　加工事例 · 94
　4.5.1　自動車のエンジンクレードルの構成部品　94

4.5.2　自動車のエキゾーストマニホールドの構成部品　96
　　4.5.3　自動車のフレーム部品　97

第5章　チューブハイドロフォーミング ―――――― 100

5.1　チューブハイドロフォーミングの分類と特徴 ･････････　100
　　5.1.1　変形拘束の有無による分類　100
　　5.1.2　軸押込みの有無による分類　102
　　5.1.3　内圧負荷方式による分類　102
　　5.1.4　摩擦・潤滑条件による分類　103
　　5.1.5　加工環境条件による分類　104
　　5.1.6　圧力媒体による分類　107
5.2　加工法 ･･　108
　　5.2.1　ハイドロフォーミングプロセス　108
　　5.2.2　材料別加工法　112
　　5.2.3　特色のある加工法　121
5.3　実加工における加工限界 ･･････････････････････････　130
　　5.3.1　破裂による加工限界　131
　　5.3.2　しわによる加工限界　136
5.4　ハイドロフォーミング性に及ぼす加工因子 ･･････････　139
　　5.4.1　負荷経路　140
　　5.4.2　素管の材料特性および金型との潤滑条件　145
　　5.4.3　負荷経路と材料特性および潤滑条件との関係　146
　　5.4.4　ハイドロフォーミング性に及ぼす加工因子のまとめ　148
5.5　制御方式 ･･･････････････････････････････････････　149
　　5.5.1　内圧の制御　150
　　5.5.2　軸押しパンチおよびカウンターパンチの制御　151
5.6　金型設計および製品設計 ･･････････････････････････　152
　　5.6.1　ハイドロフォーミング用金型設計の留意事項　152
　　5.6.2　金型および押込み工具の形状寸法　153
　　5.6.3　金型および製品設計の考え方　156
5.7　工程設計方案 ･･･････････････････････････････････　158
　　5.7.1　成形条件の決定　158
　　5.7.2　基本的設計のポイント　161

第6章　ポストフォーミング —————————————— 168

6.1　ハイドロピアシング・・・・・・・・・・・・・・・・　168
　　6.1.1　加工方式　168
　　6.1.2　加工精度　171
　　6.1.3　金型設計　172

6.2　その他のポストフォーミング・・・・・・・・・・・・　173
　　6.2.1　ハイドロバーリング　173
　　6.2.2　ハイドロジョイニング　175
　　6.2.3　ハイドロフランジング　176
　　6.2.4　ハイドロトリミング　177

第7章　加工機械・加工システム —————————————— 179

7.1　加工システム全体の流れと特徴・・・・・・・・・・・　179
　　7.1.1　加工システムの特徴　179
　　7.1.2　ハイドロフォーミング前後工程の説明　180

7.2　プリフォーミング用曲げ加工機械・・・・・・・・・・　182
　　7.2.1　引曲げ加工機械　183
　　7.2.2　押通し曲げ加工機械　184

7.3　ハイドロフォーミング加工機械・・・・・・・・・・・　187
　　7.3.1　構成装置および要素　188
　　7.3.2　ハイドロフォーミング加工機械の主仕様決定方法　191
　　7.3.3　ハイドロフォーミング加工機械の動作と制御　192
　　7.3.4　生産設備としてのハイドロフォーミング加工機械　194

7.4　搬送装置および検査・・・・・・・・・・・・・・・・　195
7.5　加工システム構成における注意点・・・・・・・・・・　195

第8章　加工シミュレーションと最適化 —————————————— 197

8.1　加工シミュレーションの必要性と種類・・・・・・・・　197
　　8.1.1　加工シミュレーションの必要性　197
　　8.1.2　加工シミュレーションの種類と特徴　199
　　8.1.3　形状モデリング手法　200
　　8.1.4　材料モデル・材料評価　201

8.2 加工シミュレーション事例・・・・・・・・・・・・・・・・・・・・・・・・・・・・ 204
　　8.2.1　自由バルジ成形のシミュレーション　204
　　8.2.2　T成形のシミュレーション　205
　　8.2.3　長方形拡管のシミュレーション　205
　　8.2.4　プリフォーミングを伴う加工シミュレーション　207
　　8.2.5　実部品加工のシミュレーション　208
8.3 負荷経路の最適化とその手法・・・・・・・・・・・・・・・・・・・・・・・・ 211
　　8.3.1　最適化の設計方法　212
　　8.3.2　最適負荷経路のモデル化　212
　　8.3.3　負荷経路の最適化計算例　213
8.4 最適プロセス制御・・・・・・・・・・・・・・・・・・・・・・・・・・・・・・・・・・ 219
　　8.4.1　T成形　219
　　8.4.2　クロス成形　221

第9章　加工事例 ─────────────────── 223

9.1 自動車・・ 223
　　9.1.1　プラットフォーム・サスペンション部材／部品　224
　　9.1.2　ボディー部材／部品　229
　　9.1.3　吸排気系部品　233
　　9.1.4　その他　235
9.2 航空・宇宙機器・・・・・・・・・・・・・・・・・・・・・・・・・・・・・・・・・・・ 239
　　9.2.1　航空エンジン冷却管　239
　　9.2.2　ロケットエンジンノズルスカート　241
9.3 自転車部品・・・・・・・・・・・・・・・・・・・・・・・・・・・・・・・・・・・・・・ 242
　　9.3.1　フレーム継手　242
　　9.3.2　フレームパイプ　243
9.4 管楽器・・ 245
9.5 その他・・ 246
　　9.5.1　吐水口　246
　　9.5.2　クーラーコンプレッサー用マフラー　246
　　9.5.3　窒素ガスチャンバー　247
　　9.5.4　X線発生器ボディー　248
　　9.5.5　コピー機ヒートローラー　249

9.5.6　バルブボディー　250
9.5.7　大型コンテナクレーンの管継手　250

第10章　今後の開発研究の動向と課題 —— 253

10.1　ハイドロフォーミングの現状ならびに最近の市場動向と研究開発　253
10.2　新しいハイドロフォーミング用管材料　256
10.3　新しいハイドロフォーミング工法　256
　10.3.1　型移動によるハイドロフォーミングの活用　256
　10.3.2　管と型の間の摩擦・潤滑の利用開発　257
　10.3.3　テーラードチューブ，テーパーチューブのハイドロフォーミング　257
　10.3.4　難成形性材料のハイドロフォーミング技術開発　258
10.4　新しいハイドロフォーミング設計　260
　10.4.1　最適プロセス設計，制御技術の確立　260
　10.4.2　製品・金型設計法および材料選択指針の確立　260
　10.4.3　成形限界の予測と評価試験法の確立　261
10.5　新しい加工機械　261
　10.5.1　サイクルタイムの大幅短縮　261
　10.5.2　設備のコンパクト化　262
10.6　その他　262
　10.6.1　ほかの部品との接合技術の開発　262
　10.6.2　意匠性を生かした成形品への適用　262

索　引 —— 265

第1章
チューブハイドロフォーミング概説

> チューブハイドロフォーミングは，金型内に置いた管材に高内圧と軸荷重（軸押込み）を負荷して変形させ，金型に沿った形状に成形する加工技術である．この工法は，複雑断面形状を有する高剛性中空軽量部品を一体成形することができ，コストダウンも図れることから，近年とくに自動車部品への適用が急速に拡大している．
>
> 管材に高内圧を負荷して成形する技術は液圧バルジ加工として古くから存在していたが，近年再び注目されるようになった背景には，コンピューター技術の進展によってハイドロフォーミング加工技術が高度化されたことと，地球温暖化防止の観点から自動車からのCO_2（二酸化炭素）削減に有効な軽量化技術としてハイドロフォーミングが認識されたことがある．
>
> 本章は，チューブハイドロフォーミングの概略と特徴を紹介し，自動車産業で広く採用されるようになった理由およびチューブハイドロフォーミング技術を活用した構造部材の軽量化方法について説明する．

1.1 チューブフォーミングとチューブハイドロフォーミング

管状素材を用いる塑性加工技術の総称は「チューブフォーミング」とよばれ，図1.1のように分類される．それは液圧バルジ加工を含む管胴部成形加工，管端部成形加工をはじめとして，曲げ加工，ねじり加工，せん断・切断などの分離加工，接合加工，さらに高エネルギー速度加工などの特殊加工までを含み，板成形，塊状成形（鍛造），圧延と並ぶ重要な塑性加工技術の一要素技術である．管状素材は，1.3節で述べるように，高剛性化による軽量化に効果的であるため，近年，とくにチューブフォーミングは部材の軽量化成形加工技術として位置づけられるようになっている．

管に加える外力としては，管軸方向の引張・圧縮力や曲げ力，肉厚方向の力（管の外面や内面からの加圧力）などがあるが，管内部に型工具を挿入することが難しいので，管の外面から外力を加えて加工することは困難である．したがって，金型による転写拘束が容易な板成形，塊状成形などと比べ，加工精度が劣り，高い加工技術が要求される．そのなかで，管の内部に液体（水）を満たし，これを圧力媒体として管の内部から外力（内圧）を負荷して管を成形する液圧バルジ加工（図1.1の拡管成形に含ま

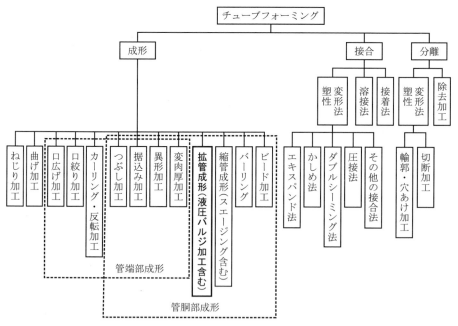

図 1.1 チューブフォーミングの分類とハイドロフォーミング（液圧バルジ加工）[1.1]

れる）は，従来主として配管継手類や自転車部品などの小物部品の成形に用いられていたが，コンピューター技術の発達とともに高度化し，自動車部品のような大型部品の成形も可能となり，名称もチューブハイドロフォーミングと改められた．チューブハイドロフォーミングは，次節で述べるようにプリフォーミング（予成形）やさらにポストフォーミング（後加工）も含めた高度複合加工技術として注目されている．

1.2　チューブハイドロフォーミングとその開発の歴史

1.2.1　チューブハイドロフォーミングとは

「ハイドロフォーミング」は元来，1951 年，シンシナティ社が開発した液圧を利用した板材の成形法（Hydro-forming：商品名）のことである．金型がめす型だけで済むため，「セミダイレスフォーミング」と位置づけられている．

チューブハイドロフォーミングは液圧を利用した管の成形法で，プリフォーミングとして断面形状の異形状成形と曲げ成形を行い，その後，これを金型キャビティに入れて内圧を（必要に応じて軸力や軸押込みも）負荷し，金型に沿った形状に成形する複合成形技術である．金型はめす型だけで，おす型に相当するものは管内部に負荷す

る高圧力の液体である．液体が柔軟工具として作用するので，製品形状の自由度が高い．そのため，ほかの加工法では実現不可能な極めて複雑な断面および形状を有する中空製品を一体成形することも可能である．これに類似した加工法も多く存在するが，現在では，液圧による拡管変形が主体となる加工法を，チューブハイドロフォーミングと総称している．

当初，チューブハイドロフォーミングは管継手などの比較的簡単な形状の小物部品の製造に用いられ，液圧バルジ加工とよばれていた．近年は，コンピューター技術を取り入れた高度な加工機械と制御技術を駆使することにより，大型の複雑形状部品の一体成形が可能になり，軽量化とコストダウンが図れる利点もあって自動車部品にも多く適用されてきている（図1.2）.

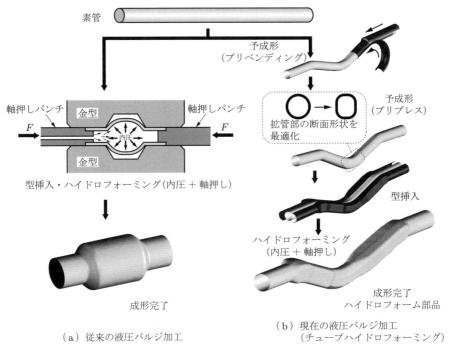

図1.2 高度化した液圧バルジ加工（チューブハイドロフォーミング）[1.2]

チューブハイドロフォーミングは，いまや世界の自動車業界が積極的に実用化を進めている複雑形状部品の一体成形加工技術である．現在では，同じ成形型を用いて穴あけまで液圧を利用して行うハイドロピアシング，さらにはハイドロバーリングなどのポストフォーミングも含めて総称する場合もある．

1.2.2 工法の特徴

　チューブハイドロフォーミングは，鋳造と同様に，複雑な形状の中空部品の一体成形が可能であるため，次の長所を有している．

① 剛性・強度の向上とそれによる軽量化
② 機械的結合に必要なフランジ部の撤去・除去による軽量化
③ 部品点数の削減とそれによる軽量化
④ 溶接箇所の減少とそれによる製品品質および信頼性の向上
⑤ 組立，溶接・接合工程数の削減
⑥ スクラップ減少による材料歩留まりの向上
⑦ 素材費の削減，工数低減や加工時間短縮による製造コスト削減
⑧ ハイドロフォーミング時に穴あけ加工（ハイドロピアシング）や塑性接合（ハイドロジョイニング）などが可能
⑨ 製品は補剛効果が大きく，かつエネルギー吸収効果が大きいため，たとえば自動車の構造用部材，衝突安全用部材としても有用

さらに，高圧の内圧を負荷する高圧法では，以下の長所もある
⑩ 寸法，形状精度の向上
⑪ スプリングバックの減少

一方，短所としては，次のものがあげられる．
① 横断面が閉じた形状であるため，金型工具を内部に入れて使用することが困難で，板材のプレス加工に比べて高度な加工技術が要求される
② 管材料自体の肉厚ならびに形状寸法精度が板材に比べて劣るだけでなく，管の内外両面から金型で形状転写することが難しく，結果的に製品精度が劣る
③ 管を素材としているのでフランジがなく，ほかの部品との接合が難しい（工夫が必要）
④ 板材成形に比べてノウハウが多いため，技術データの蓄積が少なく，加工設計法が確立されていない
⑤ 加工条件，加工負荷経路の設計が試行錯誤や経験に頼ることが多い
⑥ 加工サイクルタイムが長く，機械設備が高価である
⑦ 摩擦・潤滑が加工性を大きく左右する．長尺管や曲がり管では金型との摩擦により管中央部または曲がり部の先まで材料を流動させることが難しく，十分な成形が困難
⑧ ハイドロフォーミング性のよい管材料が十分でなく，その評価試験法も確立されていない

1.2.3 開発の歴史と現状

表1.1（p.6）に，チューブハイドロフォーミングの開発研究の歴史を示す．チューブハイドロフォーミングの原型は，T成形に見ることができる．1940年には，すでに銅製T継手の製造法としてアメリカで特許登録されており[1.4]，この考え方は現在でも生きている．その後，ドレーパーによって黄銅製管楽器の曲がり管の製造法として，図1.3のように，一度，プリフォーミングをして型内でハイドロフォーミングするというユニークな加工法が考案された[1.5]．プリフォーミングとしての成形部のつぶし加工は，単にへん平にするのではなく，管内面を密着して断面形状がU字状になるように曲げる．それを型内で40～50MPaの液圧を負荷して拡管させて断面をもとの円形に戻し，所望のテーパー状の曲げ形状を得る．その後，わが国では同様に，ホルンのような曲がり管部品の製造に利用されている[1.6, 1.7]．

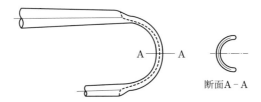

図1.3 薄肉テーパー曲がり管製造におけるプリフォーミングつぶし曲げ加工[1.7]

1950年代後半，わが国では工業技術院名古屋工業技術試験所と（財）自転車技術研究所によって，T継手やハンガーラッグなどの各種管継手のハイドロフォーミングによる製造法について，実験的な基礎的開発研究が精力的に行われ，実用に向けて大きく前進した[1.8～1.10]．

1960年代になると，各種管継手の成形法として加工中に内圧と軸押込みを適正に制御する液圧バルジ加工法が開発され，工業化された[1.11]．これにより，従来，板成形や管のバーリングによって製造していた管継手より肉厚分布が一様になり，さらに一体成形により溶接部がなくなって，強度・信頼性が向上し，より付加価値の高い加工技術として普及していった．この年代，本技術ならびに加工機械に関する多くの特許が考案された[1.12～1.14]．

表 1.1 チューブハイドロフォーミングの開発研究年表 [1.3]

年代	技術開発	基礎研究
1940–50 (創生期)	・液圧バルジ加工による T 継手の製造装置の特許(アメリカ) ・管楽器の曲げ加工に適用(アメリカ・イギリス特許)	・管継手の液圧バルジ加工の実用的研究(日本)
1960 (成長期)	・管継手の液圧バルジ加工の工業化 ・液圧バルジ加工法,装置に関する特許(日本) ・液圧軸力負荷逐次せん断変形による曲げ加工法特許(アメリカ・イギリス)	・軸力と内圧を受ける薄肉管の変形と破壊(日本) ・液圧バルジ成形の基礎研究(アメリカ,ヨーロッパ)
1970 (一体成形 への展開期)	・自動車小物部品への適用(アクスルハウジング(デファレンシャルギヤケース)単体)(日本) ・自動車用アクスルハウジングの一体成形加工に適用(日本) ・自動車用中空カムシャフトに適用(日本)	・円管の自由張出し加工(全ひずみ理論/ひずみ増分理論解析)(日本) ・円管のバルジ成形における塑性異方性の影響(イギリス)
1980 (一体成形 への展開期)	・極小 R をもつ各種部品の加工に応用(日本) ・自転車の前ホークに応用(日本) ・航空エンジンの高圧タービンケース冷却用ステンレス鋼製角管の加工に応用(日本) ・自動車小物部品への応用	・管材の液圧バルジシミュレーターの開発(日本) ・円管の液圧型バルジ成形の解析・実験(日本) ・液圧バルジ成形性に及ぼす初期肉厚不均一の影響(クウェート)
1990 (高度複雑 部品への展 開期)	・ハイドロフォーミング利用フレキシブルダイフォーミングの開発(ドイツ) ・自動車用エンジンエアーインテークマニホールドのサージタンクにアルミニウム合金による T 成形技術の開発(日本) ・自動車の排気系部品・エンジンクレードルへの適用(アメリカ,ヨーロッパ,日本) ・自動車構造部材のサイドルーフフレールへの適用(ULSAB(1998 年まで)プロジェクトの共同研究(国際鉄鋼協会)) ・自動車用サスペンションメンバーに適用(日本) ・二重管を用いたハイドロフォーミング部品開発(ドイツ,日本)	・円管の自由バルジ成形の弾塑性 FEM(日本) ・T 成形の FEM 変形解析(韓国) ・Al 合金管の T 成形における変形(日本) ・管の液圧成形問題のための剛塑性 FEM の開発(日本) ・角管の液圧自由バルジ加工(日本) ・ハイドロフォーミングプロセス制御の最適化(ドイツ) ・円管から角管への型バルジ成形の FEM 解析・実験(日本・アメリカ) ・テーラードチューブのハイドロフォーミング研究(日本)

年代		
2000 (実用期)	・ULSAC(2000年まで), ULSAS(2000年まで), ULSAB-AVC(2002年まで)プロジェクトの共同研究(国際鉄鋼協会) ・液圧振動ハイドロフォーミング加工機械の開発(日本) ・コンパクトハイドロフォーミング加工機械の開発(日本) ・ハイドロピアシングを適用した自動車ステアリングコラムの開発(日本) ・高強度鋼管(σ_B=780MPa)の曲げ加工法(プッシュロータリー曲げ)開発とサスペンションアームへのハイドロフォーミング実用化(日本) ・熱間チューブバルジ成形によるサブフレーム加工開発(日本) ・チューブハイドロフォーミングに特化したソフト開発(日本・アメリカ・ヨーロッパ) ・チューブハイドロフォーミングに適した鋼管材料開発(HISTORY鋼管)(日本) ・自動車フロントピラーへの高強度鋼管(σ_B=980MPa)のハイドロフォーミング適用(日本) ・アルミニウム合金押出し形材のハイドロフォーミングによる自動二輪車フレームの開発(日本) ・アルミニウム合金押出し形材のハイドロフォーミングによる自動車スペースフレーム(サイドルーフレール)の開発(ドイツ) ・FSV(future steel vehicle, 次世代鋼製環境対応車)プログラムを開始(世界鉄鋼協会)	・ハイドロピアシングの研究(日本) ・テーパーチューブのハイドロフォーミング実験(日本) ・成形余裕度による成形性評価研究(日本) ・型移動による高加工度ハイドロフォーミング(T成形)(日本) ・ハイドロバーリングの基礎研究と応用(日本) ・ハイドロフランジングの基礎研究(日本) ・通電加熱による熱間バルジ変形の基礎研究(日本・アメリカ・ヨーロッパ) ・良いしわ,悪いしわの積極的有効活用(中国) ・AZ61押出し管の超塑性成形(日本) ・応力成形限界によるチューブハイドロフォーミング性の評価研究(日本) ・各種管材料の降伏関数研究(日本) ・鋼管の成形性評価共同研究(日本) ・可変肉厚押出し法の開発(日本) ・周方向テーラードチューブを用いたT成形における加工限界向上(日本) ・加工誘起変態を利用したY成形の加工限界の向上(日本) ・AZ31の熱間T成形(日本) ・管材の二軸引張サーボ試験機の開発(日本) ・テーラー圧延板を用いた周方向および軸方向変肉厚電縫鋼管の開発(ドイツ,スイス)
2010 (高強度材・軽量材料への適用展開)	・排気管構成部品のチューブハイドロベンディングとハイドロフォーミングによる一貫製造(日本) ・可動金型を用いた一体型アクスルハウジングのハイドロフォーミング開発(3倍拡管)(日本) ・直角二方向枝管のハイドロフォーミングの開発(日本)	・管壁面の局部ハイドロフランジングの基礎研究(日本) ・金型内蔵センサーを用いたファジィ適応制御T成形システムの開発(日本)

一方，曲げ加工単独では不可能なほど小さい曲げ半径 R をもつエルボ加工に対して，図 1.4 に示すように，軸力と内圧の適正な制御と割型の水平方向相対変位によって逐次成形する加工法が 1960 年代にイギリスやアメリカで特許化された [1.15〜1.17]．なお，この技術は，1991 年に極小 R のエルボ加工としてわが国でも実用化された [1.18]．

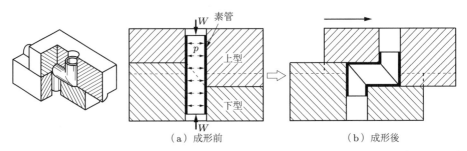

図 1.4　せん断変形を利用したチューブハイドロフォーミングによる曲げ形状の成形過程（せん断曲げ）

1973 年の石油ショック以降，省資源・省エネルギーが叫ばれ，軽量化設計が進んだ．また，1975 年にはじまったアメリカの CAFÉ 規制法案や 1980 年代初頭のガソリン価格高騰を受けて，自動車の軽量化による燃料消費率向上が図られた．そのなかで重要な要素技術としてチューブハイドロフォーミングが脚光を浴び，管状素材を用いた一体成形技術がわが国の先導で多く開発された．

チューブハイドロフォーミングによる小型自動車のアクスルハウジング（デファレンシャルギヤケース（差動歯車を格納するケース，通称デフケース）ともいう）単体は 1970 年代にすでに工業化され [1.19]，1980 年には図 1.5 に示すように名古屋工業技術試験所で車軸が通る直管部も含めた一体成形法（1/3 モデル）が開発された [1.20]．その後，実寸大デフケースの開発研究 [1.21] も行われたが，製造コストの面から実車に搭載されることはなかった．

1985 年には，図 1.6 に示す自転車のアルミニウム合金製の前ホークが，ハイドロフォーミングで一体成形された [1.22]．

図 1.5　自動車のアクスルハウジングのチューブハイドロフォーミングによる一体成形過程（1/3 モデル）[1.20]

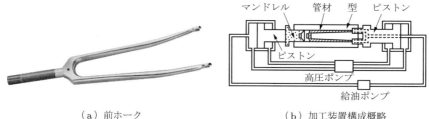

(a) 前ホーク　　　　　　　　　(b) 加工装置構成概略

図 1.6　自転車用前ホークのハイドロフォーミングによる一体成形過程 [(a)：日工産業カタログ]

また，図 1.7 に示す小さい半径のコーナーをもつ部品を，円管を曲げてプリフォーミングしたものにハイドロフォーミングで製作する加工法が開発された[1.23]．図 (c) の吐水管（水道用出口管）や，図 (b) のエンジンの部品，ルームクーラーの部品などの極小半径 R のコーナーをもつ小物部品の加工に適用された[1.24]．

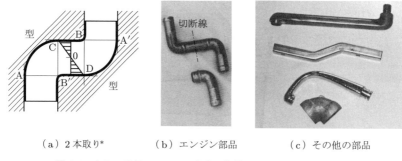

(a) 2 本取り*　　　(b) エンジン部品　　　(c) その他の部品

図 1.7　小さい半径のコーナーをもつ部品のハイドロフォーミング

1990 年代に入るまでは，チューブハイドロフォーミング技術は自転車産業，配管産業などを中心に小物部品の製造に利用されるにとどまっており，自動車産業において広く利用されるにはいたらなかったが，近年になって地球環境保全の観点からこのチューブフォーミングの技術開発が再燃していった．なかでも，高度複合加工技術としてのチューブハイドロフォーミングは，1994 年より国際鉄鋼協会主導ではじまった鉄鋼材料による一連の自動車軽量化プロジェクト（1.4 節に記載）によって，輸送機器への積極的な導入の動きが進み，自動車の大型構造部材の一体成形技術開発が急速に進展していった．これにはコンピューター技術の発展による加工技術の高度化も大きな役割を果たした．いまやチューブハイドロフォーミング技術の開発研究は世界でしのぎを削っている．1997 年の京都議定書の締約国になったわが国は，CO_2 の排出

---

* 一本の管材から一度に 2 個分の部品を同時に加工し，その後で切断（図 (b)）をする加工法．2 個取りともいう（9.5.2 項参照）．

量削減による地球温暖化対策の実効性が要求されている．さらに，ますます厳しさを増す自動車 CO_2 排出量規制や燃料消費率規制に対応し，これを達成するための軽量化成形加工法として，中空構造部材化を図るチューブハイドロフォーミングへの工法シフトが重要視されている．また，中空構造にすると衝突エネルギーの吸収効果が増大するので，自動車衝突時の安全性向上の要求にも対応することができる．いまや，チューブハイドロフォーミングは「地球環境と人に優しい車づくり」をスローガンとする自動車業界の革新的生産加工技術として重要な役割を果たそうとしている．

具体的には，自動車構造部品への積極的な適用は，1990 年代半ばから欧米を中心としてはじまり，本格的な大量生産方式によるエンジンクレードルの生産が開始された[1.25]．欧米での自動車部品への適用事例は，下回り部品では，エンジンクレードル，サブフレーム，ロアアームなどのサスペンション系の構造部品，エキゾーストマニホールド[1.26]を代表とする排気系部品，ピックアップトラックのフレームなどが挙げられる．車体構造部材および部品ではサイドルーフレール，センターピラー補強材，ドアインパクトビーム，ラジエタサポート，クランクシャフトなどがある[1.27,1.28]．ハイドロフォーム部品を多量に組み込んだホワイトボディーの実試作が試みられている[1.28,1.29]．

わが国では，欧米より遅れて，1999 年に日産セドリックやグロリアのサブフレームとセンターピラー補強材およびリアサスペンションメンバーにはじめて採用されてから，チューブハイドロフォーミング加工機械の著しい技術進化もあって，自動車の足回り部品を中心に年々適用事例が増大している．

最近では 1.2.2 項で述べた短所を改善・改良するため，新しい技術が急速に開発されている．わが国では，世界に先駆けて，低価格でコンパクトなハイドロフォーミング加工機械[1.30]や摩擦改善効果が著しく成形限界を大幅に向上できる内圧振動付加ハイドロフォーミング加工機械[1.31]，サイクルタイムを短縮する高速ハイドロフォーミング加工機械[1.32]，加工限界向上で複雑形状部品加工ができるアルミニウム合金管の熱間バルジ加工法[1.33]，および一度に複数の大きな複雑形状の穴あけが可能なハイドロピアシング技術[1.34]などが開発され，実用化されている．さらに，780 MPa 級高強度薄肉鋼管を曲げることができる加工機械[1.35]の開発や，低圧法でのハイドロフォーミングの実用化も行われている．

また，さらなる高剛性軽量化が実現可能なテーラードチューブ（3.1 節で詳述する）や軽量マグネシウム合金管，高強度薄肉管などのハイドロフォーミング技術が開発研究されている．

1.3 構造部材の軽量化とチューブハイドロフォーミング

地球環境問題を背景に工業製品，輸送機器の軽量化が求められている．軽量化を実現するためには，三つの方法がある．それは，材料の中空化，高強度化および，比強度・比剛性の高い材料への転換である．

◎ 1.3.1 中空構造化 ◎

軽量化を図る設計方案として，構成する各種要素部材および部品の中空構造化が進んでいる．一般に，構造部材や部品を中空化すれば，同一質量の場合，部材剛性が向上する．図 1.8 は，同一材料の中実部材を中空化することによる軽量効果を，同一曲げ強度と同一曲げ剛性の場合について理論的に求めたものである[1.36]．同一曲げ強度は中実部材と中空部材の断面係数 Z を等しい ($Z_{\mathrm{bar}} = Z_{\mathrm{tube}}$) とし，また同一曲げ剛性は断面二次モーメント I を等しい ($I_{\mathrm{bar}} = I_{\mathrm{tube}}$) として導くことができる．その軽量化の程度を表す中空と中実部材の質量比 α は，同一曲げ強度の場合は式 (1.1)，同一曲げ剛性の場合は式 (1.2) で表される．

$$\alpha \left(= \frac{W_{\mathrm{tube}}}{W_{\mathrm{solid}}} \right) = \left(\frac{d_{\mathrm{o}}}{d_{\mathrm{s}}} \right)^2 - \sqrt{\left(\frac{d_{\mathrm{o}}}{d_{\mathrm{s}}} \right)^4 - \left(\frac{d_{\mathrm{o}}}{d_{\mathrm{s}}} \right)} \tag{1.1}$$

$$\alpha \left(= \frac{W_{\mathrm{tube}}}{W_{\mathrm{solid}}} \right) = \left(\frac{d_{\mathrm{o}}}{d_{\mathrm{s}}} \right)^2 - \sqrt{\left(\frac{d_{\mathrm{o}}}{d_{\mathrm{s}}} \right)^4 - 1} \tag{1.2}$$

ここで，W_{tube} は中空部材の質量，W_{solid} は中実部材の質量，d_{o} は中空部材の外直径，d_{s} は中実部材の直径である．

図 1.8 より，中実部材を少しでも外径を大きくし，中空化することで，著しい軽量化が実現できることがわかる．曲げ強度より曲げ剛性の面で，より大きな軽量効果が

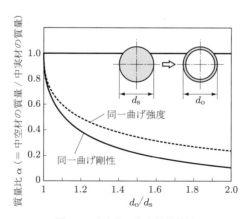

図 1.8　中空化による軽量効果

得られる．また，ねじりモードに対しても，素材断面形状が円だけでなく角形状に対しても同様な効果が得られる[1.36]．

◯ 1.3.2 高強度化 ◯

同一材料であれば，高強度化することによって薄肉化が実現でき，さらなる軽量化が実現できる．

中空部材の場合，同じ材料でもより高強度のものを使用したときの一軸引張応力場での軽量効果を表す質量比 α は，許容負荷設計荷重を同一とした場合，次式で表される．

$$\alpha \left(= \frac{W_{\mathrm{HS}}}{W_{\mathrm{nor}}} \right) = \frac{t_{\mathrm{HS}}}{t_{\mathrm{nor}}} = \frac{1}{\sigma_{\mathrm{HS}}/\sigma_{\mathrm{nor}}} \tag{1.3}$$

ここで，t は中空部材の肉厚，σ は素材強度で，下添字の HS は高強度材，nor は通常材を示す．式 (1.3) より，軽量化率は強度比 ($\sigma_{\mathrm{HS}}/\sigma_{\mathrm{nor}}$) に反比例するので，強度を2倍に強くすれば，質量は 1/2 に軽量化することができる．また，材料の加工硬化特性を利用すれば，塑性加工による強度向上が期待でき，さらなる軽量化が可能である．これは，強度の低い材料から，加工硬化により強度レベルが上がった製品を製造できるということであり，コストダウンも可能となることを表している．

◯ 1.3.3 比強度・比剛性の高い材料への転換 ◯

図 1.9 はアシュビィの資料[1.37]を参考に，チューブハイドロフォーミングの代表的な工業材料である鉄鋼，アルミニウム (Al) 合金，マグネシウム (Mg) 合金，繊維強化複合材料 (FRP) の比強度 ($(\sigma_B)^{1/2}/\rho$，ここに σ_B は引張強さ，ρ は密度) マップを表したものである．図中の傾いた直線は同一比強度レベルを表している．平均の比強度で見れば，Al 合金が比強度が最も低く，鉄鋼は Al 合金より若干高く，次に Mg 合金

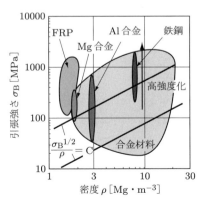

図 1.9 鉄鋼，Al 合金，Mg 合金，FRP の比強度マップ

が高く，FRPが最も比強度が高いことがわかる．生産コストや環境負荷の面で優れる金属材料では，Mg合金が優れている．しかし，各金属材料でも強度に幅があり，高強度化することによってほぼ同一の比強度が達成でき，それによる薄肉化で大幅な軽量化が期待できる．一方，比剛性（E/ρ，ここにEはヤング率）の面からは上記金属材料には大きな差がないが，なかでもFRPが最も優れている．

以上のことから，部材を中空構造化したうえで，使用材料をさらに比強度・比剛性の高い材料とすることで，より一層の軽量化が達成される．

1.4 自動車部品の中空構造設計による軽量化とその効果

チューブハイドロフォーミングの自動車部品への適用が進展したのは，自動車が衝突安全性を確保しながら地球温暖化防止に向けて軽量化することが緊急の課題であり，これにチューブハイドロフォーミングが有効だったからである．

○ 1.4.1 衝突安全性と軽量化 ○

自動車の衝突安全対策は，1995年前後における日米欧での法規制化・情報公開（新車アセスメントプログラム NCAP（new car assessment program））が契機となって進展した．NCAPでの試験も正面の全面衝突試験からはじまり，オフセット衝突試験，側面衝突試験が加わり，その内容もますます厳格化してきている[1.38]（表1.2）．

表1.2 衝突安全性の評価の厳格化

	日本	ヨーロッパ	アメリカ	
	自動車事故対策センター	Euro NCAP	NHTSA	IIHS
正面衝突	フルラップ 55 km/h リジッドバリア 40%オフセット 64 km/h デフォーマブルバリア	40%オフセット 64 km/h デフォーマブルバリア	フルラップ 56 km/h リジッドバリア	40%オフセット 64 km/h デフォーマブルバリア
側面衝突	55 km/h デフォーマブルバリア	50 km/h デフォーマブルバリア （ポール側突試験 254 mmϕ, 29 km/h）	50 km/h デフォーマブルバリア	（ポール側突試験 29 km/h）
その他		歩行者保護 頭・脚など		低速試験 8 km/h 4種

このような厳格化する衝突安全対策に対し，軽量化との両立を図りながら解決する手段が求められている．管は，1.3.1 項で述べたように軽量化に適した材料であり，しかも衝突エネルギーの吸収に優れている．チューブハイドロフォーミングは，一体成形が可能で溶接フランジをなくすことができるため，従来のプレス部品を溶接して組み上げる工法に対し，軽量化できる．また，中空で複雑断面が成形できるため，その製品は衝突時の荷重伝達経路としての高強度・大断面部材として有効である．このように，チューブハイドロフォーミングは軽量化と衝突安全対策に適合する加工法である．

鉄鋼材料を用いて，このような衝突安全と軽量化の両立を図るプロジェクトとして，超軽量鋼製自動車車体 ULSAB (ultra light steel auto body) プロジェクト [1.39, 1.40] をはじめとし，ドアなどのふた物，サスペンションの鉄鋼材料による一連の自動車軽量化プロジェクト [1.41, 1.42]，さらにこれらに引き続き，車全体で軽量かつ衝突安全性・経済性を確保した鋼製自動車の提案を行う ULSAB-AVC (advanced vehicle concept) プロジェクト [1.38, 1.42] が遂行された．

ULSAB プロジェクトにおいては，衝突エネルギー吸収部材（フロントレール），衝突荷重伝達部材（サイドルーフレール）[1.38]，側面衝突変形低減部材（センターピラー補強材）へのチューブハイドロフォーミングの適用が検討され，サイドルーフレール [1.43]（図 1.10），センターピラー補強材 [1.44] にすでに適用されている．ULSAB-AVC プロジェクトでは，これらに加えてフロントレール（図 1.11）にもチューブハイドロフォーミングが適用された．前面衝突エネルギーの大半を吸収するフロントレールでは，断面形状を多角形化するほど，エネルギー吸収が増加する．プレス部品では，多角形化が困難であるが，チューブハイドロフォーミングでは容易に八角形断面などへ加工できる．また，サイドルーフレールでは長手方向に複雑に断面が変化するが，チューブハイドロフォーミングでは断面形状を連続的に変化させながら一本の管材からつくることができるので，車の左右の側面上部を前後に貫く通し部材として荷重伝達可能となる．センターピラー補強材では，約 23% 軽量化しながら耐衝撃強度は 1.6 倍に向上

(a) 車体構造　　　　　　　　(b) ハイドロフォーム部品

図 1.10　ULSAB の車体構造とハイドロフォーム部品 [ULSAB パンフレット]

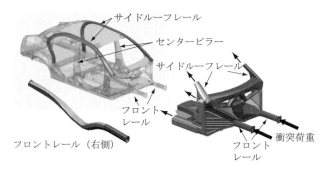

図 1.11 ULSAB-AVC プロジェクトにおける衝突部材への適用例

している[1.44].

アルミニウム材料を用いて軽量化を図った自動車においても，衝突安全対策がなされている．量産されているアウディ社のアルミニウムスペースフレーム車 A2 では，アルミニウム製足回り部品にチューブハイドロフォーミングが適用され，アルミニウム押出し材をチューブハイドロフォーミング加工した骨格が用いられている．新型 A8 では，側面上部両側の衝突荷重伝達部材であるサイドルーフレールが，チューブハイドロフォーミングによってつくられている[1.45]（図 1.12）．

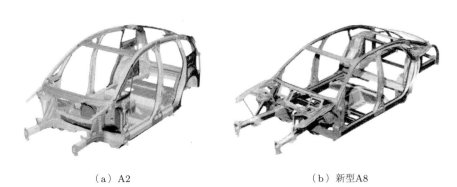

(a) A2　　　　　　　　　　　　(b) 新型A8

図 1.12　アウディのスペースフレーム構造[1.45]

1.4.2　地球環境保全と軽量化

地球温暖化は，CO_2 をはじめとする温室効果ガスが主因と考えられており，化石燃料の使用により大気中の CO_2 濃度は，産業革命以前には約 280 ppm 程度であったが 2005 年時点で 379 ppm となった（図 1.13）．気候変動に関する政府間パネル IPCC (intergovernmental panel on climate change) の 1995 年の予測によると，現状の傾向が続けば 21 世紀末には産業革命前のおよそ 2 倍になり[1.46]，2007 年の予測による

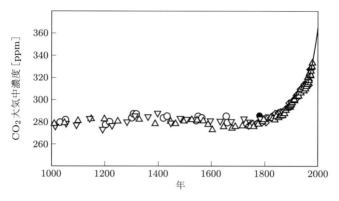

図 1.13 CO$_2$ の大気中濃度の推移

と世界平均気温は最大で 6.4 ℃ 上昇するおそれがあるとしている[1.47]．これは過去1万年の間にかつて見られたことのない平均気温の上昇である．この急激な温度上昇により，海面上昇，気候変動の増大による異常気象，生態系破壊などが懸念される．

このような地球環境問題は大きな課題として認識されており，国連気候変動枠組条約に基づき，1997年に京都で開催された第3回気候変動枠組条約締約国会議（COP3）で京都議定書が採択された．この条約では，CO$_2$，CH$_4$，N$_2$O などの温室効果ガスを1990年比で2008～2012年に先進国全体で 5.2%（日本は 6%）削減することを目標としていた[1.48]．しかし，期限内の削減目標は達成できず，京都議定書以降の新しい枠組づくりが模索・検討されている．日本は，2009年のCOP15のコペンハーゲン合意を受けて，2020年までに1990年比で 25% 削減するという目標を掲げている．

CO$_2$ 排出の約 20% を占める自動車の排気低減は重要であり（図 1.14），ヨーロッパ

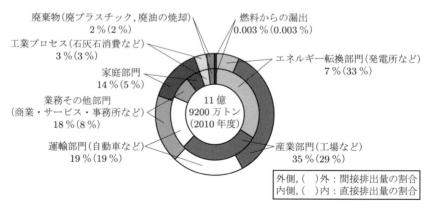

図 1.14 日本の部門別 CO$_2$ 排出量[1.49]

ではCO$_2$排出に関して2008年までに140 g/kmの達成（1995年比25%削減）を定めており[1.46]，日本では1999年4月から抜本的に改正・施行された「エネルギーの使用の合理化に関する法律」，いわゆる「改正省エネ法」で2015年までに2004年比23.5%の燃料消費率向上（ガソリン自動車）を定めている（表1.3）．

表1.3 燃料消費率改善，CO$_2$排出規制

	日 本	ヨーロッパ	アメリカ
燃料消費率規制	改正省エネ法 ガソリン乗用自動車 2010年 対1995年比22.8%改善 2015年 対2004年比23.5%改善		PNGV（新世代車両のためのパートナーシップ）プロジェクト（1993） 1993モデル比の3倍の燃料消費率改善80mpg（34km/L）
CO$_2$排出規制	自動車工業会規制 2009年 欧州販売車 140 g/kmに削減	ACEA（欧州自動車工業会）規制 2008年 140 g/kmに削減 （1995年比 −25%）	
排気ガス規制			カリフォルニア州ZEV（無公害車）の割合 2008年10%→2018年16% （ハイブリッド車はZEVの0.2〜1.0台相当）

JST（科学技術振興機構）はPNGVを「官民共同次世代車開発プロジェクト」と訳している．

自動車の車両質量と燃料消費率の調査結果（図1.15）によると，1%の軽量化はほぼ1%の燃料消費率改善・排出ガス低減に対応する[1.50]．高効率駆動機関・走行抵抗低減とあわせて，このような軽量化の重要性は大きい．

ULSABプロジェクトでは，チューブハイドロフォーミングによる軽量化効果を高強度材の適用による構造変更に次ぐものとして計上している[1.39]（図1.16）．量産されている部品においても，エンジンクレードル（ペリメーターチューブ）では6個のプレス部品を溶接する構造から1本の鋼管をチューブハイドロフォーミングする構造に変更して約4 kg，34%の軽量化を達成している．エンジンクレードル全体では部品点数を40から18部品に低減し，溶接長は半減し，6 kgの軽量化を達成している[1.51]．ラジエータサポートでは，14部品を10部品に低減し，14.1 kgから10.4 kgへ26%軽量化[1.52]，また，似た例では17部品を10部品に低減し，26%軽量化を達成している[1.53]．排気マニホールドでも3.29 kgから2.8 kgへと軽量化を達成している．

チューブハイドロフォーミングは，自動車の衝突安全と，軽量化を通してのCO$_2$削

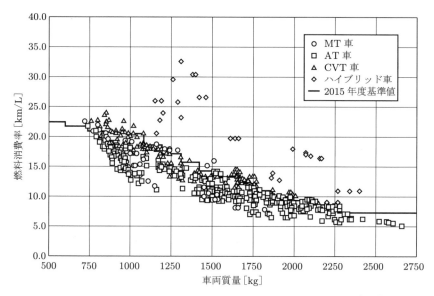

図 1.15 ガソリン乗用車の車両質量と燃料消費率（JC08 モード）[1.50]

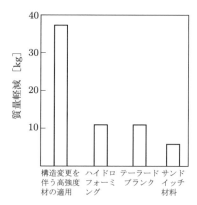

図 1.16 ULSAB プロジェクトにおける軽量化への寄与

減の要求に対応し，ひいては地球温暖化の防止や地球環境の保全に貢献することのできる技術として，重要な役割を果たしている．自動車に限らず，構造物の軽量化技術として，今後もさらに適用範囲が広がることが期待され，それに応えるべく，さらなる技術の進歩が求められている．

参考文献

- [1.1] 日本塑性加工学会編：チューブフォーミング，(1992), 2, コロナ社.
- [1.2] 阿部英夫・園部治：プレス技術, 39-7 (2001), 24-27.
- [1.3] 真鍋健一：塑性と加工, 39-453 (1998), 999-1003.
- [1.4] 米国特許, 2203868 (1940).
- [1.5] 英国特許, no.701,112 (1951).
- [1.6] 小野政雄：プレス技術, 10-1 (1972), 48-53.
- [1.7] 大内隆：塑性と加工, 19-210 (1978), 573-578.
- [1.8] 高木六弥：自転車生産技術研究指導報告, 自転車工業会 (1957).
- [1.9] 小倉隆・上田照守：名古屋工業技術試験所報告, 7-2 (1958), 89-94, 7-10 (1958),719-723.
- [1.10] 小倉隆・上田照守・石川正光：名古屋工業技術試験所報告, 8-9 (1959), 603-608, 11-3 (1962), 131-136, 11-9 (1962), 524-528.
- [1.11] Ogura, T. & Ueda, T.: Am. Mach., 26 (1968), 73-81.
- [1.12] 特公昭 40-9611 (1965).
- [1.13] 特公昭 41-6450 (1966).
- [1.14] 特公昭 44-24746 (1969).
- [1.15] 英国特許, 1029892 (1966).
- [1.16] 米国特許, 3328996 (1967).
- [1.17] Remmerswaal, J. L. & Verkaik, A.: Proc. Int. Conf. Manuf. Technol., ASME, (1967), 1171.
- [1.18] 小池正純・田中光之・渡辺三男・道野正浩・佐野一男・成田誠：第 42 回塑性加工連合講演会講演論文集, (1991), 719-720.
- [1.19] 中村正信・佐々木茂勝：プレス技術, 12-7 (1974), 85-93.
- [1.20] 上田照守・田口昭：プレス技術, 18-9 (1980), 12-13.
- [1.21] Ueda, T.: Sheet Met. Ind., 60-3 (1983), 181-185, 60-4 (1983), 220-224.
- [1.22] 特公昭 60-16855 (1985).
- [1.23] 中村正信：プレス技術, 21-3 (1983), 18-23, 24-32.
- [1.24] 中村正信：素形材, 29-12 (1988), 1-10.
- [1.25] Bochum: Proc. 2nd Int. Hydroforming Congress, SME, Nashville (1998).
- [1.26] Bobbert, D.: Proc. 6th Int. Conf. Technol. Plast. (ICTP), (1999), 1161-1164.
- [1.27] Bobbert, D. et al: Proc. Int. Conf. Innovations in Tube Hydroforming Technol., Detroit (2000).
- [1.28] Schaik, M.: SAE982327 (1999), 1-7.
- [1.29] Walia, S., Gowland, S., Hemmings, J., Beckett, M. & Wakelin, P.: SAE1999-01-3181 (1999), 3319-3329.
- [1.30] 平松浩一・石原貞男・門間義明・波江野勉・本田修・佐藤浩一：塑性と加工, 46-539 (2005), 1147-1150.
- [1.31] 輿語照明・伊藤道郎・水野竜人：塑性と加工, 45-527 (2004), 1026-1030.
- [1.32] 橋本政一・佐藤慎二郎：プレス技術, 37-11 (1999), 24-26.
- [1.33] 福地文亮・林登・小川努・横山鎮・堀出：軽金属, 55-3 (2005), 147-152.
- [1.34] 渡辺靖・阿部正一・下飯和美・富澤淳・内田光俊・小嶋正康・菊池文彦：平成 19 年度塑性加工春季講演会講演論文集, (2007), 255-256.

[1.35] 鈴木孝司・上井清史・佐藤昭夫・上野行一・岸本篤典・岡田正雄・弓納持猛：第 56 回塑性加工連合講演会講演論文集，(2005), 191-192.

[1.36] Manabe, K.: Proc. Int. Workshop on Environmental and Economic Issues in Metal Processing (ICEM-98), (1998), 119-125.

[1.37] Ashby, M. F.: Materials Selection in Mechanical Design, (1992), Pergamon Press.

[1.38] 栗山幸久・山崎一正・橋本浩二・大橋浩：自動車技術会 2002 材料フォーラムテキスト，(2002), 16-21.

[1.39] 橋本浩二・栗山幸久・滝田道夫：自動車技術会 1998 材料フォーラムテキスト，(1998), 1-9.

[1.40] 橋本浩二・栗山幸久・滝田道夫：自動車技術会 1999 材料フォーラムテキスト，(1999), 5-10.

[1.41] 福井清之・小松原望：自動車技術会 2000 材料フォーラムテキスト，(2000), 12-16.

[1.42] 栗山幸久・橋本浩二・大橋浩・滝田道夫：自動車技術会 2000 材料フォーラムテキスト，(2000), 17-23.

[1.43] Bruggemann, C.: Proc. IBEC'97 (1997), 1-5.

[1.44] 真嶋聡・森田司・高橋進・寺田耕輔・田口直人・中川成幸：自動車技術, 57-6 (2003), 23-28.

[1.45] 宇都秀之・渋江和久：住友軽金属技報, 44-1 (2003), 89-110.

[1.46] 気候変動に関する政府間パネル (IPCC) 第 2 次評価報告書 (1995).

[1.47] 気候変動に関する政府間パネル (IPCC) 第 4 次評価報告書 (2007).

[1.48] 湊清之：自動車技術, 53-9 (1999), 58-64.

[1.49] 環境省：2010 年度（平成 22 年度）の温室効果ガス排出量（確定値）について，http://www.env.go.jp/earth/ondanka/ghg/2010ghg.pdf，アクセス日：2013.3.11

[1.50] 国土交通省：乗用車の燃費・CO_2 排出量（自動車燃費一覧（平成 22 年 3 月)),http://www.mlit.go.jp/common/000111196.pdf，アクセス日：2012.5.2

[1.51] Shah, S. & Bruggemann, C.: Proc. IBEC'94, (1994), 26-30.

[1.52] Constantine, B., Roth, R. & Clark, J.P.: J. Minerals, Met. Mat. Society, 53-8 (2001), 33-38.

[1.53] Mason, M.: Brochure in THF Technology, Tube and Pipe Association, Nashville (1996).

第2章

成形基礎理論

> 　管材をハイドロフォーミングするにあたってまず知りたいのは，外力（内圧や軸荷重）の作用によって管材にはどのような応力やひずみが生じるのか，成形に必要な外力はどのくらいか，外力の負荷が大きすぎると破裂やしわなどの成形不良を生じるが，成形不良を生じる限界の外力の大きさはどのくらいか，破裂を生じることなくどこまで拡管することができるか，そして，それらは外力の負荷方法（負荷経路）や管材料の機械的性質によってどのような影響を受けるかなどである．
> 　実際にハイドロフォーミングによって成形される部品，部材の形状は複雑で，また，金型に接触している部分と接触していない部分とが混在していて，成形される部位によって応力状態，ひずみ状態が異なる．そのため，厳密な理論解析は難しい．
> 　この章では，ハイドロフォーミングされる管材の基本的な変形挙動を把握するために，単純なモデルを用いた基礎理論を紹介する．基礎理論の理解はよりよい加工方法の開発や新しい部品設計などの展開の原動力となる．

2.1　自由バルジ成形理論

　成形される管の外側に変形を拘束する型を置いて成形するものを型バルジ成形，型を置かずに，管を自由に変形させるものを自由バルジ成形と定義する（図 2.1 参照）．このとき，負荷する外力の種類や大きさによって，管の変形は大きく異なり，破裂，座屈，しわを生じることがある．実際のチューブハイドロフォーミングにおいてはほとんどが型バルジ成形であるが，管の変形挙動を知るためには，まず最も基本的である自由バルジ成形について理解することが必要である．

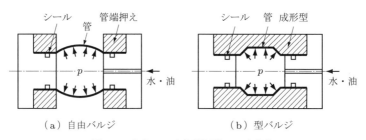

図 2.1　自由バルジ成形と型バルジ成形

● 2.1.1 無限長円管の自由バルジ成形理論 ●

ハイドロフォーミングされる管は，前加工として曲げやつぶしを受けることが多く，また，製品形状も複雑なものが多い．これを厳密に理論解析することは難しい．そこで，はじめに最も単純な場合について，ハイドロフォーミングされる管材の基本的な変形挙動や応力状態を考える．

内圧 p と軸荷重 W（引張を正，圧縮を負）を受ける管は無限に長い円管とし，両端は剛体のふたで閉じられているものとする（図 2.2 参照）．肉厚 t は半径 r（$= d/2$（d：直径））に比べて十分に薄いものとする．変形は（管端部を除いて）管軸に沿って一様に生じるものとして扱う．これらの仮定から，管には曲げモーメントが作用しないものとすることができる（膜理論）．管材料は等方性で，次の n 乗硬化則に従うものとする．

$$\sigma_{eq} = C\varepsilon_{eq}{}^n \tag{2.1}$$

ここに，σ_{eq} は相当応力，ε_{eq} は相当ひずみ，C は強度係数，n は加工硬化指数（n 値）である．

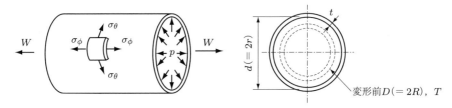

図 2.2 内圧と軸荷重を受ける無限長円管（両端閉じ）

管の変形前後の半径を R（$= D/2$（D：直径）），r，肉厚を T，t とすると，管の軸方向の力のつり合いから，軸応力 σ_ϕ は，

$$\sigma_\phi = \frac{pr}{2t} + \frac{W}{2\pi rt} \tag{2.2}$$

となり，円周方向の力のつり合いから，円周応力 σ_θ は，

$$\sigma_\theta = \frac{pr}{t} \tag{2.3}$$

となる．式 (2.2), (2.3) より，次式が成り立つ．

$$\frac{\sigma_\phi}{\sigma_\theta} = \frac{1}{2} + \frac{W}{2p\pi r^2} \tag{2.4}$$

肉厚方向の応力 σ_n は，管の内表面で $\sigma_n = -p$，管の外表面で $\sigma_n = 0$ であるから，

平均値として肉厚中心の値をとると $\sigma_n = -p/2$ となる．σ_n の大きさを σ_θ と比較すると，薄肉の仮定 $(t \ll r)$ から $|\sigma_n/\sigma_\theta| = t/2r \ll 1$ となり，σ_n は σ_θ，σ_ϕ に比べて無視することができるので，

$$\sigma_n \fallingdotseq 0 \tag{2.5}$$

である．これより，円管は平面応力状態であると考えることができる．
　ひずみは次のように定義する．

$$\text{円周ひずみ} \quad \varepsilon_\theta = \ln\left(\frac{r}{R}\right) \tag{2.6}$$

$$\text{肉厚ひずみ} \quad \varepsilon_n = \ln\left(\frac{t}{T}\right) \tag{2.7}$$

$$\text{体積一定の条件} \quad \varepsilon_\phi + \varepsilon_\theta + \varepsilon_n = 0 \tag{2.8}$$

　式 (2.8) より，軸ひずみは，次のようになる．

$$\text{軸ひずみ} \quad \varepsilon_\phi = -\varepsilon_\theta - \varepsilon_n \tag{2.9}$$

(1) 内圧 p のみを負荷する場合

$W = 0$ であるから，式 (2.2)〜(2.4) より，

$$\sigma_\phi = \frac{pr}{2t}, \quad \sigma_\theta = \frac{pr}{t}, \quad \frac{\sigma_\phi}{\sigma_\theta} = \frac{1}{2} \tag{2.10}$$

となり，平面応力場における応力とひずみの関係式は，次のようになる．

$$\left. \begin{array}{l} \varepsilon_\phi = \dfrac{\varepsilon_{\text{eq}}}{\sigma_{\text{eq}}} \cdot \left(\sigma_\phi - \dfrac{\sigma_\theta}{2}\right) \\ \varepsilon_\theta = \dfrac{\varepsilon_{\text{eq}}}{\sigma_{\text{eq}}} \cdot \left(\sigma_\theta - \dfrac{\sigma_\phi}{2}\right) \end{array} \right\} \tag{2.11}$$

相当応力，相当ひずみは管材料がミーゼスの降伏条件に従うときは，以下のように表される．

$$\left. \begin{array}{l} \sigma_{\text{eq}} = \sqrt{\sigma_\phi{}^2 - \sigma_\phi \sigma_\theta + \sigma_\theta{}^2} \\ \varepsilon_{\text{eq}} = \dfrac{2}{\sqrt{3}}\sqrt{\varepsilon_\phi{}^2 + \varepsilon_\phi \varepsilon_\theta + \varepsilon_\theta{}^2} \end{array} \right\} \tag{2.12}$$

　式 (2.10)，(2.11) より，

$$\varepsilon_\phi = 0 \tag{2.13}$$

となる．式 (2.13) より，管には軸ひずみが生じないことがわかる．また，式 (2.5)，(2.13) より，内圧のみを受ける両端閉じの無限長円管は平面応力状態であり，かつ平

面ひずみ状態にあることがわかる．

式 (2.8), (2.13) より，

$$\varepsilon_n = -\varepsilon_\theta \tag{2.14}$$

となり，式 (2.14) と式 (2.6), (2.7) より，次の関係式が導かれる．

$$t = \frac{RT}{r}$$

これは，肉厚は張出し半径に反比例して減少することを意味している．以上の関係式を用いると，式 (2.10) から内圧と張出し量（円周ひずみ）の関係を次式のように導くことができる．

$$p = \frac{CT}{R} \cdot \left(\frac{2}{\sqrt{3}}\right)^{n+1} \cdot \varepsilon_\theta{}^n \cdot \exp(-2\varepsilon_\theta) \tag{2.15}$$

図 2.3 に，無次元内圧 $\overline{p} = pR/(CT)$ と円周ひずみ ε_θ の関係を実線で示す．

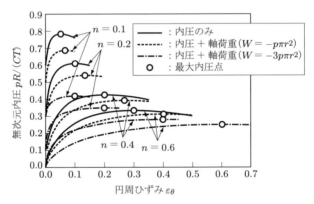

図 2.3 無次元内圧と円周ひずみの関係（無限長円管）

最大内圧は，次のように表される．

$$p^* = \frac{CT}{R} \cdot \frac{2}{(\sqrt{3})^{n+1}} \cdot \left(\frac{n}{e}\right)^n \tag{2.16}$$

式 (2.16) より，管の初期形状寸法（R, T）および材料特性値（n, C）がわかれば，最大内圧を知ることができる．図 2.4 に，無次元最大内圧 $\overline{p^*} = p^*R/(CT)$ と n 値の関係を実線で示す．

最大内圧時の円周ひずみおよび半径は，次式となる．

$$\varepsilon_\theta^* = \frac{n}{2}, \quad r^* = R \cdot \exp\left(\frac{n}{2}\right) \tag{2.17}$$

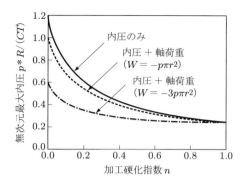

図 2.4 最大内圧に及ぼす n 値の影響(無限長円管)

式 (2.17) より,最大内圧時における円周ひずみ(または張出し半径)は n 値が大きい材料ほど大きいことがわかる.ただし,この値は管の軸方向一軸引張試験における最大軸荷重時の伸びひずみ($\varepsilon = n$)の半分の値でしかないことに注意すべきである.

(2) 内圧 p と軸圧縮荷重 $W = -p\pi r^2$ を同時に負荷する場合

式 (2.2) より,

$$\sigma_\phi = 0 \tag{2.18}$$

となる.式 (2.5) から σ_n も 0 であるから,管は σ_θ のみが作用する円周方向一軸応力状態である.

式 (2.8),(2.11) より,

$$\varepsilon_\phi = \varepsilon_n = -\frac{\varepsilon_\theta}{2} \tag{2.19}$$

であるから,内圧と円周ひずみの関係は,

$$p = \frac{CT}{R} \cdot \varepsilon_\theta{}^n \cdot \exp\left(-\frac{3}{2}\varepsilon_\theta\right) \tag{2.20}$$

となる.図 2.3 に,この場合の無次元内圧 $\bar{p} = pR/(CT)$ と円周ひずみ ε_θ の関係を破線で示す.

最大内圧は,次のようになる.

$$p^* = \frac{CT}{R} \cdot \left(\frac{2n}{3e}\right)^n \tag{2.21}$$

図 2.4 に,この場合の無次元最大内圧 $\overline{p^*} = p^*R/(CT)$ と n 値の関係を破線で示す.

最大内圧時の円周ひずみおよび半径は,次式で表される.

$$\varepsilon_\theta^* = \frac{2n}{3}, \quad r^* = R \cdot \exp\left(\frac{2n}{3}\right) \tag{2.22}$$

式 (2.22) と内圧のみを負荷したときの式 (2.17) を比較すると，軸圧縮荷重 $W = -p\pi r^2$ を内圧と同時に負荷すると，最大内圧時の円周ひずみ（張出し半径）は大きくなることがわかる．

(3) 内圧 p と軸圧縮荷重 $W = -3p\pi r^2$ を同時に負荷する場合

式 (2.2)，(2.3) より，

$$\sigma_\phi = -\sigma_\theta \tag{2.23}$$

となる．この場合は純粋せん断応力状態である．

式 (2.8)，(2.11) より，

$$\varepsilon_\phi = -\varepsilon_\theta, \quad \varepsilon_n = 0 \tag{2.24}$$

である．これより，肉厚は減少も増加もしないことがわかる．

内圧と張出し量（円周ひずみ）の関係は，次式で表される．

$$p = \frac{CT}{\sqrt{3}R} \cdot \left(\frac{2}{\sqrt{3}}\right)^n \cdot \varepsilon_\theta{}^n \cdot \exp(-\varepsilon_\theta) \tag{2.25}$$

図 2.3 に，この場合の無次元内圧 $\overline{p} = pR/(CT)$ と円周ひずみ ε_θ の関係を一点鎖線で示す．

最大内圧は，次のようになる．

$$p^* = \frac{CT}{\sqrt{3}R} \cdot \left(\frac{2}{\sqrt{3}}\right)^n \cdot n^n \cdot \exp(-n) \tag{2.26}$$

図 2.4 に，この場合の無次元最大内圧 $\overline{p^*} = p^*R/(CT)$ と n 値の関係を一点鎖線で示す．

最大内圧時の円周ひずみおよび半径は，次式で表される．

$$\varepsilon_\theta^* = n, \quad r^* = R \cdot \exp(n) \tag{2.27}$$

この場合は，理論上は最大内圧時には大きな張出し半径（円周ひずみ）が得られるが，実際には管は座屈をしてしまうため，このような応力状態を実現することは難しい．

以上にみたように，無限長薄肉円管の変形は外力（内圧と軸荷重）の負荷条件に大きく影響を受け，最大内圧や，最大内圧時の張出し量は異なった値を示す．上記の三つの例について表 2.1 にまとめて示す．

表 2.1 外力負荷条件と管の変形（無限長薄肉円管）

外力と負荷条件（内圧と軸荷重）	管の応力	管のひずみ	内圧と円周ひずみの関係	最大内圧	最大内圧時の円周ひずみ、最大内圧時の半径
$W=0$（内圧のみ）	$\sigma_\phi = \dfrac{pr}{2t} = \dfrac{\sigma_\theta}{2}$ $\left(\dfrac{\sigma_\phi}{\sigma_\theta} = \dfrac{1}{2}\right)$	$\varepsilon_\phi = 0$ $\varepsilon_n = -\varepsilon_\theta$	$p = \dfrac{CT}{R}$ $\cdot \left(\dfrac{2}{\sqrt{3}}\right)^{n+1}$ $\cdot \varepsilon_\theta{}^n$ $\cdot \exp(-2\varepsilon_\theta)$	$p^* = \dfrac{CT}{R}$ $\cdot \dfrac{2}{(\sqrt{3})^{n+1}}$ $\cdot \left(\dfrac{n}{e}\right)^n$	$\varepsilon_\theta^* = \dfrac{n}{2}$ $r^* = R \cdot \exp\left(\dfrac{n}{2}\right)$
$W = -p\pi r^2$	$\sigma_\phi = 0$ $\left(\dfrac{\sigma_\phi}{\sigma_\theta} = 0\right)$	$\varepsilon_\phi = \varepsilon_n$ $= -\dfrac{\varepsilon_\theta}{2}$	$p = \dfrac{CT}{R} \cdot \varepsilon_\theta{}^n$ $\cdot \exp\left(-\dfrac{3}{2}\varepsilon_\theta\right)$	$p^* = \dfrac{CT}{R}$ $\cdot \left(\dfrac{2n}{3e}\right)^n$	$\varepsilon_\theta^* = \dfrac{2n}{3}$ $r^* = R \cdot \exp\left(\dfrac{2n}{3}\right)$
$W = -3p\pi r^2$	$\sigma_\phi = -\sigma_\theta$ $\left(\dfrac{\sigma_\phi}{\sigma_\theta} = -1\right)$	$\varepsilon_n = 0$ $\varepsilon_\phi = -\varepsilon_\theta$	$p = \dfrac{CT}{\sqrt{3}R}$ $\cdot \left(\dfrac{2}{\sqrt{3}}\right)^n$ $\cdot \varepsilon_\theta{}^n \cdot \exp(-\varepsilon_\theta)$	$p^* = \dfrac{CT}{\sqrt{3}R}$ $\cdot \left(\dfrac{2}{\sqrt{3}}\right)^n$ $\cdot \left(\dfrac{n}{e}\right)^n$	$\varepsilon_\theta^* = n$ $r^* = R \cdot \exp(n)$

2.1.2　有限長円管の自由バルジ成形理論

2.1.1 項で述べた理論は管の長さが無限に長い場合，あるいは管が一様に変形する（張出し量が円管軸に沿って一様）と考えることができる場合についてであった．しかし，現実にはそのような変形は生じることがなく，管の長さが有限であるから，管の変形形状はたる形になる．別の言い方をすれば，管の子午線方向の主曲率半径 r_1 は有限の値をもち（無限長円管では $r_1 = \infty$），しかも管の場所ごとにその値は異なる．すなわち，場所によって応力やひずみが異なる．

変形後の管を図 2.5 に示す．変形後の管の中央部から管に沿う座標を s（変形前を S），主曲率半径を r_1（子午線方向），r_2（r_1 に直角方向），管の軸となす角を ϕ とする．

肉厚方向の力のつり合い方程式は，次式となる[2.1]（無限長円管のときには $r_1 = \infty$，

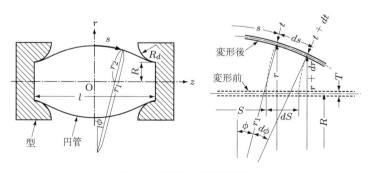

図 2.5　変形後の円管の形状

$r_2 = r$ となり，式 (2.3) と一致する）．

$$\frac{\sigma_\phi}{r_1} + \frac{\sigma_\theta}{r_2} = \frac{p}{t} \tag{2.28}$$

子午線方向の力のつり合い方程式は，

$$\frac{\mathrm{d}(\sigma_\phi rt)}{\mathrm{d}s} = -\sigma_\theta t \sin\phi \tag{2.29}$$

となり，管軸方向の力のつり合い方程式は，

$$2\pi rt\sigma_\phi \cos\phi = p\pi r^2 + W \tag{2.30}$$

となる．式 (2.28)〜(2.30) は互いに独立ではなく，任意の二つが独立である．

式 (2.28), (2.30) より，子午線応力，円周応力は，それぞれ次のように与えられる．

$$\sigma_\phi = \frac{p\pi r^2 + W}{2\pi rt \cos\phi} \tag{2.31}$$

$$\sigma_\theta = r_2 \left(\frac{p}{t} - \frac{\sigma_\phi}{r_1} \right) \tag{2.32}$$

ひずみの適合条件式は，

$$\frac{\mathrm{d}\varepsilon_\theta}{\mathrm{d}s} = -\frac{\exp(-\varepsilon_\theta)}{R} \sin\phi \tag{2.33}$$

となる．式 (2.28), (2.29), (2.33) を解けば，管の任意の点における応力やひずみ，傾き角，張出し量，肉厚などを求めることができる．ただし，それらの式を解くためには，材料の構成式，応力とひずみの関係式，ひずみの定義式，塑性変形における体積一定の式などが必要である．最終的には，非線形連立偏微分方程式を数値的に解かなければならない．

全ひずみ理論[2.1]，ひずみ増分理論[2.2] によって式 (2.28), (2.29), (2.33) を，厳密に解析した論文があるので，詳しくはそちらを参照されたい．図 2.6, 2.7 に，それぞれ最大内圧 p^* および最大内圧時の管中央部の張出し半径 r_c^* に及ぼす管の長さと直径の比の影響を示す．

厳密な解析ではないが，管の変形後の子午線形状を円弧[2.4]，放物線[2.5]，三角関数[2.6, 2.7] で近似した解析も行われている．

● 2.1.3 異方性材料の自由バルジ成形理論 ●

2.1.1, 2.1.2 項に述べたものは，管材料が等方性であり，異方性を考慮しない場合についてであった．実際の管材料は，程度の差こそあれ，異方性を有している．以下に紹介するのは，異方性を表すパラメーターとして，ランクフォードの r 値（3.4.1 項

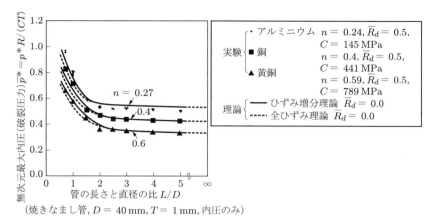

(焼きなまし管, $D = 40\,\mathrm{mm}, T = 1\,\mathrm{mm}$, 内圧のみ)

図 2.6　最大内圧（破裂圧力）に及ぼす管の長さと直径の比の影響 [2.3]

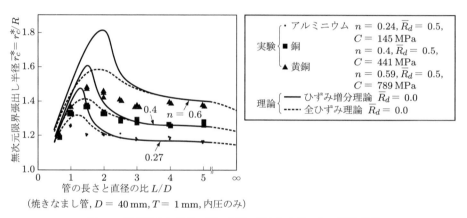

(焼きなまし管, $D = 40\,\mathrm{mm}, T = 1\,\mathrm{mm}$, 内圧のみ)

図 2.7　限界張出し半径に及ぼす管の長さと直径の比の影響 [2.3]

(8) 参照, r_ϕ：軸方向の r 値, r_θ：円周方向の r 値) を導入した理論式 [2.8〜2.10] である. 等方性の場合と同様に, 管は両端を閉じられた無限に長い円管とし, 変形は（管端部を除いて）管軸に沿って一様に生じるものとして扱う. 肉厚は半径に比べて十分に薄いものとし, 曲げモーメントを無視した膜理論で扱う. ここでは, 管は内圧のみを受ける場合について述べる.

異方性を考慮すると, 管に生じるひずみは次のような関係にある.

$$\varepsilon_\phi : \varepsilon_\theta : \varepsilon_n = -\frac{1-(1/r_\phi)}{1+(2/r_\theta)} : 1 : -\frac{(1/r_\phi)+(2/r_\theta)}{1+(2/r_\theta)} \tag{2.34}$$

式 (2.34) は, 等方性材料 $r_\phi = r_\theta = 1$ のときは, 式 (2.13), (2.14) となる.

このときの内圧 p と円周ひずみ ε_θ の関係を導くと, 次式となる.

$$p = \frac{CT}{R} \cdot K^{(n+1)/2} K'^{(n-1)/2} \cdot \frac{(1/r_\phi) + (1/r_\theta) + \{1/(r_\phi r_\theta)\}}{(1/2) + (1/r_\theta)} \cdot \varepsilon_\theta{}^n$$
$$\cdot \exp\left\{-\frac{1 + (1/r_\phi) + (4/r_\theta)}{1 + (2/r_\theta)} \cdot \varepsilon_\theta\right\} \quad (2.35)$$

ここに

$$K = \frac{2}{3} \cdot \frac{1 + (1/r_\phi) + (1/r_\theta)}{(1/r_\phi) + (1/r_\theta) + \{1/(r_\phi r_\theta)\}}$$

$$K' = \frac{1}{\{1 + (2/r_\theta)\}^2} \left\{\frac{4\{1 + (1/r_\phi)\}}{r_\theta{}^2} + \frac{1 + (1/r_\theta)}{r_\phi{}^2} + \frac{1}{r_\phi} + \frac{1}{r_\theta} + \frac{6}{r_\phi r_\theta}\right\}$$

管材料が等方性 ($r_\phi = r_\theta = 1$) のときは，式 (2.35) は式 (2.15) となる．

最大内圧は次のように表される．

$$p^* = \frac{CT}{R} \cdot K^{(n+1)/2} K'^{(n-1)/2} \cdot \frac{(1/r_\phi) + (1/r_\theta) + \{1/(r_\phi r_\theta)\}}{(1/2) + (1/r_\theta)}$$
$$\cdot \left\{\frac{1 + (2/r_\theta)}{1 + (1/r_\phi) + (4/r_\theta)}\right\}^n \cdot \left(\frac{n}{e}\right)^n \quad (2.36)$$

等方性材料 $r_\phi = r_\theta = 1$ のときは，式 (2.36) は式 (2.16) となる．

式 (2.36) より，管の初期形状寸法 (R, T) および材料特性値 (n, C, r_ϕ, r_θ) がわかれば，最大内圧を知ることができる．

最大内圧時の円周ひずみおよび半径は次式で表される．

$$\varepsilon_\theta^* = \frac{1 + (2/r_\theta)}{1 + (1/r_\phi) + (4/r_\theta)} \cdot n$$
$$r^* = R \cdot \exp\left\{\frac{1 + (2/r_\theta)}{1 + (1/r_\phi) + (4/r_\theta)} \cdot n\right\} \quad (2.37)$$

管材料が等方性 ($r_\phi = r_\theta = 1$) のときは，式 (2.37) は式 (2.17) となる．

式 (2.37) は，r_ϕ の値が大きいほど最大内圧時の円周ひずみおよび半径が大きく，張出し量が大きいことを示している．なお，$r_\phi = 1$ のときは，r_θ の値に関わらず，常に等方性のときと同じ値（式 (2.17)）になる．

以上，無限に長い管の自由バルジ変形理論を，管材の異方性も考慮に入れて示した．管の長さが短い場合も含め，チューブハイドロフォーミングにおける管材の成形性と材料特性の関係については，3.5.2 項で詳しく述べる．

2.2 型バルジ成形理論

チューブハイドロフォーミングでは，管に内圧を負荷して型に押し付けながら変形

させ，型の形状を転写する．これを型バルジ成形という（図2.1(b)）．型バルジ成形によって複雑な断面形状をもつ製品をつくることができるが，その理論解析は難しいので，本節では，簡単な形状の型の場合の理論式を紹介する．

図2.8に示すような円筒型を用いた薄肉円管の型バルジ成形では，以下の力のつり合い方程式が成り立つ．ここに，R_d は型平行部（AB部）の内径，R_d' は型曲率部（CD部）の肩半径，p_d は型平行部において型から受ける圧力，p_d' は型曲率部において型から受ける圧力である．

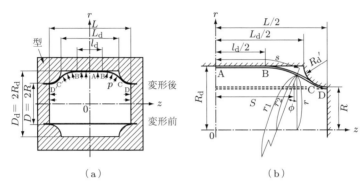

図 2.8 円筒型を用いた型バルジ成形 [2.11]

■ 型平行部（AB 部）

子午線方向の力のつり合い方程式は，

$$\frac{\mathrm{d}(\sigma_\phi t)}{\mathrm{d}s} = \mu p_d \tag{2.38}$$

で，肉厚方向の力のつり合い方程式は，

$$\frac{\sigma_\theta}{R_d} = \frac{p - p_d}{t} \tag{2.39}$$

である．式 (2.38) と式 (2.39) から p_d を消去すると，次のようになる．

$$\frac{\mathrm{d}(\sigma_\phi t)}{\mathrm{d}s} = \mu \left(p - \frac{\sigma_\theta t}{R_d} \right) \tag{2.40}$$

■ 自由部（BC 部）

子午線方向の力のつり合い方程式は，

$$\frac{\mathrm{d}(\sigma_\phi r t)}{\mathrm{d}s} = -\sigma_\theta t \sin \phi \tag{2.41}$$

で，肉厚方向の力のつり合い方程式は，自由バルジ成形の場合の式 (2.28) と同じで，

$$\frac{\sigma_\phi}{r_1} + \frac{\sigma_\theta}{r_2} = \frac{p}{t}$$

である.

■ 型曲率部（CD 部）

子午線方向の力のつり合い方程式は，

$$\frac{\mathrm{d}(\sigma_\phi r t)}{\mathrm{d}s} = -\sigma_\theta t \sin\phi - \mu p_\mathrm{d}' r \tag{2.42}$$

で，肉厚方向の力のつり合い方程式は，

$$\frac{\sigma_\phi}{r_1} + \frac{\sigma_\theta}{r_2} = \frac{p - p_\mathrm{d}'}{t} \tag{2.43}$$

である．式 (2.42) と式 (2.43) から p_d' を消去すると，次のようになる．

$$\frac{\mathrm{d}(\sigma_\phi r t)}{\mathrm{d}s} = -\sigma_\theta t(\sin\phi - \mu\cos\phi) - \frac{\mu\sigma_\phi r t}{R_\mathrm{d}'} - \mu p r \tag{2.44}$$

n 乗硬化則に従う等方性材料の薄肉円管を型バルジ成形する場合については，円管の両端の変位を拘束した条件で，以上の力のつり合い方程式が全ひずみ理論を用いて解析されており [2.11]，またその解析結果の妥当性が実験結果と比較して示されている [2.12, 2.13]．この解析は，静的陽解法有限要素法を用いた計算結果 [2.14] からも，膜理論を適用することが妥当であることを示している．

上記のように，円筒型の場合には，管の変形挙動がある程度解析的な手法で求められるが，より一般的な型バルジ成形においては管の変形挙動が複雑となり，解析的に求めることは困難となるため，有限要素法によるシミュレーションが行われている．成形型として正方形型を用いた場合については，たとえば，動的陽解法を用いた検討結果 [2.15] がある．管の変形挙動の大雑把な傾向については，管の曲率半径の変化と管と金型との間の摩擦による応力状態の変化で説明できるが，具体的な肉厚分布などの予測や詳細な検討は，有限要素法に頼らざるを得ない状況である．

図 2.9 に，円管を正方形型に入れて内圧を負荷し，型に沿って変形させた場合の肉厚分布に及ぼす摩擦係数の影響を，FEM シミュレーションにより調べたものを示す．摩擦係数が大きい ($\mu = 0.1$) 場合は，局所的に肉厚が薄くなる（縦の筋状部分）が，摩擦係数が小さくなると ($\mu = 0.06 \to 0$)，肉厚分布は比較的一様になり，局所的な薄肉部分は見られなくなることがわかる．

型バルジ成形では管に成形型の形状を転写するため，最終段階において高圧が負荷される．この最大内圧は，加工機械の仕様に関わる値である．最大内圧を考える際には，薄肉管である場合でも，成形型に未接触の変形部を厚肉管の一部と考えて，その変形挙動を予測するほうがより正確な値が得られる．それは，管が成形型に最終的に接触する際には，非常に小さな曲率半径の部分を成形することとなり，その曲率半径と肉厚の比率からすれば，その部分は厚肉管の一部とみなすことができるからである．

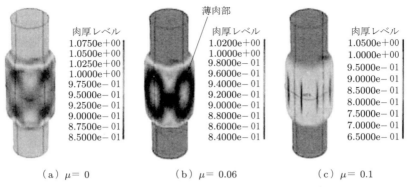

図 2.9 正方形型バルジ成形における肉厚分布に及ぼす摩擦係数の影響[2.15]

肉厚 t,最小曲率半径 r_c を成形するために必要な内圧 $(p_i)_{max}$ は,

$$(p_i)_{max} = \frac{2\sigma_f[\ln\{r_c/(r_c-t)\}]}{\sqrt{3}} \tag{2.45}$$

と表される[2.16].ここで,σ_f は材料の流動応力であり,通常,引張強さが用いられる.

2.3 T成形理論

　配管や自転車のフレームなどに使われる T 継手の多くは,液圧バルジ加工によってつくられる.この T 成形は,母管から一部を膨出させ,枝管部を形成する枝管成形(突起成形)の代表例である.T 成形に関する古い資料として,1940 年のアメリカの特許(Patent No.2203868)がある[2.17, 2.18].それから 20 年以上後の 1960 年代に,自由バルジ成形理論に関する論文が数多く書かれ,その当時の研究成果が現在の自由バルジ成形理論の基礎となっている.しかし,T 成形の場合には,自由バルジ成形の場合のような理論は存在しない.その大きな理由は,管の変形挙動に及ぼす摩擦の影響の大きさと,成形に伴う管の局所的肉厚増加の取扱いの困難さにあると考えられる.

　一般に,T 成形では,張出し部に材料を送り込まなければ枝管部の成形が不十分となるため,管両端部からの軸押しを積極的に行う必要がある.自由バルジ成形や型バルジ成形の場合にも軸押しを行うが,その軸押しは管の張出し変形による肉厚減少を抑える程度であり,肉厚を増加させるほどではない.T 成形では,管に負荷する内圧が軸押しによる管の座屈を抑制するので,より大きな圧縮変形が可能になり,枝管部以外では軸押しで管の肉厚が増加する(図 2.10).また,T 成形では,枝管頭部を除いた管のほぼ全体が金型と接触した状態で成形が行われるため,変形挙動に及ぼす管と金型との間の摩擦の影響が大きく,軸押しに要する力も摩擦の影響を大きく受ける.

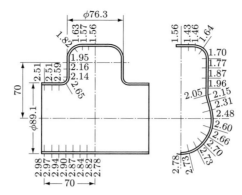

図 2.10　T 成形品の肉厚分布（ステンレス鋼鋼管，初期肉厚 2 mm）[2.19]

ところで，後述の 2.4.2 項で詳述するが，軸押しは図 2.11 のように分類される．型バルジ成形に属する T 成形では，管材料を金型内に供給することが要求されるため，分類上では軸押しは，軸押込み量が用いられるのが一般的であるが，金型として可動金型を用いて T 成形を行う場合（5.2.3 項 (1) 参照）には，軸押しとしては金型の軸押し量が用いられる．

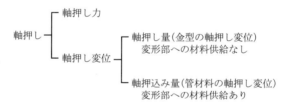

図 2.11　軸押しの分類

T 成形の理論では，成形中の管の変形挙動に及ぼす摩擦の影響と，軸押しによる肉厚の増加を正確に扱えることが望まれる．上述した自由バルジ成形や型バルジ成形では，管全体の変形が比較的一様であり，摩擦係数も場所による分布がなく，一様な値であるとして扱うことができた．しかし，T 成形においては，管両端部からの軸押込みにより管胴の一部に突起が成形されるため，材料の流れが不均一になり，場所によって応力状態が極めて異なる．さらに，管と型との間の摩擦が大きく，局所的な肉厚増加も見られるため，非軸対称 3 次元問題となり，理論解析は難しい．

一方，チューブハイドロフォーミングの解析手段として有限要素法によるシミュレーションを利用することは，使い方次第で非常に有効である．しかし，シミュレーションを行う際には，対象となる成形における特徴的なパラメーターを理解し，それらの値を適切に設定しなければ，得られる結果の信頼性は低いものとなる．

そこで，本節では，まず，T 成形における加工力を考える際に必要最低限のパラメーターと，それらのパラメーターと加工力との関係を定性的に説明することのできる計算式を"加工力の理論"として紹介する．その後，成形を実施する際の参考にもなることを期待して，T 成形における素管や金型の寸法，加工力の文献値を紹介する．

● 2.3.1 加工力の理論 ●

図 2.12 に示すような場合について，加工力を算出するための考え方を数式化したものがいくつか提案されている [2.16, 2.20] が，ここでは，参考文献 [2.20] の計算式を紹介する．

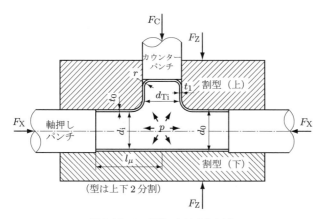

図 2.12 T 成形における加工力

$$F_Z = 2d_o l_\mu p \tag{2.46}$$

$$F_X = F_p + F_\mu + F_f \tag{2.47}$$

$$F_p = \frac{\pi d_i^2 p}{4} \tag{2.48}$$

$$F_\mu = \mu \pi d_o l_\mu p \tag{2.49}$$

$$F_f = \frac{\pi t_o d_o k_f}{2} \tag{2.50}$$

$$F_C = \pi d_{Ti} \left(\frac{d_{Ti} p}{4} - 2 t_1 k_f \right) \tag{2.51}$$

$$p_c = \frac{k_{f1} t_1}{r} \tag{2.52}$$

ここで，加工力に関する記号は，F_Z：型締め力，F_X：軸押し力，F_p：内圧に関する軸押し力，F_μ：管と金型の間の摩擦力に関する軸押し力，F_f：管の塑性変形に関する

軸押し力，F_C：カウンターパンチ力，p：成形内圧，p_c：最終成形内圧（枝管頭部の r を成形するために負荷する内圧）である．また，管の寸法・強度に関する記号については，d_o：外径，d_i：内径，d_{Ti}：枝管の内径，l_μ：管と金型との接触長さの半分，t_o：肉厚，t_1：枝管の肉厚，r：枝管頭部の半径，k_f：成形中の降伏応力，k_{f1}：成形後の降伏応力である．μ は摩擦係数である．

この図の加工例では，移動可能なカウンターパンチを用いて，内圧と管の降伏応力を考慮した加圧力を成形中に枝管頭部に制御しながら負荷して管の破裂を防いでいる．実際の T 成形では，カウンターパンチを用いないこともあり，また，ノックアウトをストッパーとして枝管頭部に当てることで済ませる場合もある（図 2.13）．型の分割については，図 2.13 と図 2.14(a) では上下 2 分割としているが，紙面の表裏方向に分割したり，図 (b) のように左右方向に分割することもある．

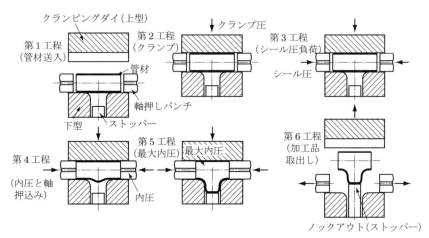

図 2.13　T 成形プロセス例 [2.21, 2.22]

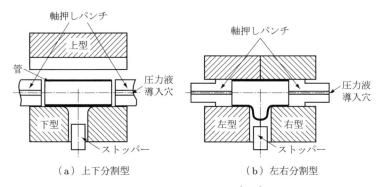

図 2.14　金型の分割方式 [2.23]

当然のことながら，型の分割方式が異なれば，型締め力は変わる．さらに，T成形における摩擦係数については，同じ金型内でも位置によって管との接触状態が異なるため不均一であり，さらに，成形中の内圧の変化に応じて変わる[2.24]．

2.3.2 素管と成形金型の寸法について

素管の寸法は成形後の仕上がり寸法を考慮して決定されるが，2.3.1項に示した式(2.46)～(2.52)からわかるように，寸法は加工力に大きく関わるため，T成形に使用する加工機械の能力との兼ね合いも考慮しなければならない．しかし，現実的に妥当な素管寸法については，理論のみではわからないので，実用に供されている素管の寸法（外径，肉厚，長さ）の値を，文献[2.17, 2.19, 2.22, 2.25～2.37]から抜き出して図2.15に示す．

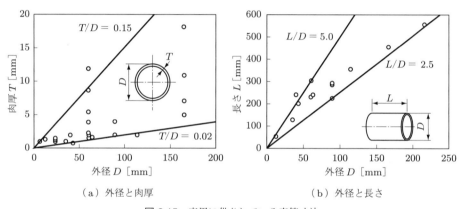

(a) 外径と肉厚　　　(b) 外径と長さ

図2.15 実用に供されている素管寸法

T成形の金型の特徴は，枝管部を成形する部分があることである．枝管の径は，多くの場合，素管の外径と同じ値である．しかし，小さいものでは，素管外径の0.55倍という例[2.25]がある．枝管の付け根の部分であるR部の寸法は，素管材料の枝管部への流れに関わる．文献値では，素管肉厚の2.2～12.5倍となっており，ほかの部分の寸法と比較して設定の幅が大きい．

2.3.3 最大軸押込み量と最大内圧について

軸押し力は，式(2.47)～(2.50)からわかるように，内圧，摩擦，管の変形抵抗の変化と関係する．T成形では管と金型との間の摩擦が軸押し力に大きく影響し[2.33]，また，摩擦係数は成形中に変わるので，成形結果に及ぼす軸押しの影響を軸押し力で評価することは難しい．そのため，枝管部に材料を送り込むことに直接的に関わる"軸

押込み量"で軸押しの効果を評価するのが一般的である.

加工機械に必要な加工能力を決定する際には,2.3.1 項で紹介した式 (2.46)〜(2.52) などで加工力や内圧を推定することが必要となるが,T 成形プロセスは,軸押込み量を制御して管に負荷するため,加工機械に必要な仕様として,十分な軸押込み量を確保することも重要である.

図 2.16 は,枝管径と素管径が異なる T 成形の例で,カウンターパンチを使用しない場合の実験結果である.素管の外径は 40 mm,枝管径は 30 mm で全長は 240 mm (外径の 6 倍)であるが,成形後の全長は 160 mm であり,軸押込み量は素管全長の 1/3 (80 mm) にも及ぶ.この例のように,軸押込み量の文献値は,カウンターパンチを使用しない場合には,片側で,素管外径と同じ程度の大きさである.枝管高さを大きくするためにカウンターパンチを使用する場合には,軸押込み量も大きくなり,素管外径の約 3 倍となっている例 [2.32] がある.

このように,T 成形において枝管を大きく成形するためには,加工機械には十分な軸押込み量を与えることができるシリンダーを備える必要がある.ただし,軸押込み量を過大に与えると,管は座屈を生じ,枝管がうまく成形されないので,最大軸押し量は座屈しない範囲で見積る必要がある.

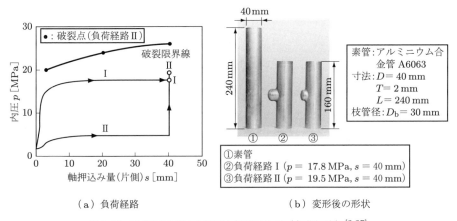

(a) 負荷経路 　　　　　　　　　　(b) 変形後の形状

図 2.16　T 成形における内圧と軸押込み量(負荷経路) [2.27]

最大内圧については,管の引張強さ σ_B と初期外径 D,初期肉厚 T から求められる内圧 $p = 2\sigma_B T/D$ を基準にして,その何倍まで負荷して成形するかを整理したところ,文献値で 1.5〜3.2 倍であった.内圧の大きさは,成形に必要な軸押し力,型締め力などにも影響するので,それらにも注意する必要がある.

2.4 その他

2.4.1 成形基礎理論における仮定とその妥当性について

理論には，その理論の前提となっている仮定がある．この成形基礎理論における仮定には，たとえば，管材自体については，管を幾何学的に完璧な薄肉円管として扱うことや，ミーゼスの降伏関数に従うこととすることなどがある．しかし，実際には，理論における仮定が現実のチューブハイドロフォーミングにおいても成り立つとは考え難い場合がある．基礎理論の存在意義は，管の変形挙動をおおよそ理解するための助けとなることに加えて，理論における仮定の妥当性を実験やFEMシミュレーションなどで検討することで，実際の成形をより深く理解するための手がかりとなることである．

たとえば，円管を薄肉円管として扱う場合には，膜理論が有効であるという前提のもとで理論の展開が行われている（2.1節参照）．膜理論では，肉厚方向の応力分布を一様と考えて（つまり，曲げモーメントを無視して），変形挙動に及ぼす肉厚の大きさの影響はないものとする．しかし，一方では，管に生じる曲げが管の変形挙動に影響を及ぼし，自由バルジ成形においては，無次元最大内圧が肉厚の影響を受ける[2.38]ことや，殻理論に基づくFEMシミュレーションが有効である[2.39]ことが報告されている．

また，円管を幾何学的に完璧なものとして扱うことに対しては，たとえば，管表面の"きず"の影響に関する研究[2.40]や，周方向の初期偏肉（図2.17）の影響に関する研究[2.40〜2.42]があり，それぞれが管の変形挙動に影響を及ぼすことがわかっている．

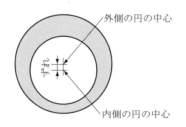

図2.17 継目無円管の周方向の初期偏肉

円管の材料特性を均一と扱うことに対しては，電気抵抗溶接鋼管の場合，溶接線を含む領域の材料特性を考慮すべきとする報告[2.43]などがある．アルミニウムのような軽合金の円管は，材料がいったん複数の穴に分流してチャンバーへ流入し，チャンバー内で再び合流して溶着接合されて出てくるポートホール押出しなどでつくられるものも多い（3.3節参照）．このようにしてつくられた円管には，数箇所の溶着部があ

り，溶着部と溶着部間中央部との特性の違いが張出し変形後の管の周方向肉厚分布に影響を及ぼす [2.44]．図 2.18 に示すように，溶着部のないマンドレル押出し管はほぼ一様な肉厚分布を示しているのに対して，ポートホール押出し管は 4 箇所存在する溶着部の影響で肉厚分布が一様でなく，溶着部間中央部が薄くなって，そこから破断が生じている．ポートホール押出し管の溶着部は，破断までの変形量に影響する可能性があることが指摘されている [2.44, 2.45]．

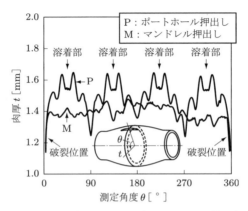

図 2.18 アルミニウム合金管 (A6063) の自由バルジ変形後の肉厚分布 [2.44]

円管材料の加工硬化については，多くの場合，n 乗硬化則が適用できる．しかし，たとえば図 2.19 に示すように，加工硬化指数（n 値，両対数グラフで表した応力−ひずみ線曲線（直線）の傾き）はひずみの大きさに依存する [2.46] ので，材料の種類と変形の程度によっては，変形中の n 値の変化を考慮するとより正確な検討ができる場合がある．たとえば，焼きなましした銅管の場合には，相当ひずみが比較的大きな 0.15 前

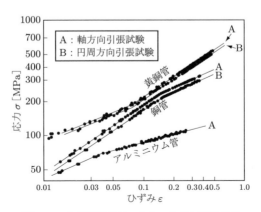

図 2.19 各種円管材料の応力−ひずみ線図 [2.3]

後で n 値が変わるので，FEM シミュレーションで使用する応力-ひずみ曲線にこの変化を反映したほうが実験値と合う結果が得られる[2.47]．なお，応力-ひずみ曲線を求めるための材料試験方法については，たとえば，JIS 11 号試験片を用いた一軸引張試験よりも，管を液圧自由バルジ変形させる液圧バルジ試験のほうが適しているという報告[2.48]がある．

円管材料の降伏関数に関しては，従来から多用されているミーゼスやヒルの降伏条件を仮定するだけでなく，材料によっては，新しく提案されている別の降伏条件を利用したほうが，管の変形挙動をより正確に検討できる可能性を示唆する報告[2.49]がある．

2.4.2 軸押し力と軸押し変位について

管に内圧のみを負荷して成形すると，大きな張出し量が得られる前に管が破裂してしまう．そこで，内圧と軸押しを組み合わせて負荷することで，管の張出し変形量を大きくしたり，張出しに伴う肉厚の減少を抑えたりする．この"軸押し"については，「力」で考える"軸押し力"と「変位」で考える"軸押し変位"との二通りの捉え方がある（図 2.11）．

まず，軸押しとして軸押し力を負荷する場合，管にはたらく力のつり合い方程式が求めやすい．つまり，管に発生する応力の状態が求めやすいので，管の変形挙動を応力状態との関係で説明することが比較的容易となる．しかし，負荷経路を軸押し力で考えることが有効なのは，チューブハイドロフォーミングの一部の事例に限られる．それは，2.3.3 項でも述べたように，軸押し力は管と金型との間の摩擦の影響を受けるからであり，また，チューブハイドロフォーミングにより成形される部品は複雑な形状が多いため，負荷経路を軸押し力で設定しても管の応力状態を簡単には推測できないからである．

次に，軸押しとして軸押し変位を与える場合，管の応力状態をあらかじめ念頭において負荷経路を考えるというよりも，負荷経路に沿った負荷の実現性を重視して，管の張出し変形部に材料を確実に供給することで薄肉化を抑制しようとする意味合いが大きい．

内圧に比べて軸押しが大きい場合，管は座屈して"しわ"が発生するが，このときの軸押し力による加工の制御は不安定なものとなる[2.50, 2.51]．しかし，軸押し変位を用いて負荷経路を設定した場合には，仮にしわが発生しても変形が不安定とならず，加工の制御が可能であり，逆にしわを残したまま，さらに内圧を負荷して変形を進め，しわを消去しながらより大きく張出し変形させる，しわを利用する成形も可能である[2.52]．

チューブハイドロフォーミングの生産現場では，変形状態の制御が可能である内圧

と軸押し変位による負荷経路で加工が行われている．軸押し力を制御していないため，管の応力状態やひずみ状態を直接的に把握することは難しいが，FEM 解析の進歩により，成形に必要な軸押し力や管の応力およびひずみの状態が求められるようになった．

なお，軸押しの効果は，必ずしもすべてのハイドロフォーミングにおいて期待できるとは限らない．それは，管が長く，張出し部分が管の端部から大きく離れている場合や，曲げが厳しいプリベンディング（詳しくは 4.3 節で説明する）が施される場合である[2.53]．軸押しの効果は，管両端部に近い部分に限られる．そのような場合を考えると，管には内圧のみが作用する応力状態の部位が存在するので，内圧のみを負荷して管を変形させる場合についての検討は，必ずしも管の材料試験的な場合のみに利用されるものではなく，現実のチューブハイドロフォーミングにおける材料の変形挙動を検討するためにも直接的に有用である．

● 2.4.3 低圧法などに関する理論について ●

この章の成形基礎理論では，いわゆる"高圧法"に属する液圧成形を扱った．チューブハイドロフォーミングには，高圧法のほかに，PSH (pressure sequence hydroforming)[2.54] を含む低圧法もある（詳しくは，5.1.5 項で説明する）．しかし，現在のところ，低圧法における管の変形挙動を理解するための基礎的な理論は，高圧法に比べて十分でない．低圧法の特徴は，管の周長をほとんど増加させずに，管を成形型（上下の割型）で側面からつぶすようにして加工することである．管には周方向の曲げがかかり，また，周方向の圧縮力がかかることも考慮しなければならないため，高圧法とは異なる観点からの理論的考察が必要となる．

参考文献

[2.1] 淵澤定克，竹山壽夫：精密機械，37-8 (1971), 565-571.
[2.2] 淵澤定克，竹山壽夫：精密機械，44-12 (1978), 1482-1488.
[2.3] 淵澤定克，竹山壽夫：精密機械，45-1 (1979), 106-111.
[2.4] Weil, N. A.: Int. J. Mech. Sci., 5 (1963), 487-506.
[2.5] Mann-Nachbar, P., Hoffman, O. & Jahsman, W. E.: AIAA J., 1-7 (1963), 1607-1613.
[2.6] Salmon, M. A.: Trans. ASME Ser. E, 30-3 (1963), 401-409.
[2.7] 朴載鍠・宮川松男：日本機械学会論文集，32-243 (1966), 1661-1667.
[2.8] 日本塑性加工学会編：チューブフォーミング，(1992), 66-80, コロナ社.
[2.9] Fuchizawa, S.: Proc. 2nd Int. Conf. Technol. Plast. (ICTP), (1987), 727-732.
[2.10] 淵澤定克・荒井和久・奈良崎道治・山田国男：第 36 回塑性加工連合講演会講演論文集，(1985), 205-208.
[2.11] 淵澤定克・奈良崎道治：塑性と加工，30-336 (1989), 116-122.

[2.12] 淵澤定克・奈良崎道治：塑性と加工，30-339 (1989), 520-525.
[2.13] Fuchizawa, S.: Proc. 3rd Int. Conf. Technol. Plast. (ICTP), (1990), 1543-1548.
[2.14] 浜孝之・浅川基男・淵澤定克・牧野内昭武：塑性と加工，43-492 (2002), 35-39.
[2.15] Manabe, K. & Amino, M.: J. Mater. Process. Technol., 123 (2002), 285-291.
[2.16] Koç, M. & Altan, T.: Int. J. Mach. Tools Manuf., 42 (2002), 123-138.
[2.17] 木村淳二：第75回塑性加工シンポジウムテキスト，(1981), 52-59.
[2.18] Ahmed, M. & Hashmi, M. S. J.: J. Mater. Process. Technol., 64 (1997), 9-23.
[2.19] 木村淳二：プレス技術，27-11 (1989), 81-86.
[2.20] Vollertsen, F., Prange, T. & Sander, M.: Proc. 6th Int. Conf. Technol. Plast. (ICTP), (1999), 1197-1210.
[2.21] 日本塑性加工学会編：塑性加工用語辞典，(1998), 45, コロナ社.
[2.22] 西村尚・遠藤順一・真鍋健一：塑性と加工，19-214 (1978), 918-925.
[2.23] 日本塑性加工学会編：チューブフォーミング，(1992), 85, コロナ社.
[2.24] Ngaile, G., Federico, V., Tibari, K. & Altan, T.: Trans. North Am. Manuf. Res. Inst. SME, 29 (2001), 51-57.
[2.25] 高木六弥：塑性と加工，12-120 (1971), 59-66.
[2.26] 淵澤定克・北村和幸・奈良崎道治・大橋修子・江田浩之・鋤本己信：第43回塑性加工連合講演会講演論文集，(1992), 315-318.
[2.27] 淵澤定克・北村和幸・奈良崎道治・鋤本己信・渡辺勲：塑性と加工，36-408 (1995), 80-86.
[2.28] 吉田亨・栗山幸久：第49回塑性加工連合講演会講演論文集，(1998), 321-322.
[2.29] 吉田亨・栗山幸久：第50回塑性加工連合講演会講演論文集，(1999), 447-448.
[2.30] 宮本俊介・小山寛・真鍋健一：第52回塑性加工連合講演会講演論文集，(2001), 5-6.
[2.31] 菱田博俊：第205回塑性加工シンポジウムテキスト，(2001), 45-50.
[2.32] 水越秀雄：アルミニウム，8-45 (2001), 246-250.
[2.33] Kim, H. J., Jeon, B. H., Kim, H. Y. & Kim, J. J.: Proc. 4th Int. Conf. Technol. Plast. (ICTP), (1993), 545-550.
[2.34] Koç, M., Allen, T., Jiratheranat, S, & Altan, T.: Int. J. Mach. Tools Manuf., 40 (2000), 2249-2266.
[2.35] Lei, L.P., Kim, D.H., Kang, S.J., Hwang, S.M. & Kang, B.S.: J. Mater. Process. Technol., 114(2001), 201-206.
[2.36] Ahmed, M. & Hashmi, M. S. J.: J. Mater. Process. Technol., 119 (2001), 387-392.
[2.37] Fann, K. J. & Hsiao, P. Y.: J. Mater. Process. Technol., 140 (2003), 520-524.
[2.38] 真鍋健一・西村尚：第41回塑性加工連合講演会講演論文集，(1990), 239-242.
[2.39] 村田眞・横内康人・小野寺和宏・原田俊和・鈴木秀雄：塑性と加工，31-348 (1990), 98-103.
[2.40] 廣井徹磨・西村尚：塑性と加工，37-430(1996), 1193-1198.
[2.41] Ragab, A. R., Khorshid, S. A. & Takla, R. M.: Trans. ASME, J. Eng. Mater. Technol., 107 (1985), 293-297.
[2.42] Shirayori, A., Fuchizawa, S. & Narazaki, M.: Trans. North Am. Manuf. Res. Inst. SME, 30 (2002), 111-118.
[2.43] 小川孝行：第205回塑性加工シンポジウムテキスト，(2001), 17-23.
[2.44] 江田浩之・坂口雅司・前原久・鋤本己信・淵澤定克：軽金属，43-8 (1993), 438-443.
[2.45] 水越秀雄：プレス技術，39-7 (2001), 34-37.
[2.46] 朴載鍠・宮川松男：日本機械学会論文集，32-235 (1966), 447-456.

[2.47] 石樺治寿・折居茂夫・淵澤定克・白寄篤：平成 11 年度塑性加工春季講演会講演論文集，(1999), 227-228.
[2.48] Fuchizawa, S., Narazaki, M. & Yuki, H.: Proc. 4th Int. Conf. Technol. Plast. (ICTP), (1993), 488-493.
[2.49] 桑原利彦・成原浩二・吉田健吾・高橋進：塑性と加工，44-506 (2003), 281-286.
[2.50] 森茂樹・真鍋健一・西村尚：塑性と加工，29-325 (1988), 131-138.
[2.51] 淵澤定克・奈良崎道治・高橋正春・佐野利男：第 39 回塑性加工連合講演会講演論文集，(1988), 517-520.
[2.52] 淵澤定克・白寄篤・山本裕孝・奈良崎道治：塑性と加工，35-398 (1994), 250-255.
[2.53] Kojima, M. & Inoue, S.: 第 195 回塑性加工シンポジウムテキスト，(2000), 244-258.
[2.54] Mason, M.: Proc. Int. Seminar on Recent Status & Trend of Tube Hydroforming, (1999), 80-98.

第3章

成形用材料

> チューブハイドロフォーミングは，材料の有する「塑性」を活用するので，成形に適する管材は延性があれば金属に限られてはいない．研究段階では超塑性セラミックス管やプラスチック管などのハイドロフォーミングも散見されるが，現実に適用されているのは金属管である．そのなかでも，材料の強度，延性，価格などの点から，とくに鋼管が最も使用されており，価格は高いが軽量であるという特徴を有するアルミニウム管なども多く使用されている．
> 以下に，チューブハイドロフォーミングに適用されている管材料とその成形試験法および成形性を支配する材料特性について述べる．

3.1 チューブハイドロフォーミング用材料

　チューブハイドロフォーミングに広く用いられる材料は，円形断面の金属管である．金属の種類としては，延性に富む鋼，ステンレス鋼，アルミニウム，銅が一般的である．これらのほかに，チタン，マグネシウム，超合金，モリブデン，タングステン，ジルカロイなどの金属管や，セラミックス，炭素繊維強化非金属材料管などがあるが，内圧のほかに軸押しを付加したとしても，多くは延性が乏しいのでチューブハイドロフォーミングには不適であり，加工事例も一部の材料で例外的に原子力分野での管継手がある程度である．円形断面の金属管には，継目無管と継目のある管がある．前者の製造方法として，丸ビレットから熱間で製造するマンネスマン方式の傾斜ロール圧延法と押出し法が代表的である．後者としては，帯材をロール成形した後，電気抵抗溶接，TIG 溶接またはレーザー溶接する方法が代表的であり，生産性も高い．このほかの成形方法としては，プレスブレーキによる曲げ方式，UO 曲げ方式も管の寸法（肉厚/直径比）や生産量によっては有効である．JIS に定められている金属管の一覧を表3.1 に示す．

　円形以外の各種閉断面形状の形材（異形断面管）も，軽量化と強度や剛性の向上を極限に追及するチューブフォーミングにとって有効な対象材料である．アルミニウムや銅材料は押出し法で複雑な断面形状に高精度・高品質で製造しやすいので，有利である．また，所定の閉断面形状にロール成形した薄鋼板形材も使用されている．

第3章　成形用材料

表3.1　JISに見る金属管一覧

分類	規格名称	材料記号	規格番号	溶接管	継目無管
鋼管	機械構造用炭素鋼鋼管	STKM11〜20	JIS G 3445	○	○
	自動車構造用電気抵抗溶接炭素鋼鋼管	STAM290〜500	JIS G 3472	○	
	機械構造用合金鋼鋼管	SCr, SCM	JIS G 3441		○
	機械構造用ステンレス鋼鋼管	SUSxxx TKA	JIS G 3446	○	○
	一般構造用炭素鋼鋼管	STK290〜540	JIS G 3444	○	○
	配管用炭素鋼管	SGP	JIS G 3452	○	
	圧力配管用炭素鋼管	STGP370, 410	JIS G 3454	○	○
	高圧配管用炭素鋼管	STS370〜480	JIS G 3455	○	○
	高温配管用炭素鋼管	STPT370〜480	JIS G 3456		○
	配管用アーク溶接炭素鋼管	STPY400	JIS G 3457	○	
	配管用合金鋼管	STPAxx	JIS G 3458	○	○
	配管用ステンレス鋼鋼管	SUSxxx x TP	JIS G 3459	○	○
	低温配管用鋼管	STPL380〜690	JIS G 3460	○	○
	配管用溶接大径ステンレス鋼鋼管	SUSxxx x TPY	JIS G 3468	○	
	ボイラ・熱交換器用炭素鋼管	STB340〜510	JIS G 3461	○	○
	ボイラ・熱交換器用合金鋼鋼管	STBA12〜26	JIS G 3462	○	○
	ボイラ・熱交換器用ステンレス鋼管	SUSxx xx TB	JIS G 3463	○	○
	低温熱交換器用鋼管	STBL380〜690	JIS G 3464	○	○
	加熱炉用鋼管	STFxx, SUSxxx TF	JIS G 3467	○	○
	シリンダーチューブ用炭素鋼鋼管	STC370〜590	JIS G 3441	○	○
	ステンレス鋼サニタリー管	SUSxxx TBS	JIS G 3447	○	
	配管用継目無ニッケルクロム鉄合金管	NCFxxxTP	JIS G 4903		○
	熱交換器用継目無ニッケルクロム鉄合金管	NCFxxxTP, TB	JIS G 4904		○
	鋼管ぐい	SKK400, 490	JIS G 5525	○	
	鋼製電線管	Gxx, Cxx, Exx	JIS C 8305	○	
銅管	銅および銅合金継目無管	CxxxxT, TS	JIS H 3300		○
	無酸素銅 C1020, タフピッチ銅 C1100, りん脱酸銅 C1201, C1220, 丹銅 C2200, 2300, 黄銅 C2600, C2700, C2800, 復水器用黄銅 C4430, C6870, C6871, C6872, 復水器用白銅 C7100, C7150, C7164 T 普通級, TS 特殊級, 調質 O, OL, 1/2H, H				
	銅および銅合金溶接管	CxxxxTW, TWS	JIS H 3320	○	
	りん脱酸銅 C1220, 黄銅 C2600, C2680, アドミラルティ黄銅 C4430, 白銅 C7150 TW 普通級, TS 特殊級, 調質 O, OL, 1/2H, H				

3.1 チューブハイドロフォーミング用材料　47

アルミニウム管	アルミニウムおよびアルミニウム合金継目無管	AxxxxTE, TES, TD, TDS	JIS H 4080		○
	合金 1070, 1050, 1100, 1200, 2014, 2017, 2024, 3003, 3203, 5052, 5154, 5454, 5056, 5083, 6061, 6063, 7003, 7N01, 7075 　TE 押出し管（普通級），TD 引抜き管（普通級），TES 押出し管（特殊級），TDS 引抜き管（特殊級） 　調質 O～T6，F～H18 など				
	アルミニウムおよびアルミニウム合金溶接管	AxxxxTW, TWA, TWS, BAxxTW, TWS	JIS H 4090		○
	合金 1050, 1100, 1200, 3003, 3203, BA11, BA12, 5052, 5154（溶接管） 　合金 1070, 1050, 1100, 1200, 3003, 3203, 5052, 5154, 5083（アーク溶接管） 　TW 溶接管（普通級），TWS 溶接管（特殊級），TWA アーク溶接管 　調質 O～T38 など				
	アルミニウムおよびアルミニウム合金押出し形材	AxxxxS, SS	JIS H 4100		○
	合金 1100, 1200, 2014, 2024, 3003, 3203, 5052, 5454, 5083, 5086, 6061, 6N01, 6063, 7003, 7N01, 7075 　S 普通級，SS 特殊級 　調質 O～T62 など				
マグネシウム管	マグネシウム合金継目無管	MTx	JIS H 4202		
	合金 MT1, MT2, MT4 　調質 H112, F など				
	マグネシウム合金押出し形材	MSx	JIS H 4204		
	合金 MS1, MS2, MS3, MS4, MS5, MS6 　調質 H112, F など				
鉛管	一般工業用鉛および鉛合金管	PbT, TPbT, HPbT	JIS H 4311		
	合金 工業用鉛管 1 種，2 種 (PbT-1, -2)，テルル鉛管 (TPbT)，硬鉛管 4 種，6 種 (HPbT4, 6)				
ニッケル管	ニッケルおよびニッケル合金継目無管	Nixx, NiCuxx, NiMoxx, NiCrxx など	JIS H 4552		○
	合金 NW2200, 2201, 4400, 4402, 0001, 0665, 0276, 6455, 6022, 6007, 6985, 6002				
チタン管	配管用チタン管	TTPxxxH, C, W, WC	JIS H 4630 JIS H 4635	○	○
	種類 TTP270, 340, 480, 550 　仕上げ法　継目無（熱間加工 H，冷間加工 C），溶接管（溶接のまま W，冷間加工 WC）				

チタン管	熱交換器用チタン管	TTHxxxH, C, W, WC	JIS H 4631	○	○
	種類 TTH270, 340, 480 仕上げ法　継目無（冷間加工 C），溶接管（溶接のまま W，冷間加工 WC）				
	配管用チタンパラジウム合金管	TTPxxxPdC, PdW, PdWC	JIS H 4635	○	○
	種類 TTP270, 340, 480 仕上げ法　継目無（熱間加工 H，冷間加工 C），溶接管（溶接のまま W，冷間加工 WC）				
	熱交換器用チタンパラジウム合金管	TTHxxxPdC, PdW, PdWC	JIS H 4636	○	○
	種類 TTH270, 340, 480 仕上げ法　継目無（冷間加工 C），溶接管（溶接のまま W，冷間加工 WC）				
	チタン合金管	TATxxL, F, CL, CF, W, WL, WF, WCL, WCF	JIS H 4637	○	○
	種類 61 種 TATP3250 仕上げ法　継目無（熱間加工 H，冷間加工 C，低温焼きなまし L，完全焼きなまし F），仕上げ法　溶接管（溶接のまま W，低温焼きなまし WL，完全焼きなまし WF，冷間加工 C，低温焼きなまし WCL，完全焼きなまし WCF）				
ジルコニウム管	ジルコニウム合金管	ZrTNxxxD	JIS H 4751		○
	ZrTN802D, ZrTN804D, 調質 O, SR				

　上述の材料は均一な断面形状寸法，材質であるが，板材のプレス加工で一般的に普及してきた異なる厚さや材質の板を溶接するなどして1枚のブランクとするテーラードブランクの考え方を，管材に適用したテーラードチューブも提案されている．長手方向や周方向に肉厚，強度の異なる管を溶接するなどしてつくるテーラードチューブや，長手方向に断面を変化させたテーパーチューブ（コニカルチューブ）を製造する方法についても開発が進んでいる．具体的には，板金曲げで用いるプレスブレーキによる曲げ成形とレーザー溶接の組合せによる溶接鋼管（テーパーチューブ）や，押出し工具断面形状を刻々変化させた可変断面アルミニウム押出し形材などが，その例である．前者は実用可能段階，後者は開発段階である．このほかにも，母管の内側，外側に異なる種類の金属を積層した合せ管がある．

　本節で述べた各種チューブフォーミング用材料を図3.1に示す．なお，管材料を製造する加工を1次加工といい，その管を用いてハイドロフォーミングなどをさらに加える加工を2次加工という．

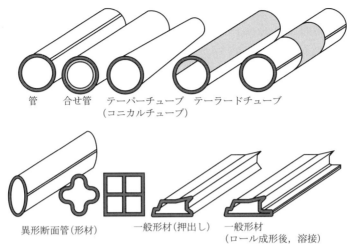

図 3.1 ハイドロフォーミングに適用可能な素材（継目無管，溶接管）

3.2 鋼 管

　鉄鋼材料は強度，延性などの材料特性に優れ，種類も豊富であり，価格も非鉄金属材料に比べて安いため，広く利用されている．鋼管はハイドロフォーミング用管材として最も多く使用されている．ほとんどは電気抵抗溶接された，いわゆる電縫鋼管である．種類としては機械構造用炭素鋼鋼管 (STKM) が最も多く用いられているが，錆を嫌う部品にはステンレス鋼鋼管 (SUS) も使用されている．

　次に，鋼管の製造方法について概説する．大量生産に適している継目無鋼管の代表的な造管方法は，丸断面の鋼片をマンネスマン方式の傾斜ロール圧延で熱間穿孔圧延をした後，所定の肉厚・外径に各種方式で延伸する圧延方式である．比較的管径が大きな場合には，管のなかに挿入したプラグと一対のロール孔型の間で圧延するプラグ圧延で所定の肉厚・長さに延伸圧延した後，定径圧延する．比較的管径が小さい場合には，管のなかに挿入した長いマンドレルバーとロール孔型で圧延するマンドレル圧延で延伸圧延した後，外径寸法を真円度の精度を向上させるため，スタンド間に引張力を負荷しながらストレッチレデューサーで連続圧延する方法が一般的である．いずれの工程も，管の内側には実質的には中心軸の位置に正確に固定することが難しいプラグやマンドレルがあるかないかの状態で圧延するので，本質的に肉厚精度は後述する電縫鋼管より劣る．しかし，溶接継目部がないので，強度，靭性，耐食性などの品質に対する信頼性が高い．したがって，製品機能上，継目の品質が致命的な用途の場合に，継目無鋼管がチューブハイドロフォーミング用として使用される．また，電縫管では製造できない範囲の極厚が必要な場合にも使用される．炭素鋼，低合金鋼，一

部のステンレス鋼はこれらの圧延法で十分造管できるが，高合金鋼などの冷間変形能が不足する場合には，ユージン・セジュルネ法などのガラス潤滑を使用する熱間押出し法で造管される．

チューブハイドロフォーミング用として最も広く使用されている小径電縫鋼管の製造工程を図 3.2 に示す．熱間圧延鋼板を素材として円形断面にロール成形した後，電気抵抗溶接により帯板両縁を接合して製造する．ほかの造管法に比べ，高い生産性を有し，安価である．必要に応じて冷間圧延鋼板や各種亜鉛めっき鋼板，ステンレス鋼鋼板を素材とした電縫鋼管が用いられる．ステンレス鋼鋼管の一部は溶接性の確保と溶接部品質のために，TIG 溶接あるいはレーザー溶接が用いられる．一般の板金プレス用に開発された，加工性の優れた各種鋼板も本質的には電縫鋼管に造管できるが，ロール成形過程で受ける塑性変形のために素材の加工性は少なからず減少する．材料は本成形過程で，円周方向の曲げ変形に加えて，長手方向の繰り返し曲げおよび軸力を受ける．この付加的な変形は管の一様伸びを低下させ，降伏強度を高くするので，管としての 2 次加工性は劣化する．低ひずみ造管技術とよばれる，付加的変形を最小化する造管技術がいくつか開発されている[3.2,3.3]．とくに，フェライト系ステンレス鋼鋼管で著しい効果がある．また，溶接部は熱履歴により焼入れ組織を有し，円周方向に硬度分布を示す．造管後，焼準熱処理をするか，溶接部のみに焼きなまし処理を施し，その影響を除去することができる．しかし，コストアップにつながるので，ハイドロフォーミングを行う際には溶接部位を検出して，成形時に不具合を生じない位置にセットして，その影響を小さくすることが多い．近年，温間縮径圧延で溶接部の焼入れ硬化を解消し，結晶粒の微細化などによって成形性を改善した鋼管（HISTORY 鋼管[3.4]）が開発されている．

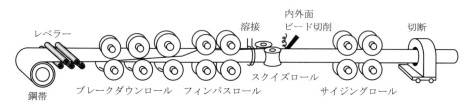

図 3.2　一般的な小径電縫鋼管の製造工程[3.1]

代表的な機械構造用炭素鋼鋼管 (STKM JIS G 3445) および自動車構造用電気抵抗溶接炭素鋼鋼管 (STAM JIS G 3472) の成分，機械的性質，加工性をまとめてそれぞれ表 3.2 および表 3.3 に示す．これらの鋼管の規格は，チューブハイドロフォーミングを含む 2 次加工性を十分考慮して定められた規格ではないので，厳しい 2 次加工を行う場合には，これらの規格をもとに，個々の用途に応じた品質設計・管理が必要に

表 3.2 機械構造用炭素鋼鋼管 (STKM JIS G 3445) の成分，機械的性質，曲げ性

種類		記号	化学成分 [%]					引張強さ [N/mm²]	降伏点または耐力 [N/mm²]	破断伸び縦方向 [%]	へん平性 平板間の距離 H	曲げ性 曲げ角度 [°]	内側半径
			C	Si	Mn	P	S						
11 種	A	STKM11A	0.12 以下	0.35 以下	0.60 以下	0.040 以下	0.04 以下	290 以上	—	35 以上	(1/2)D	180	4D
12 種	A	STKM12A	0.20 以下	0.35 以下	0.60 以下	0.040 以下	0.04 以下	340 以上	175 以上	35 以上	(2/3)D	90	6D
	B	STKM12B						390 以上	275 以上	35 以上	(2/3)D	90	6D
	C	STKM12C						470 以上	355 以上	25 以上	—	—	—
13 種	A	STKM13A	0.25 以下	0.35 以下	0.30〜0.90	0.040 以下	0.04 以下	370 以上	215 以上	30 以上	(2/3)D	90	6D
	B	STKM13B						440 以上	305 以上	20 以上	(3/4)D	90	6D
	C	STKM13C						510 以上	380 以上	15 以上	—	—	—
14 種	A	STKM14A	0.30 以下	0.35 以下	0.30〜1.00	0.040 以下	0.04 以下	410 以上	245 以上	25 以上	(3/4)D	90	6D
	B	STKM14B						500 以上	355 以上	15 以上	(7/8)D	90	8D
	C	STKM14C						550 以上	410 以上	15 以上	—	—	—
15 種	A	STKM15A	0.25〜0.35	0.35 以下	0.30〜1.00	0.040 以下	0.04 以下	470 以上	275 以上	22 以上	(3/4)D	90	6D
	C	STKM15C						580 以上	430 以上	12 以上	—	—	—
16 種	A	STKM16A	0.35〜0.45	0.40 以下	0.40〜1.00	0.040 以下	0.04 以下	510 以上	325 以上	20 以上	(7/8)D	90	8D
	C	STKM16C						620 以上	460 以上	12 以上	—	—	—
17 種	A	STKM17A	0.45〜0.55	0.40 以下	0.40〜1.00	0.040 以下	0.04 以下	550 以上	345 以上	20 以上	(7/8)D	90	8D
	C	STKM17C						650 以上	480 以上	10 以上	—	—	—
18 種	A	STKM18A	0.18 以下	0.55 以下	1.50 以下	0.040 以下	0.04 以下	440 以上	275 以上	25 以上	(7/8)D	90	6D
	B	STKM18B						490 以上	315 以上	23 以上	(7/8)D	90	8D
	C	STKM18C						510 以上	380 以上	15 以上	—	—	—
19 種	A	STKM19A	0.25 以下	0.55 以下	1.50 以下	0.040 以下	0.04 以下	490 以上	315 以上	23 以上	(7/8)D	90	6D
	C	STKM19C						550 以上	410 以上	15 以上	—	—	—
20 種	A	STKM20A	0.25 以下	0.55 以下	1.60 以下	0.040 以下	0.04 以下	540 以上	390 以上	23 以上	(7/8)D	90	6D

*20 種の管は Nb および V を複合して添加してもよい．この場合は，Nb+V の含有率は 0.15%以下とする．

表 3.3 自動車構造用電気抵抗溶接炭素鋼鋼管 (STAM JIS G 3472) の成分，機械的性質，加工性

種類	記号	引張強さ [N/mm²]	降伏点または耐力 [N/mm²]	破断伸び*[%] 11号試験片 12号試験片 縦方向	押広げ性* 押広げの大きさ (Dは管の外径)	化学成分 [%]					概要
						C	Si	Mn	P	S	
G 種	STAM 290 GA	290 以上	175 以上	40 以上	1.25D	0.12 以下	0.35 以下	0.60 以下	0.035 以下	0.035 以下	自動車構造用一般部品に用いる管
	STAM 290 GB	290 以上	175 以上	35 以上	1.20D						
	STAM 340 G	340 以上	195 以上	35 以上	1.20D	0.20 以下	0.35 以下	0.60 以下	0.035 以下	0.035 以下	
	STAM 390 G	390 以上	235 以上	30 以上	1.20D	0.25 以下	0.35 以下	0.30〜0.90	0.035 以下	0.035 以下	
	STAM 440 G	440 以上	305 以上	25 以上	1.15D	0.25 以下	0.35 以下	0.30〜0.90	0.035 以下	0.035 以下	
	STAM 470 G	470 以上	325 以上	22 以上	1.15D	0.25 以下	0.35 以下	0.30〜0.90	0.035 以下	0.035 以下	
	STAM 500 G	500 以上	355 以上	18 以上	1.15D	0.30 以下	0.35 以下	0.30〜1.00	0.035 以下	0.035 以下	
H 種	STAM 440 G	440 以上	355 以上	20 以上	1.15D	0.25 以下	0.35 以下	0.30〜0.90	0.035 以下	0.035 以下	自動車構造用のうち，とくに降伏強度を重視した部品に用いる管
	STAM 470 G	470 以上	410 以上	18 以上	1.10D	0.25 以下	0.35 以下	0.30〜0.90	0.035 以下	0.035 以下	
	STAM 500 G	500 以上	430 以上	16 以上	1.10D	0.30 以下	0.35 以下	0.30〜1.00	0.035 以下	0.035 以下	
	STAM 540 G	540 以上	480 以上	13 以上	1.05D	0.30 以下	0.35 以下	0.30〜1.00	0.035 以下	0.035 以下	

* 冷間仕上げのままの場合，表記の伸びは 10%以上とし，押広げ試験は適用しない．

なる．また，肉厚・外径については任意の寸法があるわけでなく，造管設備によって製造可能範囲も異なり，材料の入手性にも差があるので，注意が必要である．図 3.3 に製造可能範囲の例を示す．また，寸法精度についての規格例を表 3.4 に示す．

現在，自動車のチューブハイドロフォーミング部品に主に使われている材料は，引張強さ 400〜500 MPa 級の電縫鋼管であるが，すでに 780 MPa の鋼管を使用した部品も実用化されており，軽量化への要求から今後さらに高強度の薄肉鋼管が使用されていくであろう．しかし，強度レベルの高い鋼管については，細かい規定がない場合もあるので，部品およびその要求機能ごとに品質設計と特別注文が必要となることもある．また，高強度鋼管のチューブハイドロフォーミング性は必然的に低位になるの

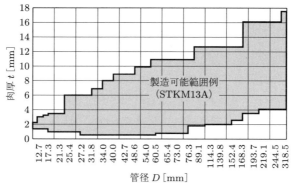

図 3.3　機械構造用電縫鋼管の製造可能範囲例 [3.5]

表 3.4　鋼管の外径,厚さの許容差 (JIS G 3445)

(a) 外径の許容差

区分	外径の許容差	
1 号	50 mm 未満	±0.5 mm
	50 mm 以上	±1 %
2 号	50 mm 未満	±0.25 mm
	50 mm 以上	±0.5 %
3 号	25 mm 未満	±0.12 mm
	25 mm 以上　40 mm 未満	±0.15 mm
	40 mm 以上　50 mm 未満	±0.18 mm
	50 mm 以上　60 mm 未満	±0.20 mm
	60 mm 以上　70 mm 未満	±0.23 mm
	70 mm 以上　80 mm 未満	±0.25 mm
	80 mm 以上　90 mm 未満	±0.30 mm
	90 mm 以上　100 mm 未満	±0.40 mm
	100 mm 以上	±0.5 mm

(b) 厚さの許容差

区分	厚さの許容差	
1 号	4 mm 未満	+0.6 mm / −0.5 mm
	4 mm 以上	+15 % / −12.5 %
2 号	3 mm 未満	±0.3 mm
	3 mm 以上	±10 %
3 号	2 mm 未満	±0.15 mm
	2 mm 以上	±8 %

*1 熱間仕上げ継目無鋼管の寸法許容差は,外径・厚さとも 1 号を適用する.

*2 焼入れ,焼もどしを施した管の外径許容差は,注文者と製造業者との協定による.

で,使用に際しては,部品形状の設計や負荷経路の設定,潤滑方法などのプロセス条件の点でも十分な検討・工夫が必要である.

　3.1 節で述べたように,テーラードチューブやテーパーチューブのハイドロフォーミングはすでに普及しているテーラードブランクのプレス成形と同様の考え方で,質量軽減と部品強度,剛性向上の要求を同時に満足する技術として注目されている.しかし,まだ市場に普及しているわけはないので,造管方法・設備を含めて検討が必要である.

3.3　非鉄金属管

　アルミニウムおよびアルミニウム合金は,密度が鉄の約 1/3 と小さく軽量で比強度

が高く,電気伝導性と熱伝導性に優れ,耐食性,装飾性がよい.しかし,一般に鉄鋼材料と比較すると強度が低く,ヤング率が低いためスプリングバックが大きく,常温での成形性,とくに局部伸びが小さいなどの問題を有している.

銅および銅合金は,電気伝導性,熱伝導性に非常に優れている.展延性に富み,加工性に優れている.ばね特性が良好で低温ぜい性がなく,耐食性もよい.

チタンおよびチタン合金は,鉄とアルミニウムの中間の密度をもつ軽量金属である.その強度も高いため,とくにチタン合金は実用金属のなかでも最大クラスの比強度をもつ.耐食性に優れ,高温強度が高い特徴を有するが,純チタンにおいては摩耗しやすいという欠点も有している.

マグネシウムおよびマグネシウム合金は,その密度が実用金属中最も小さい軽量材料である.比強度が最大の金属で,比剛性もあわせて鋼やアルミニウムより優れている.加工面では被削性に優れている.しかし,常温での成形性が低いのが大きな問題となっている.

そのなかで,一般的な工業用非鉄金属管として多く用いられているのは,アルミニウム合金管,銅管,チタン管である.これらについて各種加工条件におけるハイドロフォーミング性が調査されている[3.6].素材の特性により成形限界が異なるため,素材に適した加工条件や加工形状の選定,検討が必要となる.

材料特性以外では,管材の製造方法により周方向の一部に継目が存在し,これの影響を考慮する必要がある.チタン管では溶接部,アルミニウム合金管では溶接部やポートホール溶着部が継目に相当する.一例として,アルミニウム合金管について,継目のないマンドレル押出し・引抜きと,溶着部が周方向で3箇所存在するポートホール押出しで製造したもの(図3.4)でハイドロフォーミング成形限界を調査した結果を図3.5に示す.ポートホール溶着部の影響により,明らかに成形限界が低下した[3.7].

図3.4 ポートホール押出し材断面

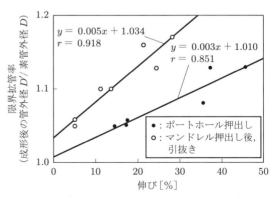

図3.5 押出し材製造方法による成形限界の差異

鋼管やチタン管の溶接部の影響も明らかであり，製品形状のどこに継目をもっていくかにより，成形限界が異なってくる．鋼管と同様に，継目を自由張出し部分にセットしないように注意することが必要である．

非鉄金属のなかでハイドロフォーミングに使用される代表的な金属は，アルミニウム合金である．アルミニウム合金材料は，鉄鋼材料と比較すると，価格が高いだけでなく，強度やヤング率が低いことや，常温での成形性，とくにスプリングバックが大きく局部伸びが小さいことなどの問題を有しているが，密度が約 1/3 と小さく軽いため，軽量化が要求される構造部材や自動車部品などに使用されている．研究対象としてのアルミニウム合金は 1000～7000 系まで幅広く調べられているが，なかでも 6000 系は国内外を問わず採用実績が多く，次いで 5000 系の使用報告例が多い．対象製品としては，軽量化を達成するための自動車部品が圧倒的に多く，基礎的な研究を除いてその他の部品に適用した例は数えるほどしかない．本節では，アルミニウム合金別の適用部品事例を中心に，その他の非鉄金属の適用事例について紹介する．

3.3.1　アルミニウム合金

チューブハイドロフォーミングを考える際，鉄鋼材料とアルミニウム合金材料の最大の違いは素材である中空材料の断面自由度である．鉄鋼材料における中空材は電縫管に代表される円管あるいは角管である．一方，アルミニウムでは合金にもよるが電縫管は少なく，押出し材が主流であるため，素材として単純な円（角）管だけではなく，多角形や，「日」や「田」のように内部にリブを有する断面形状，あるいはより複雑な断面形状の管（これらを総称して異形管という）を容易につくることができる．図3.1 の下段に示した複雑な断面形状の管の製造は，アルミニウムの押出しの独壇場であり，鋼管からは簡単にはつくれない．これはチューブハイドロフォーミングにとって非常に有利であり，たとえば断面の一部を優先的に拡管したい場合はその部分の肉厚をあらかじめ薄くする設計ができることを意味する．また，長手方向がほとんど同一の非対称断面を有する部品をつくる場合，円管を素材とすると型締め力でプレスするかハイドロフォーミングによって拡管をする必要があるが，所定の断面で押し出したアルミニウム押出し形材を用いれば必要な部位だけをハイドロフォーミングすれば済むので，装置の小型化やタクトタイム（一つの製品をつくるための目標として設定する時間）の短縮，型締め工程におけるかみ込み防止に貢献できる．しかし，異形管のハイドロフォーミングはまだ研究段階にあるので，その利点を生かした今後の発展が期待される．

表 3.5 に，代表的なアルミニウム合金の成分および機械的特性を示す．一般に，押出し加工が容易な合金についてはその合金系で代表的なものが対象材料として試され

表 3.5 代表的なアルミニウム合金の組成と機械的性質 [3.6～3.8]

合金番号	成分									熱処理	耐力 [N/mm²]	引張強さ [N/mm²]	破断伸び [%]	n値	r値
	Si	Fe	Cu	Mn	Mg	Cr	Zn	Ti	その他						
1050	0.25	0.4	0.05	0.05	0.05	–	0.05	0.03	0.05 V	O	30	80	40	0.27	0.69
1100	0.95 Si+Fe		0.05～0.2	0.05	–	–	0.1	–	–	H112	>20	>75	>25	–	–
2014	0.5～1.2	0.7	3.9～5.0	0.4～1.2	0.2～0.8	0.1	0.25	0.15	–	O	<125	<245	>12	–	–
2024	0.5	0.5	3.8～4.9	0.3～0.9	1.2～1.8	0.1	0.25	0.15	–	O	<125	<245	>12	–	–
										T4	>295	>390	>12	–	–
3003	0.6	0.7	0.05～0.2	1.0～1.5	–	–	0.1	–	–	O	40	110	30	0.24	0.65
										H112	>35	>95	>35	–	–
5052	0.25	0.4	0.1	0.1	2.2～2.8	0.15～0.35	0.1	–	–	O	90	195	25	0.28	0.63
5083	0.4	0.4	0.1	0.4～1	4.0～4.9	0.05～0.25	0.25	0.15	–	O	145	290	24	0.26	0.74
6063	0.2～0.6	0.35	0.1	0.1	0.45～0.9	0.1	0.1	0.1	–	O	40	100	35	0.22	–
										T6	200	240	17	0.14	–
6N01	0.4～0.9	0.35	0.35	0.5	0.4～0.8	0.3	0.25	0.1	0.5Mn+Cr	O	50	100	25	–	–
										T6	250	280	12	–	–
6061	0.4～0.8	0.7	0.15～0.40	0.15	0.8～1.2	0.04～0.35	0.25	0.15	–	O	55	125	25	0.17	–
										T6	270	310	12	–	–
7003	0.3	0.35	0.2	0.3	0.5～1.0	0.2	0.5～6.5	0.2	0.05～0.25Zr	T5	>245	>285	>10	–	–
7075	0.4	0.5	1.2～2.0	0.3	2.1～2.9	0.18～0.28	5.1～6.1	0.2	–	O	105	230	17	0.19	–
										T6	505	570	11	0.12	–
7N01	0.3	0.35	0.2	0.2～0.7	1.0～2.0	0.3	4.0～5.0	0.2	–	T5	>245	>325	>10	–	–

ている．

(1) 1000系アルミニウム

変形抵抗が小さく，成形性もよいことから，研究対象として1050-O材がよく用いられている．入手のしやすさなどもあり，ほかのアルミニウム合金の成形限界を調べる際には，比較材として1000系アルミニウムを用いることが多い[3.7～3.10]．また，成形経路の研究用素管としても使用されている．しかし，加工後も強度が低いため，強度部材として1000系が実用化された例はほとんどない．

一方，耐食性や熱伝導性はアルミニウムのなかで最も優れた特性を示すため，これらの特性が活かせる機能性部品の素材としては魅力的である．

(2) 3000系アルミニウム合金

1000系と同様に，ほかのアルミニウム合金との比較材として用いられる[3.7～3.10]．なかでも，3003-O材が代表的である．非熱処理型合金であるため，成形後の熱処理によって寸法精度が悪くなることはないが，成形性はそれほどよくなく，加工後の強度も劣るため，強度部材として実用化された例はほとんどない．

ただし，とくに冷間加工後の表面性状に優れることから，意匠性が求められる建材やアルミニウム缶，プリンターの感光ドラム用の材料などとして用いられることがある．

(3) 5000系アルミニウム合金

5000系合金は同じ非熱処理型である3000系に比べると強度が高いことから，自動車部品への適用を想定して5052や5154さらには5083などの基礎的なハイドロフォーミング性が調査されている[3.7～3.16]．とくに，ヨーロッパでは板材が安く流通

しているため，5000系の優れた溶接性を利用した電縫管が広く普及しており，ハイドロフォーミングの素材としてもサブフレームへの適用例としてBMWは5154を用いている[3.17, 3.18]．これは代表的な合金である5052より強度が20%ほど高く，ほかの特性はほとんど同じためと思われる．ベンツは5434をハイドロフォーミングの素材として使用している．とくに，5083は溶接性に加えて耐食性に優れているため，自動車のフレームや足回り部品には適した材料である．

日本の場合は電縫管がほとんどなく，5000系も押出しで製造されているが，押出し性に劣るため，中空の異形材はなく，そのほとんどは円管であり，ハイドロフォーミングの素管も円管を用いることになる[3.19]．

なお，常温では成形性が低いアルミニウム合金も，高温では延性が改善され，大きな塑性変形を与えることができる．AA5754合金管やAA5182 (AlMg3.5Mn)合金管を高温においてガスバルジ成形すると，常温に比べて大きな拡管変形を示すことが報告されている[3.20, 3.21]．また，ホンダは，新しく開発したAl-Mg-Fe系合金材料を用い，熱間バルジ加工法（高温ハイドロフォーミング）によって複雑な断面形状をもつフロントサブフレームやリアサブフレームを製造し，レジェンドに搭載している[3.22]（5.2.3項 (4) 参照）．

(4) 6000系アルミニウム合金

自動車用構造材として使用実績が多い6063を中心に，6061，6N01，6082などが研究され，実用化されている[3.7, 3.8, 3.10, 3.11, 3.13, 3.23, 3.26]．

6063は耐食性が良好であるため，これまでもスペースフレーム（自動車ボディーの骨組構造部材）へ適用されたことがあり，ルーフラックやアウディ A6のドアフレーム，フォードのP2000のエンジンクレードルにも使用されている[3.27, 3.28]．

また，スペースフレーム構造のアルミニウムボディー車であるアウディ A8には，AlMgSi0.5の押出し材をハイドロフォーミングしたストラッドベアラー（サスペンション部材）が使用されている[3.27]．

6N01は日本で開発された押出し性を向上させた合金であり，強度は6061と6063の中間に位置する．耐食性に加えて溶接性にも優れる6N01は大型品の押出しに向くため，鉄道車両や船舶によく使用される．日本生まれの合金であるため，欧米での使用例はあまり報告されていない．

6061は6000系を代表する合金ではあるが，6063に比べて溶接性が劣るため，バンパー補強材や足回り部材，ジャッキ部品などで使用する部材に適用される場合が多い．耐食性に優れるため，自動車の下回りあるいは足回り部品に適した合金である．また，この合金は日米では広く普及しているが，ヨーロッパではほとんど流通しておらず，

代わりにより高強度である 6082 がよく使用されている．研究例も複数あるが，逆に日本ではほとんど流通していないため，適用例はほとんどない．6063 の高温での延性向上を利用する熱間バルジ加工の試みもなされている[3.29]．

(5) 7000 系アルミニウム合金

7000 系はアルミニウム合金のなかでも最も強度が高く，主として航空機の切削用素材として使用されてきたが，成形性は悪く，ハイドロフォーミングの素材としてはあまり用いられない．しかし，報告例は多少あり，7003 がバンパーの補強材として，また 7N03 がドアビームとして検討されたことがある．このほかの研究対象としては，代表的な 7000 系の一つである 7075 や，日本で開発された 7N01 などがあるが，総じて耐応力腐食割れ性が悪いため，自動車部品に適用する場合には合金の選定や熱処理，表面処理に十分な注意が必要である．

○ 3.3.2　その他の非鉄金属 ○

アルミニウム合金以外の非鉄金属管では，銅管，黄銅管，マグネシウム管，チタン管などがハイドロフォーミングの対象となっているが，アルミニウム管に比べて実用化されているものは少ない．

銅は熱伝導率が極めて高いので，その特性を生かして熱交換器に利用されることが多い．自動車部品ではラジエーターの配管部品（T 継手）が銅管からハイドロフォーミングでつくられている．銅合金管のうち，C1220 の基礎的なハイドロフォーミング特性を調べた報告例がある[3.23, 3.24, 3.30, 3.31]．また，従来は黄銅鋳物でつくられていた水道の吐水口を，黄銅管の曲げ加工とバルジ加工によって製作し，工程削減と不良率の低下を図った例がある[3.32]．さらに，銅管とアルミニウム管を張り合わせて製作した合せ管の自由バルジ加工の研究[3.33]や，銅／ニオブ／銅の 3 層クラッド管のハイドロフォーミングの研究例[3.34]がある．

マグネシウムは，実用金属のなかで最も軽量であるので，部品軽量化の有力候補として期待されており，自動車部品や航空機部品などへの適用を見込んだ研究がはじめられている．しかし，結晶構造が稠密六方格子であり，常温における成形性が極めて低いので，伸びが大幅に改善される高温におけるマグネシウム合金管のハイドロフォーミングの研究が行われている．高温下では T 成形が十分可能であることが報告されている[3.35]が，まだ実用化されてはいない．

チタンはアルミニウムやマグネシウムなどに比べると軽量ではないが，鉄鋼材料より軽くてさびにくく，耐熱性にも優れているため，航空機産業などを中心に使用されている．チタン合金管のハイドロフォーミングの基礎実験としては TTH35D や TTH340C

の常温でのバルジ試験[3.23,3.24]や，超塑性チタン合金 SP-700 を用いた高温での球形バルジ加工[3.36]などの例がある．実用化例については 5.2.3 項 (4) で述べる．

また，アルミニウムと亜鉛からなる超塑性材料についても，超塑性発現温度下での高温バルジ加工の研究がなされている[3.37]．さらに，一般にセラミックスは高脆材料として考えられているが，特定な成分配合を有する超塑性セラミックスは，超塑性を発現するかなりの高温においてはバルジ加工が可能である[3.38]．

3.4 成形性試験法

金属管の成形性試験法として，引張試験，拡管試験，圧縮試験，曲げ試験などが一般的であるが，加えてバルジ試験，成形限界線図などで評価される．JIS, ISO 以外に各機関独自に規定されているものも多い．

3.4.1 引張試験

引張試験は材料試験として最も基本であり，材料の強度，延性および塑性異方性などの特性値が得られる．管軸方向の試験片としては，管のままの JIS11 号試験片と管の一部から切り出した円弧状試験片（JIS12 号）（図 3.6 (a)）がある（JIS Z 2201）．試験片形状により得られる特性値（とくに伸び）の大きさが異なるので注意が必要である．JIS11 号試験片で得られる伸びは JIS12 号試験片のものに比べ，相当大きな値を示すが，試験片形状に依存するくびれ形態の差異による．円周方向の特性を調べるためには，管を展開して平板にし，もとの管の円周方向を長手とする小型試験片を切り出して引張試験をするか，リング状の試験片で引張試験する（ISO 8496）必要がある．前者の試験片寸法は管の直径により制限を受け，かつ展開加工の変形量の影響を加味する必要がある．後者の試験法は普及していないが，ハイドロフォーミング性を評価するうえで円周方向特性は重要と考えられ，今後検討が加えられるべき課題である．

以下，引張試験で得られる特性値について述べる．

(1) 引張強さ

引張強さ σ_B は，材料の強度を端的に表し，部品強度の評価，加工力，加工機械仕様を見積るうえで不可欠な特性である．引張強さが大きい材料ほど，一般には伸びは小さいので，成形性は劣るが，引張強さは成形性に直接関係する指標ではない．

(2) 降伏点

降伏点 σ_s または σ_y は，塑性変形を開始する材料強度を意味する．降伏点が低いほど，塑性変形しやすい．また，除荷したときの弾性回復を表すスプリングバック量は，

試験片の区別	幅 W	標点距離 L	平行部の長さ P	肩部の半径 R	厚さ T
12A	19	50	約60	15以上	もとの厚さのまま
12B	25	50	約60	15以上	もとの厚さのまま
12C	38	50	約60	15以上	もとの厚さのまま

標点距離 L = 50 mm

管状試験片（JIS11号）　　　　　　　円弧状試験片（JIS12号）

（a）試験片

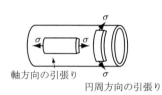

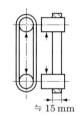

（b）引張試験片の方向　　　（c）リング引張試験（ISO 8496）

図 3.6　管材の引張試験法

降伏点が高いほど大きくなる．

(3) 降伏比

　降伏比 σ_s/σ_B または σ_y/σ_B は，降伏点と引張強さの比を表す．引張強さが同じであれば降伏点が低いほど降伏比は小さく，型へのなじみ性と成形性は優れるが，成形品の腰は弱く剛性が低下することになるので注意が必要である．

(4) 一様伸び

　一様伸び ε_u は，くびれ変形が開始するまでの伸びを意味するが，実用的には引張荷重の最大点までの伸びとして扱われる．一様伸びが大きい材料ほど成形性が優れ，加工品の肉厚も一様化できる．

(5) 局部伸び

　局部伸び ε_l は，くびれが開始してから破断にいたるまでの伸びを意味し，局所的な変形能の指標である．せん断変形を伴う加工，金型工具などで変形が局所化する加工での成形性尺度として重要な材料特性である．

(6) 破断伸び

　破断伸び（または全伸び）δ は破断するまでの伸びで，一様伸びと局部伸びの和であ

る．一様伸びと局部伸びを分離して求めるには破断するまで伸び計を装着する必要があり，実用的には手間がかかるので，破断伸びのみで材料の加工性を評価することが多く，データの蓄積も多い．実際の現場では，破断伸びを単に伸びという場合が多い．

(7) n 値

n 値は加工硬化指数ともいい，引張試験荷重–伸び曲線から変換して得られる真応力 σ と対数ひずみ ε の関係が $\sigma = C \cdot \varepsilon^n$ で近似できるときの指数であり (JIS Z 2253)，材料の加工硬化特性を表す．ここに，C は強度係数である．一般に，n 値が大きいと，ひずみの局所化を防いで成形限界を向上させる．

(8) r 値

r 値は，板状試験片の引張試験における板幅ひずみと板厚ひずみの比で，塑性変形の異方性を示す (JIS Z 2254)．ランクフォード値または塑性ひずみ比ともいう．これを垂直異方性という．この垂直異方性を表す r 値が板面内で一定の場合は面内等方性といい，方向によって異なる場合は面内異方性があるという．管の場合は管の一部から切り出した試験片から求める必要があるが，軸方向の場合は円弧状断面形状の影響，円周方向の場合は展開加工の影響があり，測定法としての課題も残されている．異方性がある場合は，r 値には軸方向の r 値 (r_ϕ) と，円周方向の r 値 (r_θ) があり，その平均値である平均 r 値を用いることもある．等方性材料では，$r = 1$ である．一般に，r 値が大きい材料ほど，成形しやすい．

● 3.4.2　拡管試験 ●

拡管試験としては，押広げ試験とつば出し試験の 2 種類がある．管の押広げ試験 (ISO 8493，JIS（たとえば G 3461））では，円管の端部を円すい状工具で，所定の外径 D_u まで押し広げたときの割れの有無を調べる（図 3.7 (a)）．割れるまでの限界拡管率で評価すれば，さらに有用な情報が得られる．管端部の加工仕上げ状態で割れ限界は大きく左右されるので，注意が必要である．本方法は簡便な方法で，かつ実際のチューブフォーミングで見られる現象とよく対応することが多く，広く有効に実施されている．チューブハイドロフォーミング性との直接的な相関についてのデータは少ない．

ISO では，管のつば出し試験 (ISO 8494) や，管のリング押広げ試験 (ISO 8495) が制定されている．ISO 8494 の管のつば出し試験では，直径 $D = 150\,\mathrm{mm}$ 未満，肉厚 $a = 10\,\mathrm{mm}$ 以下の円管を対象として，まず図 3.7 (b) の左図のように，マンドレル（$\beta = 90°$ が一般的）で管を押し広げ，さらに同右図の $\beta = 180°$ の工具でつば出しを行う．所定の外径 D_u に達したときに，端部にクラックが発生しているかどうかを検

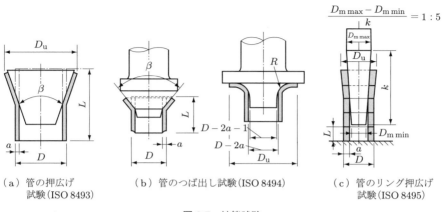

(a) 管の押広げ試験 (ISO 8493)　　(b) 管のつば出し試験 (ISO 8494)　　(c) 管のリング押広げ試験 (ISO 8495)

図 3.7　拡管試験

査する．工具面はよく潤滑する必要がある．マンドレルの押込み速度は 50 mm/min 以下とする．溶接管を用いるときは，管の内面をよく仕上げることが必要である．JIS にはこの種の試験法の規定はない．

ISO 8495 の管のリング押広げ試験法では，直径 $D = 18$〜150 mm，肉厚 $a = 2$〜16 mm，長さ $L = 10$〜16 mm の円環を円すい形マンドレルで押し広げ，管の内外面の欠陥検査に用いる．本試験法では．「破断にいたるまで」または「所定の外径に達するまで」管を押し広げる規定になっている．ほかの拡管試験法ではすべて「所定の外径」までになっている点が異なる．マンドレルのテーパー角度はとくに定められていないが，$(D_{m\,max} - D_{m\,min})/k = 1:5$ と規定されているので，たとえば，$D_{m\,max} = 25$ mm，$D_{m\,min} = 10$ mm の場合は，$k = 75$ mm となる．工具の表面はよく研磨し，適当な硬さにし，きずなどがないようにする．試験前に，工具および試験片はよく潤滑し，工具と試験片の心を合わせる．試験速度は，30 mm/s 以下とする．試験結果は割れなしに押し広げられた最大外径をもって表示するか，所定の外径まで押し広げたときの割れの有無で判定する．

3.4.3　へん平試験

円管を平らな工具で所定の高さ H まで圧縮し，へん平にしたときのきずや割れの有無を調べる試験が，ISO 8492 と JIS（たとえば G3445）のそれぞれで規定されているへん平試験である（図 3.8）．高さ H は ISO と JIS，および材料により異なる．溶接管の場合は，圧縮方向と直角方向の位置に溶接部を置く．溶接の健全性を調べるのに，現場で広く用いられている．

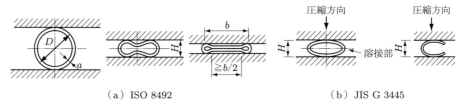

(a) ISO 8492　　　　　　　　　　(b) JIS G 3445

図 3.8　へん平試験

3.4.4　曲げ試験

円管を溝付きローラに沿って所定の曲げ角まで曲げたときの管材表面の割れ，きずを検査する曲げ試験法が ISO 8491 に制定されている（図 3.9 (a)）．JIS では，参考として同様の試験法が示されている（図 (b)）．曲率半径，曲げ角は ISO と JIS，および材料，管寸法により異なる．

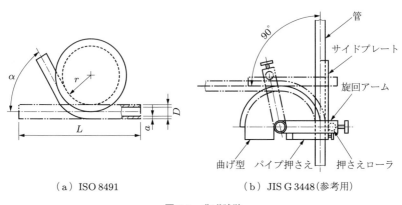

(a) ISO 8491　　　　　　　　(b) JIS G 3448（参考用）

図 3.9　曲げ試験

3.4.5　バルジ試験

ハイドロフォーミング技術が普及するに伴い，管に内圧を負荷して張り出させ，拡管限界などを調べる各種バルジ試験が試みられている．バルジ試験には，型を用いない自由バルジ試験と，型を用いる型バルジ試験がある．バルジ試験は，実際のハイドロフォーミングに近い状態での管の変形挙効を評価する方法として重要である．標準化はされていないが，重要な評価試験項目なので，いくつかの例を紹介する．

(1) 自由バルジ試験

図 3.10 に型を用いない自由バルジ試験の代表的なものを示す．図 (a) は，管の両端（または拡管部端）を型に固定するが，型の軸方向への移動は許す状態で内圧を負荷す

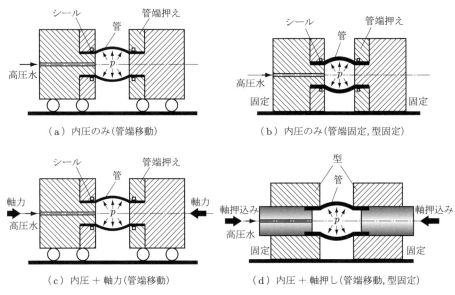

図 3.10　自由バルジ試験

るバルジ試験である．図 (b) は，管の両端を型に固定し，さらに型の軸方向への移動も許さない状態で内圧のみを負荷するバルジ試験である．この場合は，軸方向の移動が拘束されたために，軸方向の外力を負荷しないにも関わらず，管には内圧によって生じる軸方向の力も作用する．図 (a) が内圧のみを負荷したのに対して，図 (c) は，内圧のほかに，軸方向の力も加えながら行うバルジ試験である．内圧と軸力を調節して負荷すれば，任意の応力比のもとでのバルジ試験を行うことができる．図 (d) は，内圧と両端からの軸押込みを同時に負荷しながら行うバルジ試験である．この場合は，押込みにより変形部に材料が送り込まれることが，図 (a)〜(c) とは異なっている．これらの試験は，実際のハイドロフォーミングに見られるさまざまな状態を想定した試験法である．これらのバルジ試験において，破裂するまでの限界張出し半径は，

① 拡管部長さ L と管外径 D の比，L/D
② 軸押しと内圧の比（応力比またはひずみ比に対応）
③ その時間的変化経路

によって，大幅に変化するので注意が必要である．一般に，②と③を負荷経路という．負荷経路としては，図 3.11 に示すように，

ⓐ 内圧だけで拡管する
ⓑ 内圧と軸押し力の比，または軸方向と円周方向の応力の比を一定に保ちながら拡管する

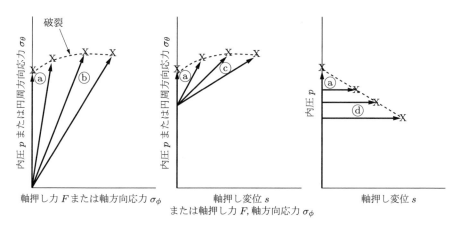

図 3.11 バルジ試験における負荷経路

ⓒ バルジ変形開始後,内圧に比例して軸押し力または軸押し変位を制御しながら,または軸方向と円周方向の応力の比を一定に保ちながら拡管する

ⓓ 所定の内圧まで負荷した後,内圧一定下で軸押し込みを行いながら拡管する

などの方法が試みられている.ⓐ 以外の負荷経路による方法では,いずれも内圧と軸押しを高度に制御する装置が必要である.できるだけ簡単な成形性試験法を追及する場合にはⓐが望ましいが,座屈限界を含めて材料評価をするためにはⓑ～ⓓ の負荷経路によるバルジ試験が必要になる.

図 3.12 に内圧のみを負荷する負荷経路ⓐ による実験結果の例[3.39]を示す.この場合は,管端を固定するが軸方向の移動は許す条件(図 3.10 (a))での限界張出し半径と L/D の関係が求められている.限界張出し半径は,管の半径 R に対する破

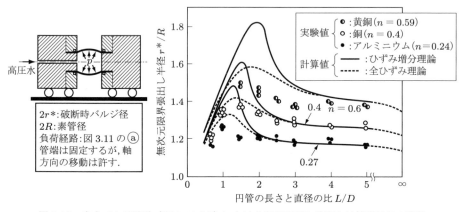

図 3.12 自由バルジ試験(図 3.10 (a))における限界張出し半径と拡管部長さの関係

裂時の管中央部半径 r^* の比 (r^*/R) で表す．本実験では $L/D = 1 \sim 2$ で最大の限界張出し半径を示す．図3.13に負荷経路 ⓑ で求められた限界張出し半径と応力比 ($\sigma_\phi/\sigma_\theta$) との関係を示す．本実験は応力比を一定に制御しながら行われたものである．円周方向の一軸引張応力条件 ($\sigma_\phi/\sigma_\theta = 0$) での限界張出し半径が最大で，軸方向応力が圧縮領域になると座屈が先行して，限界張出し半径は低下する．ⓒ および ⓓ が実加工に比較的近い負荷経路である．負荷経路 ⓒ の自由バルジ試験から限界拡管率 ($LBR = \{(r^* - R)/R\} \times 100\%$) を求めた結果を図3.14に示す．ここに，$LBR_0$ は軸押しを行わない場合の限界拡管率，$LBR_{\max}$ は軸押しを加えた場合の限界拡管率を表す．軸押込み量とともに限界拡管率 LBR は増大するが，ある値で飽和する ($LBR_{\max}$) か，低下する [3.41]．これは座屈を生じるために軸押し力が有効に作用しなくなるためである．このときの最大限界拡管率は耐座屈性も考慮された加工性を意味する．

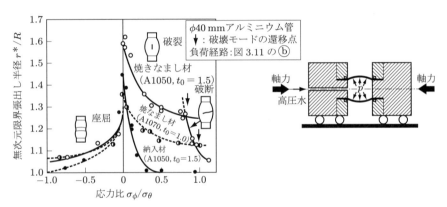

図 3.13　自由バルジ試験（図3.10 (c)）における限界張出し半径と応力比の関係 [3.40]

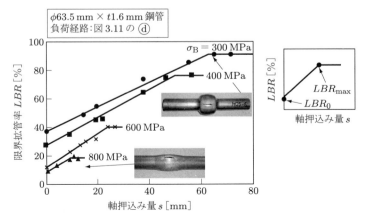

図 3.14　自由バルジ試験（図3.10 (d)）における限界拡管率と軸押込み量の関係 [3.41]

2.1.1 項に述べたように，内圧または内圧と軸力を受ける薄肉円管の応力状態は，円周応力と軸応力の作用する平面応力状態（二軸応力状態）である．これを利用して，二軸応力状態における管材の応力−ひずみ関係を求める試み（液圧バルジ試験，チューブバルジテスト）が古くから行われている[3.42]．負荷経路 ⓐ または ⓑ において，管に負荷する外力（内圧，軸力）と，管中央部の子午線曲率と肉厚または子午線ひずみを連続的に測定することによって，管中央部における応力とひずみを求めることができる[3.43〜3.45]．ハイドロフォーミングにおいて張出し変形する管材の応力状態は，円周方向の応力が軸方向応力よりも優勢であるので，通常の管軸方向一軸引張試験から求めた応力−ひずみ関係をそのまま適用するよりは，チューブバルジテストから得られたものを適用するほうが望ましい．その結果をシミュレーションに活用すれば，ハイドロフォーミングにおける管材の変形挙動をより正確に把握することが可能になる．

また，簡略化した試験装置を用いて内圧のみを負荷し，円周方向一軸引張りに近い応力状態における限界拡管率を評価する方法[3.46]も提案されている．

(2) 型バルジ試験

雌金型形状に沿って管を変形させる型バルジ試験も重要である．成形途中で金型と接触した部分は摩擦力で変形が拘束されるので，型バルジ試験ではひずみの一様化や局部変形能に影響する材料特性が評価される．型バルジ試験に用いられている金型の形状例を図 3.15 に示す．

所定の形状の金型を用いて型バルジ試験をする場合，負荷経路を広範囲に変えて，破裂やしわなどの不整変形を生じることなく成形ができる条件範囲の広さ（成形余裕

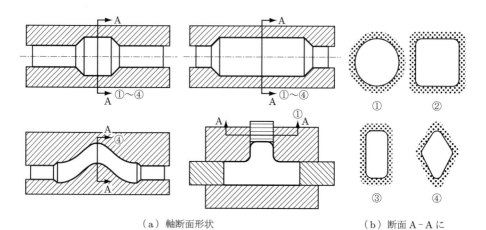

（a）軸断面形状　　　　　　　　　　　（b）断面 A−A における断面形状

図 3.15　型バルジ試験における金型形状例

度)で管材の成形性を評価する試みもなされている．一例として，図 3.16 に示すように，基準となる適正成功負荷経路に対して軸押し条件を変化させ，破裂もしわも発生しない条件範囲で評価する方法が提案され，鋼管の機械的性質との関係が研究されている [3.47]．図 3.17 に示す事例では，図 (a) に示す負荷経路において保持内圧 p_H と軸押込み量 s を変化させ，破裂，しわ，コーナー未充満などの生じない成形条件範囲の広さでチューブハイドロフォーミング性を評価している [3.48]．

型バルジ試験は，型の形状や寸法，型と管との潤滑条件などによって大きく影響を受ける．また，同じ形状に成形する場合でも，材料によって適正負荷経路が異なることがあり，試験条件によって材料の優劣が逆転することがあるので，注意が必要である．

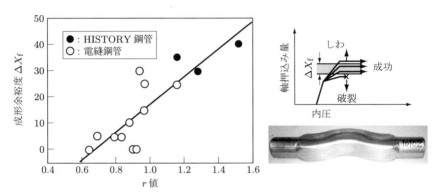

図 3.16 管材の型バルジ試験における成形余裕度を評価する試験法の例 [3.47]

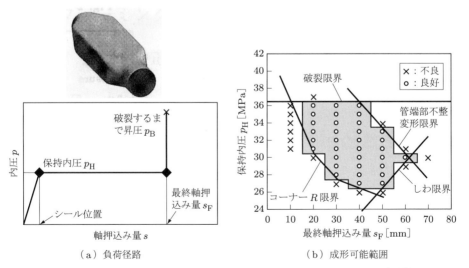

(a) 負荷径路　　　　　　　　(b) 成形可能範囲

図 3.17 管材の型バルジ試験における成形余裕度を評価する試験法の例 [3.48]

3.4.6 成形限界線図

板材プレス成形の場合と同様に，破断およびしわが発生する限界ひずみを最大主ひずみと最小主ひずみを座標軸にとった平面上に表した成形限界線図FLD (forming limit diagram) を用いて，管材の二次加工性を評価する手法が有効である．FLDは，FEMシミュレーションでの破断の判定にも使用できる．管外表面に所定のゲージ長のケガキ線を入れ，軸押し力（引張および圧縮）や拡管部長さ/管直径比を変えた自由バルジ試験でひずみ比を変え，FLDを求めることができる．板材プレス成形の場合と同様に，多工程成形でひずみ比が変化すると，成形限界線が大幅に変化する．試験方法としてさまざまな試みがなされており，確立した手法はないが，高度に制御された試験機を用い，任意のひずみ比あるいは応力比の履歴を与えて限界線図を求めることができる．図3.18に，アルミニウム管の成形限界線の一例を示す．比例負荷（ひずみ比一定）の場合，軸方向のひずみ $\varepsilon_\phi = 0$ の平面ひずみ条件下でのバルジでの限界ひずみが最も小さい．ただし，ひずみ履歴により限界ひずみは大きく変化する．

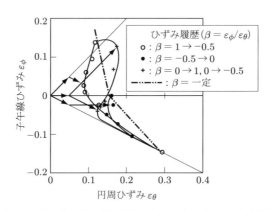

図3.18 アルミニウム管の成形限界線に及ぼすひずみ履歴の影響 [3.40]

3.5 成形性とその支配因子

本節では，主要なプリフォーミングとしての曲げ加工と液圧バルジ加工（チューブハイドロフォーミング）における破断（破裂），座屈，しわなどの成形限界（成形性）と材料特性との関係について述べる．成形限界が向上する加工法，加工条件の詳細については第5章を参照されたい．

3.5.1 曲げ加工性と材料特性

曲げ加工における不良現象として，曲げ外側での割れ，内側でのしわ，塑性屈服，円周方向偏肉，断面へん平（楕円）化，曲げきずなどがある．

まず，曲げ割れを抑制する材料特性として，
① 破断伸びが大きいこと
② n 値が大きいこと
③ r 値が大きいこと

が有利である．これは n 値が大きいほどひずみの伝播性がよく，変形の局所化が抑制され，材料の一様伸びが大きいことに対応しており，また r 値が大きいほど円周方向への材料の流動が促進され，肉厚の減少が抑制されるからである．図 3.19 に，r 値の異なる管の曲げによる肉厚変化についての計算値を示す．r 値が大きい材料ほど，同時に曲げ内側の増肉も抑制するので，曲げ部の偏肉率は小さく抑えられる．ところで，曲げ加工では，曲げ外側と内側のひずみ差（ひずみ勾配）があるために，ひずみの局所化の進展が抑制される．そのため，引張試験における一様伸び以上の引張りひずみまで破断しない場合が多く，曲げ割れ限界は実用的にはこの破断伸びとよく対応する．

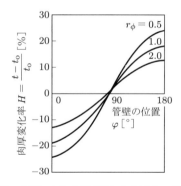

図 3.19 管材の曲げによる肉厚変化におよぼす r 値の影響 [3.49]

溶接管の溶接部および熱影響部が母材部と異なる硬度および延性を有するので，溶接線を曲げ中立部位（曲げひずみが 0 または最も小さい部位）に位置するようにセッティングすることも重要である．

曲げ内側には圧縮応力が作用するので，座屈やしわが発生する限界が存在する．耐しわ性に関しては，発生する応力の大きさと座屈抵抗の両者に及ぼす材料特性の影響を考える必要がある．r 値が大きいほど，発生する圧縮応力を低下させる効果と曲げ偏肉を抑える効果があるので，耐しわ性に有利である．n 値の影響については，解析結果から得た近似式 (3.1) がある [3.50]．しわ限界無次元曲げ曲率 $\xi_{\text{cr (w)}}$（＝管の平均

半径 r_m/限界曲げ半径 R_w) は，次のようになる．

$$\xi_{\mathrm{cr\ (w)}} = 0.153 \cdot \left(\frac{t_0}{r_\mathrm{m}}\right)^{2.0} \cdot n^{-0.46} \tag{3.1}$$

ただし，t_0：肉厚である．

　式 (3.1) によれば肉厚/半径比 (t_0/r_m) が大きいほど，n 値が小さいほど，しわの発生が遅れる．n 値の影響については，実験による検証が十分ではない．実際の現場では破断限界との関係もあり，n 値の影響は必ずしも明確でない．

　塑性屈服は，曲げモーメントが集中するあるいは最大となる部位で，均一に曲げ変形するより低いエネルギーで塑性不安定現象が生じ，局部的なへん平を伴って折れ曲がる現象である．塑性屈服する限界無次元曲げ曲率 $\xi_{\mathrm{cr(col)}}$（＝管の平均半径 r_m/限界曲げ半径 R_{col}）を求める近似式 (3.2) がある [3.51]．

$$\xi_{\mathrm{cr\ (col)}} = 4.8 \cdot \left(\frac{t_0}{r_\mathrm{m}}\right)^{2.0} \cdot n^{\lambda} \tag{3.2}$$

ただし，$\lambda = -0.3(t_0/r_\mathrm{m})^{-0.21}$ である．式 (3.2) によれば，n 値が小さいほど塑性屈服しにくいが，塑性屈服に耐えられる当該断面での強度が必要なので，直接的には材料の降伏点が高いことが望ましい．

　へん平（曲げ断面の楕円化）を抑えるには，n 値および軸方向の r 値 (r_ϕ) が小さく，円周方向の r 値 (r_θ) が大きいほうが有利である．r 値の面内異方性の影響は現れるが，垂直異方性のみの影響は小さい [3.52]．しかし，この楕円化は，後続のハイドロフォーミングにおいて必ずしも悪影響を及ぼすとは限らない．たとえば，ハイドロフォーム製品の断面形状が楕円に近い場合などにおいては，ハイドロフォーミングにおける減肉や増肉を抑える効果もあるので，積極的に楕円化させることも有効である．

　偏肉を抑えるには r 値が大きいほど有利であるが，r_ϕ, r_θ の値が異なる r 値の面内異方性の影響もあり，管軸方向の r 値 (r_ϕ) は大きく，円周方向の r 値 (r_θ) を小さくすることが有効である [3.52]．n 値も大きいほうが偏肉は小さいが，r 値の効果よりは影響は小さい．

3.5.2　ハイドロフォーミング性と材料特性

　チューブハイドロフォーミングにおける成形限界は，変形様式，プリフォーミング，管材料の不均一性などの影響を受ける．ここでは，破裂や座屈を生じることなく成形できる限界（ハイドロフォーミング性）と材料特性の関係について述べる．

(1) 破裂による成形限界に及ぼす材料特性の影響

　チューブハイドロフォーミングにおける管材の破裂限界は，理論的には塑性不安定

理論から，① 最大内圧条件と，② 板材の局部くびれ条件の拡張の二つの条件から導くことができる．

十分長い管を一定の応力比 $\alpha\,(=\sigma_\phi/\sigma_\theta)$ またはひずみ比 $\beta\,(=\varepsilon_\phi/\varepsilon_\theta)$ のもとでバルジ成形する場合，管長さ中央における拡管限界は初等解析で求めることができる．破裂限界の判定として，内圧最大の条件 $(\mathrm{d}p=0)$ が考えられるが，ほかの条件として円周方向張力が最大の条件 $(\mathrm{d}(t\cdot\sigma_\theta)=0)$ も合理性がある．それぞれの判定条件を用いた場合の，拡管限界円周ひずみ $(\varepsilon_\theta)_{\mathrm{neck}}$ は材料の加工硬化特性を $\sigma=C\cdot(\varepsilon+\varepsilon_0)^n$ で表現し，r 値とその異方性を考慮した場合，次式で与えられる．

内圧最大 $(\mathrm{d}p=0)$ の場合

$$(\varepsilon_\theta)_{\mathrm{neck}} = \frac{1}{2+\beta}\cdot n - \frac{1}{\sqrt{(1+1/r_\theta)\beta^2+2\beta+(1+1/r_\phi)}}\cdot\varepsilon_0 \qquad (3.3)$$

円周方向張力最大 $(\mathrm{d}(t\cdot\sigma_\theta)=0)$ の場合

$$(\varepsilon_\theta)_{\mathrm{neck}} = \frac{1}{1+\beta}\cdot n - \sqrt{\frac{3(r_\theta+r_\phi+1)}{2(r_\theta+r_\phi+r_\theta r_\phi)\{(1+1/r_\theta)\beta^2+2\beta+(1+1/r_\phi)\}}}\cdot\varepsilon_0 \qquad (3.4)$$

ここで，p：内圧，t：管肉厚，σ_θ：円周応力，σ_ϕ：軸応力，ε_0：管材料の初期ひずみ，n：加工硬化指数，C：強度係数，r_θ：円周方向の r 値，r_ϕ：軸方向の r 値である．

ひずみ比 β を応力比 α で表現する場合は，次式を使用する．

$$\beta = \frac{(1+1/r_\phi)\alpha-1}{(1+1/r_\theta)-\alpha},\quad \alpha = \frac{1+(1+1/r_\theta)\beta}{(1+1/r_\phi)+\beta} \qquad (3.5)$$

加工硬化特性を $\sigma=C\cdot\varepsilon^n$ で表現した場合（すなわち $\varepsilon_0=0$）で，特定の応力条件について式 (3.3), (3.4) を整理すると，次のようになる．

両端が閉じた管で内圧のみを負荷する場合は，$\alpha=1/2$ となるので

$$(\varepsilon_\theta)_{\mathrm{neck},\,\mathrm{d}p=0} = \frac{n\cdot(1+2/r_\theta)}{1+1/r_\phi+4/r_\theta} \qquad (3.6)$$

$$(\varepsilon_\theta)_{\mathrm{neck},\,\mathrm{d}(t\cdot\sigma_\theta)=0} = \frac{n\cdot(1+2/r_\theta)}{1/r_\phi+4/r_\theta} \qquad (3.7)$$

となる．両端が閉じた管で，内圧で発生する軸力と相殺する軸圧縮力を加えた場合は，$\alpha=0$ となるので，次式となる．

$$(\varepsilon_\theta)_{\mathrm{neck},\,\mathrm{d}p=0} = n\cdot\frac{1+r_\theta}{2+r_\theta} \qquad (3.8)$$

$$(\varepsilon_\theta)_{\mathrm{neck},\,\mathrm{d}(t\cdot\sigma_\theta)=0} = n\cdot(1+r_\theta) \qquad (3.9)$$

材料の異方性がない場合 ($r = r_\theta = r_\phi = 1$) には，さらに簡単になり，両端が閉じた管で内圧のみを負荷する場合は $\varepsilon_\phi = 0$ の平面ひずみ状態になり，

$$(\varepsilon_\theta)_{\text{neck, d}p=0} = \frac{1}{2}n \tag{3.10}$$

$$(\varepsilon_\theta)_{\text{neck, d}(t \cdot \sigma_\theta)=0} = \frac{3}{5}n \tag{3.11}$$

となる．両端が閉じた管で，内圧で発生する軸力と相殺する軸圧縮力を加えた場合は，

$$(\varepsilon_\theta)_{\text{neck, d}p=0} = \frac{2}{3}n \tag{3.12}$$

$$(\varepsilon_\theta)_{\text{neck, d}(t \cdot \sigma_\theta)=0} = 2n \tag{3.13}$$

となる．以上の諸式から，材料特性パラメーターと応力条件の拡管限界に及ぼす影響を列記すれば，次のようにまとめられる．

① 軸圧縮力を加えるほど（β が負値で絶対値が大きいほど），拡管限界円周ひずみ $(\varepsilon_\theta)_{\text{neck}}$ は増大する．
② 材料の加工硬化指数 n が大きいほど，拡管限界円周ひずみ $(\varepsilon_\theta)_{\text{neck}}$ は増大する．加工硬化特性を $\sigma = C \cdot \varepsilon^n$ で表現した場合には，$(\varepsilon_\theta)_{\text{neck}}$ は n 値に比例する．
③ 管材料の初期ひずみ ε_0 が大きいほど，$(\varepsilon_\theta)_{\text{neck}}$ は減少する．
④ r 値の影響は，応力条件によって差がある．図 3.20 に各種応力条件下での拡管限界円周ひずみに及ぼす r 値 (r, r_θ, r_ϕ) の影響を示す．軸方向の r 値 (r_ϕ) は，両端閉じ・内圧のみ負荷の条件 ($\alpha = 1/2$) では大きいほど拡管限界は向上するが，軸方向の応力 $\sigma_\phi = 0$ あるいは平面ひずみの条件では影響が現れない．円周方向の r 値 (r_θ) は，$\sigma_\phi = 0$ では大きいほど拡管限界は向上するが，両端閉じ・内圧のみ負荷の条件 ($\alpha = 1/2$) あるいは平面ひずみの条件では影響が現れない．r 値の面内異方性がない場合 ($r = r_\theta = r_\phi$) には，両端閉じ・内圧のみ負荷の条件 ($\alpha = 1/2$) あるいは軸方向の応力 $\sigma_\phi = 0$ の条件では r 値が大きいほど拡管限界は向上するが，平面ひずみ条件下では r 値の影響は現れない．しかし，本初等解析で得られた r 値の影響に関する直接的な実験的検証は得られていない．
⑤ 円周方向の張力が最大の条件 ($\text{d}(t \cdot \sigma_\theta) = 0$) で与えられる拡管限界は，内圧最大の条件 ($\text{d}p = 0$) で与えられる限界より大きい（2～4 倍）．バルジ試験で得られる破裂限界ひずみの測定値は後者に近い値を示す．

管長さ L が管直径 D の数倍以下の有限の場合は，子午線方向の応力分布，ひずみ分布と曲率を考慮した解析が必要となる．管の両端が閉じ，かつ軸変位が可能な有限長円管の場合について，厳密な解析がなされている[3.53, 3.54]．式 (3.3)，(3.4) のような陽の形で拡管限界を求めることはできないが，数値計算結果から，各種要因の影響を

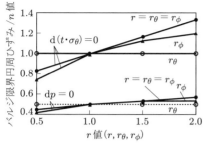

（a）両端閉じ・内圧のみ（$\alpha = 0.5$）

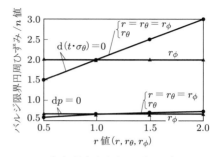

（b）軸方向応力 $= 0$（$\alpha = 0$）

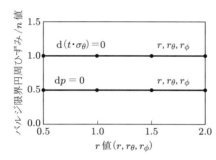

（c）軸方向ひずみ $= 0$（平面ひずみ $\beta = 0$）

図 3.20 拡管限界に及ぼす r 値の影響（管が十分長い場合）

理解できる．本解析での拡管限界は，$dp = 0$ で与えられている．

管の長さと直径の比 L/D と n 値が拡管限界に及ぼす影響は，解析結果と実験結果をあわせて，すでに図 3.12 に示したとおりである．図 3.21 には，解析で得られた r 値の影響を示す．どちらも図 3.10 (a) に示した内圧のみを負荷した自由バルジ試験に基づいている．これらの図から得られる主な結果を以下にまとめる．なお，図 3.12 における管長さが無限大の場合の拡管限界が，図 3.20 の結果に対応する．

⑥ 拡管限界は管が短くなるとしだいに大きくなり，$L/D = 1 \sim 2$ で拡管限界が最大になる．長さがさらに短くなると，拡管限界は急激に小さくなる．

⑦ 拡管限界は管長さによらず，n 値が大きいほど，大きい．

⑧ r 値の影響は ④ の場合と同様に，若干複雑である．円周方向の r 値を一定（$r_\theta = 1$）としたとき，軸方向の r 値（r_ϕ）が大きいほど拡管限界が大きい．$r_\phi = 1$ とした場合，極めて短い管では r_θ が小さいほど拡管限界が大きいが，$L/D = 2$ 以上の管では r_θ の影響が現れない．$r_\theta = r_\phi = r$ の場合には，r 値が大きいほど拡管限界は大きい．

変形形状が金型によって拘束される型バルジ成形における材料特性の影響に関する

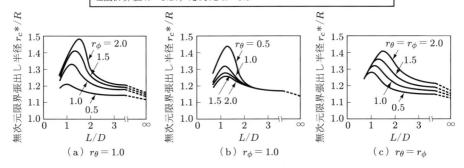

図 3.21 拡管限界に及ぼす管長さと r 値の影響 [3.55]

解析解は得られず，FEM シミュレーションに頼ることになる．たとえば，断面が正方形断面に型バルジ成形する場合，n 値，r 値が大きいほど減肉がしにくく，拡管限界が大きいことが示されている．型バルジの場合は金型との摩擦による変形の拘束の影響が大きいので，一般に，当然摩擦係数が低いほど拡管限界は向上するが，材料特性としては n 値の影響が顕著に現れる．

材料強度は構造部品の基本的な設計項目である．ハイドロフォーミング性と材料強度との関係の情報を十分把握しておくことが重要である．図 3.22 に，鋼管の拡管限界に及ぼす引張強さの影響を示す．ここに，LBR_0 は管端を固定して内圧のみを負荷し，軸押しを加えない場合の拡管限界を示し，LBR_{max} は強く軸押しを加えた場合の最大拡管限界である．3.4.1 項（1）で述べたように，引張強さは成形性に直接関係しないが，一般に，材料強度が高いほど，材料の伸び，n 値，r 値は小さくなるので，拡管限界は顕著に低下する．この特性を考慮した工程・金型設計が必要であり，同時に 3.2 節で述べたように，加工性の優れた高強度鋼管の開発が期待される．

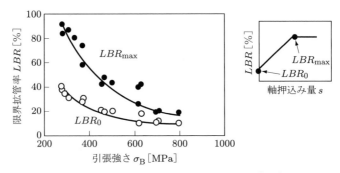

図 3.22 拡管限界に及ぼす鋼管強度の影響 [3.56]

(2) 座屈による成形限界に及ぼす材料特性の影響

ここまでは破裂による成形限界について述べてきたが，図 3.13 からも明らかなように，拡管限界を向上させるために軸押し力を加える場合，軸応力が圧縮応力になるまで過大な軸力を加えると，成形限界は座屈によって決定される．同図から，座屈限界は熱処理に伴う材料の延性の影響を受けるが，その程度は比較的小さいことがわかる．座屈しやすさに対する r 値の影響について，軸押しを伴う自由バルジ成形で調べた結果を図 3.23 に示す．r 値が小さい材料ほど座屈によるしわが早く発生し，かつしわの急峻度（図 (b) 参照）の最大値も大きい．その後，拡管変形が進行するに伴い，しわの急峻度は低減するが，r 値が小さい材料ではしわとして残ることがわかる．図 3.14 に示す実験において，LBR_0 と $LBR_{\max}$ に対する n 値と r 値の寄与度を解析した結果，LBR_0 に対しては n 値が，$LBR_{\max}$ に対しては r 値の寄与度が大きくなることが明らかになっている．

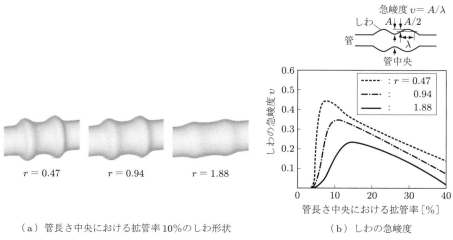

(a) 管長さ中央における拡管率10%のしわ形状　　　　(b) しわの急峻度

図 3.23　軸押しを伴う自由バルジ成形における座屈によるしわに及ぼす r 値の影響 [3.57]

(3) T 成形における成形限界に及ぼす材料特性の影響

T 成形する場合の成形限界に及ぼす材料特性についても，実験および FEM シミュレーションによって調べられている．図 3.24 に，鋼管を T 成形した場合の成形限界に及ぼす r 値とその異方性の影響を示す．本図における成形限界は枝管頭部の許容肉厚減少率 20% における枝管高さで評価している．軸方向の r 値 (r_ϕ) を向上すると成形限界の向上が顕著であるが，円周方向の r 値 (r_θ) による向上はほとんどない結果を示している．しかし，r 値の異方性がない場合 ($r_\theta = r_\phi$) には，r 値が大きいほど，成形限界は線形関係で向上する．本成形を特徴づける変形様式は，張出し変形よりは軸

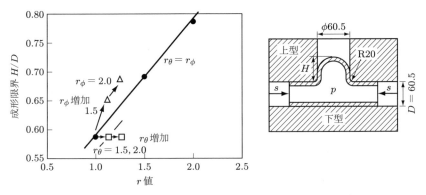

図 3.24 鋼管の T 成形における成形限界と r 値の関係 [3.58]

押込みによるせん断変形である．成形限界に及ぼす r 値の影響は降伏曲面に関連づけられる．

アルミニウム管の T 成形についての結果を，図 3.25 に示す．軸押しを付加しない場合には，伸びの大きな材料が高い枝管高さを与える．一方，カウンターパンチを設けてこれを後退させながら強い軸押しを付加する条件では，伸びは小さいが，強度の高い材料ほど高い枝管高さが得られる．外力の負荷様式によって，このように，管材の機械的性質の影響が異なるという興味深い結果である．軸押しを付加しない場合には，明らかに張出し変形であり，当然材料の延性依存になる．軸押しが強い場合には，材料強度が高いほど，破裂することなく高い内圧まで金型内面に材料を押さえつける

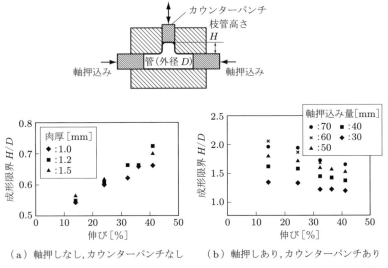

(a) 軸押しなし，カウンターパンチなし　(b) 軸押しあり，カウンターパンチあり

図 3.25 アルミニウム管の T 成形における成形限界におよぼす伸びの影響 [3.7]

ことができるので，しわの発生を抑制することができる．また，アルミニウムでは，造管によって r 値をあまり変化させることができないことが，鋼管と若干異なる現象を示している理由である．これらの変形の挙動の差異は，オーステナイト系とフェライト系のステンレス鋼鋼管にも現れる．ひずみ誘起変態で非常に大きい n 値を有し，強度の高いオーステナイト系ステンレス鋼鋼管では，枝管頭部での破裂圧力が高く，高い内圧をかけられるので，しわ発生が十分抑えられ，T 成形におけるハイドロフォーミング性が優れる．一方，フェライト系ステンレス鋼鋼管はハイドロフォーミング性が劣ると認識されてきたが，最近非常に高い r 値のフェライト系ステンレス鋼が開発されているので，n 値が小さく強度が低いことによるハイドロフォーミング性の弱点を十分補う可能性がある．

(4) 曲げ加工後のハイドロフォーミングに及ぼす材料特性の影響

これまでは，素管をそのままハイドロフォーミングする場合について述べてきたが，実加工ではプリフォーミングをしてからハイドロフォーミングするのが一般的である．代表的な工程は，曲げ→つぶし加工→ハイドロフォーミングである．曲げた後に自由バルジ成形する場合，その拡管限界はプリフォーミング時の曲げ半径の影響を受け，プリフォーミングをしない場合に比べて顕著に拡管限界が低下する[3.59]．これは曲げにより生じる曲げ部円周方向の肉厚と強度の不均一分布が原因である．したがって，図 3.26 に示すように，r 値，とくに軸方向の r 値 (r_ϕ) が大きい材料ほど，曲げ部の減肉，増肉が少ないので，曲げ後のハイドロフォーミング性が優れることがわかる[3.60]．

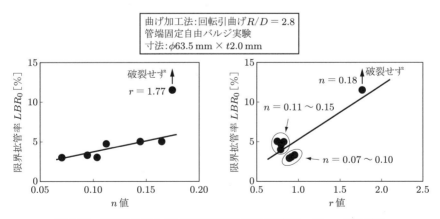

図 3.26 曲げ後の自由バルジ拡管限界に及ぼす素管の r 値，n 値の影響

(5) 管材料の円周方向の不均一性の影響

管材料の円周方向の肉厚，強度の不均一性は，接合部を含め，ハイドロフォーミン

グにおける成形性に大きな影響を与える．電縫鋼管の溶接部，熱影響部の強度分布を考慮したモデルで自由バルジ成形した場合の変形をFEMシミュレーションした結果，溶接部から少し離れた場所に肉厚ひずみが集中することが明らかになっている．ポートホール押出し法で造管されるアルミニウム管は，図3.5に示したように，溶着部の存在しないマンドレル押出し・抽伸（引抜き）材より拡管限界は明らかに低い[3.7]．図2.18に示したように，ポートホール押出し管においては，溶着部とそれ以外の部分の変形不均一が拡管限界を低下させている．アルミニウム管の初期偏肉が自由バルジ変形挙動に及ぼす影響を，図3.27に示す．バルジ変形の進行に伴い，偏肉が増大するため，拡管限界が低下する．このほかにも，円周方向の肉厚，強度の不均一の原因として表面きずなどが考えられるが，これらは，すべて拡管限界の低下をもたらす．アルミニウム管（A1070TD-O）では，表面きずは拡管限界の低下をもたらすが，表面きずの大きさがある範囲内（たとえば30％のきず深さ以下）であれば，破裂圧力の値は表面きずの影響を受けにくいという特徴がある[3.62]．一方，鋼管（STKM11A）や銅管（C1020TD-O）ではアルミニウム管軟質材に比べ，偏肉や製造過程での接合面の影響がより小さいため，その拡管限界は表面きずの影響を受けやすい[3.63]．しかし，これらの影響は内圧のみを負荷した自由バルジ変形の場合にとくに敏感に現れ，軸押しが加わると，その影響は緩和される．

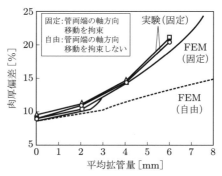

図3.27 アルミニウム管の自由バルジ変形に伴う偏肉の変化[3.61]

本節では，ハイドロフォーミングにおける成形性に及ぼす管の材料特性の影響について述べたが，成形性に影響を及ぼすものとしてはこのほかに，加工の際の負荷経路，潤滑条件，部品形状など，多くの影響因子が存在する．これらの加工因子の及ぼす影響については，5.4節で述べる．

参考文献

- [3.1] 井口貴朗：塑性と加工, 53-614 (2012), 188-192.
- [3.2] 中田勉：塑性と加工, 38-443 (1997), 1061-1065.
- [3.3] 豊岡高明・板谷元晶：塑性と加工, 38-443 (1997), 1066-1070.
- [3.4] 依藤章・河端良和・大西寿雄・板谷元晶・森岡信彦・豊岡高明：塑性と加工, 47-551 (2006), 1141-1145.
- [3.5] JFE スチール（株）製品カタログ,「機械構造用鋼管」(2003.6).
- [3.6] 軽金属協会編：自動車のアルミ化技術ガイド材料編, (1996), 33.
- [3.7] 水越秀雄：第 205 回塑性加工シンポジウムテキスト, (2001), 65-70.
- [3.8] 水越秀雄：アルミニウム, 8-45 (2001), 246-250.
- [3.9] 杉山敬一・坂木修次：塑性と加工, 39-453 (1998), 23-27.
- [3.10] 水越秀雄・岡田英人・若林広行：軽金属学会秋期大会講演概要集, 99 (2000), 221-222.
- [3.11] 宇野照生：アルミニウム, 9-50 (2002), 186-196.
- [3.12] 桑原利彦・吉田健吾・成原浩二・高橋進：平成 14 年度塑性加工春季講演会講演論文集, (2002), 255-256.
- [3.13] 淵澤定克・田中幸一・白寄篤・奈良崎道治：第 53 回塑性加工連合講演会講演論文集, (2002), 221-222.
- [3.14] 淵澤定克・下山卓宏・白寄篤・奈良崎道治：第 52 回塑性加工連合講演会講演論文集 (2001), 23-24.
- [3.15] 桑原利彦：塑性と加工, 44-506 (2003), 234-239.
- [3.16] 桑原利彦・成原浩二・吉田健吾・高橋進：塑性と加工, 44-506 (2003), 281-286.
- [3.17] 軽金属学会編：自動車軽量化のための生産技術, (2003), 33, 日刊工業新聞社.
- [3.18] 近藤清人：プレス技術, 41-7 (2003), 34-38.
- [3.19] 竹島義雄：塑性と加工, 44-506 (2003), 245-249.
- [3.20] Altan, T., Aue-U-Lan, Y., Palaniswamy, H. & Kaya, S.: Proc. 8th Int. Conf. Technol. Plast. (ICTP), (2005), Keynote Paper.
- [3.21] Keigler, M., Bauer, H., Harrison, D. & De Silva, A. K. M.: J. Mater. Process. Technol., 167 (2005), 363-370.
- [3.22] 福地文亮・林登・小川努・横山鎮・堀出：軽金属, 55-3 (2005), 147-152.
- [3.23] 淵澤定克・大橋貴千・白寄篤・奈良崎道治：第 48 回塑性加工連合講演会講演論文集, (1997), 369-370.
- [3.24] 淵澤定克・市川浩之・白寄篤・奈良崎道治：第 51 回塑性加工連合講演会講演論文集, (2000), 359-360.
- [3.25] 山田賢治・水越秀雄・岡田英人：平成 14 年度塑性加工春季講演会講演論文集, (2002), 251-252.
- [3.26] 近藤清人・中嶋勝司・井関博之：平成 14 年度塑性加工春季講演会講演論文集, (2002), 257-258.
- [3.27] Dick, P., Nagler, M. & Zengen, K. H.: 塑性と加工, 39-453 (1998), 1014-1018.
- [3.28] 軽金属学会編：アルミニウムの製品と製造技術, (2001), 265.
- [3.29] 森謙一郎・藤本浩次・牧清二郎：平成 19 年度塑性加工春季講演会講演論文集, (2007), 251-252.
- [3.30] 淵澤定克・鈴木祐司・奈良崎道治・山田国男：塑性と加工, 28-318 (1987), 745-750.
- [3.31] 淵澤定克・白寄篤・山本裕孝・奈良崎道治：塑性と加工, 35-398 (1994), 250-255.
- [3.32] 中村正信・丸山清美・久保田晶之・中村友信・大木康豊：パイプ加工法（第 2 版）, (1998), 312-314, 日刊工業新聞社.

[3.33] 森茂樹・真鍋健一・西村尚：塑性と加工, 30-339 (1989), 555-562.
[3.34] 小原一浩・渋谷純一・藤野武夫・齋藤健治・大田智子・高石和年・大木康豊：平成 12 年度塑性加工春季講演会講演論文集, (2000), 259-260.
[3.35] 内山剛志・直井久・高屋雅啓・生田文昭・桑原義孝：第 56 回塑性加工連合講演会講演論文集, (2005), 129-130.
[3.36] Akkus, N., Manabe, K., Kawahara, M. & Nishimura, H.：塑性と加工, 39-445 (1998), 137-142.
[3.37] 大沢泰明・西村尚：塑性と加工, 21-238 (1980), 953-960.
[3.38] 若井史博：塑性と加工, 29-326 (1988), 255-261.
[3.39] 淵澤定克・竹山壽夫：精密機械, 45-1 (1979), 106-111.
[3.40] 森茂樹・真鍋健一・西村尚：塑性と加工, 29-325 (1988), 131-138.
[3.41] 阿部英夫：自動車技術会 2001 材料フォーラムテキスト, (2001), 16-22.
[3.42] Woo, D. M. & Hawkes, P. J.: J. Inst. Met., 96 (1968), 357-359.
[3.43] 淵澤定克・結城広昭・奈良崎道治：第 41 回塑性加工連合講演会講演論文集, (1990), 231-234.
[3.44] Fuchizawa, S., Narazaki, M. & Yuki, H.: Proc. 4th Int. Conf. Technol. Plast. (ICTP), (1993), 488-493.
[3.45] 山岸駿介・角田壮志・桑原利彦：第 60 回塑性加工連合講演会講演論文集, (2009), 371-372.
[3.46] 桑原利彦・森口恭介：鉄と鋼, 91-12 (2005), 868-874.
[3.47] 園部治・橋本裕二・阿部英夫：川崎製鉄技報, 33-4 (2001), 159-164.
[3.48] 水村正昭・栗山幸久：塑性と加工, 44-508 (2003), 524-529.
[3.49] 佐藤一雄・高橋壮治：塑性と加工, 23-252 (1982), 17-22.
[3.50] 遠藤順一・室田忠雄：塑性と加工, 18-202 (1977), 930-937.
[3.51] 遠藤順一・室田忠雄：塑性と加工, 23-258 (1982), 708-713.
[3.52] 日本塑性加工学会編：チューブフォーミング, (1992), 22, コロナ社.
[3.53] 淵澤定克・竹山壽夫：精密機械, 37-8 (1971), 565-571.
[3.54] 淵澤定克・竹山壽夫：精密機械, 44-12 (1978), 1482-1488.
[3.55] Fuchizawa, S.: Proc. 2nd Int. Conf. Technol. Plast. (ICTP), (1987), 727-732.
[3.56] 阿部英夫：塑性と加工, 45-517 (2004), 92-98.
[3.57] Sonobe, O., Hashimoto, Y., Iguchi, T. & Abe, H.: Proc. IBEC2003, 2003-01-2737 (2003), 59-64.
[3.58] 吉田亨・栗山幸久：第 50 回塑性加工連合講演会講演論文集, (1999), 447-448.
[3.59] 阿部英夫・橋本裕二・園部治・依藤章：日本塑性加工学会南関東支部第 11 回技術サロン資料集, (2000), 14-22.
[3.60] 橋本裕二・阿部英夫・園部治・依藤章：平成 13 年度塑性加工春季講演会講演論文集, (2001), 135-136.
[3.61] 白寄篤・佐藤弘樹・淵澤定克・奈良崎道治：第 52 回塑性加工連合講演会講演論文集, (2001), 25-26.
[3.62] 廣井徹麿・西村尚：塑性と加工, 37-430 (1996), 1193-1198.
[3.63] 廣井徹麿：東京都立大学博士学位論文, (1997), 122-129.

第4章
プリフォーミング

> 素管から直接，複雑形状部品をハイドロフォーミングによってつくることはかなり難しい．この場合には，あらかじめ管材を最終製品形状に近い形状に成形加工しておくことが必要である．たとえば，コの字型をしている部品を1本の素管からハイドロフォーミングによってつくる場合には，管材が金型に入るように，あらかじめ曲げ加工を施しておく必要がある．このように，ハイドロフォーミングの前に行う予備的な成形加工をプリフォーミングといい，曲げ加工のほか，つぶし加工や拡管・縮管加工などが行われる．プリフォーミングの良し悪しは，それに続くハイドロフォーミングの成否に直接影響を及ぼす．ハイドロフォーミングを成功させるためには，適切なプリフォーミングを施すことが極めて重要である．

4.1 プリフォーミングの考え方とその工法

自動車部品に採用されている管材のハイドロフォーミング製品は，3次元形状の物が多い．そのため，ハイドロフォーミング時に型にセットできるように，素管をプリフォーミングする必要がある．主なプリフォーミング工程で採用される工法としては，次の三つがある．
- 拡管・縮管加工（4.2節）
- 管の曲げ加工（プリベンディング（4.3節））
- つぶし加工（4.4節）

ハイドロフォーミング時に問題を起こさないようにするため，プリフォーミング後の製品の形状とその特性（加工による肉厚変化，硬さ（分布）などの性質変化）は非常に重要となる．それぞれの工法においては，一般に以下の点に注意した工程の設計が必要である．
① 不整変形の防止
② 適切な素管径の選定
③ 型締め時のかみ込み防止

具体的には，①の不整変形は，しわ，へこみ，座屈である．これらは，後続のハイドロフォーミングにおいて高圧の負荷などにより消滅させることができる場合もあるが，極力これらの不整変形を生じないような適切なプリフォーミングを行うことが必

要である．②は，ハイドロフォーミング時に破裂を生じないようにするため，適切な拡管率となるような外径の素管を選定することである．目的は，ハイドロフォーミングにおける変形量を少なくすることである．プリフォーム品の断面形状や，ハイドロフォーミング型内へのセット位置によっては，型締め時にかみ込みが生じることがあるため，③はかみ込みを防止する適切なプリフォーミングとその工程管理を行うことである．

プリフォーミングの良し悪しが，後続のハイドロフォーミングに影響を及ぼす例を図 4.1 に示す．プリフォーム品の小さなしわやくぼみは，ハイドロフォーミングによって消滅することもあるが，大きなものは残ってしまうことがある（図 (a)）ので，それを避けるようにプリフォーミング型を修正した．図 (b) は，プリフォーム品の肉厚が薄くなりすぎて，ハイドロフォーミングで破裂を生じた例である．この場合は，プリフォーミング時に軸押込みを負荷して肉厚減少を抑制した．その結果，健全なハイドロフォーム品を得ることができた [4.1]．

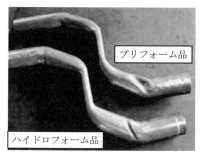 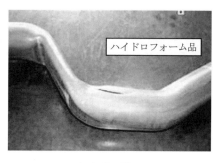

（a）残留しわ　　　　　　　　　　（b）破　裂

図 4.1　プリフォーミングが後続のハイドロフォーミングへ及ぼす影響
（自動車のフロントクレードルサポート）

4.2　拡管・縮管加工

プリフォーミングでは，後続のハイドロフォーミングにおいて拡管される部位が，過大な肉厚減少や破裂を生じることなく拡管できるように，管の径を定めることが重要である．すなわち，図 4.2 に示すように，適切な拡管率となるような大き目の外径の素管を選定し，両端を縮管する．また，図 4.3(a) に示すように，一様に拡管したり，ハイドロフォーム製品の形状が軸方向に徐変する場合は，プリフォーミングにおいて，図 (b) に示すテーパー拡管を行ったり，図 (c)，(d) に示すようにテーパー絞りや段付

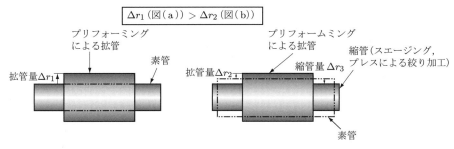

(a) 拡管率が不適切なプリフォーミングの例　　(b) 適切なプリフォーミングの例

図 4.2　プリフォーミングのポイント（拡管・縮管）

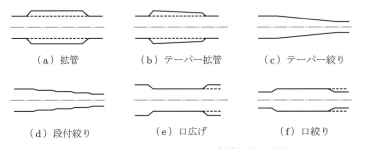

図 4.3　プリフォーミングにおける各種拡管・縮管加工

絞りを施す．第3章で取り上げたテーパーチューブは，素管として用いる形状であるが，ここで取り上げるものは，プリフォーミングとして行うものである．なお，プリベンディングやつぶし加工が必要な場合は，これらの拡管・縮管加工の後に行う．図(e)の口広げ（エキスパンド加工ともいう）は，管の両端または片端の外径をシール工具挿入部の金型周長の外径まで広げる加工で，ハイドロフォーミング時のシール工具挿入だけでは得られない大きさまで広げる場合に行われる．図(f)の口絞りは，管の両端または片端の外径をシール工具挿入部の金型周長の外径まで縮める加工である．これらも広い意味でプリフォーミングである．

4.3　プリベンディング

　プリフォーミングに採用される曲げ加工法には，多くの工法がある．大きく分類すると，曲げモーメントを加えて曲げる方法と，円管の軸方向の伸びひずみに周方向に差を与え，結果として曲がり管を得る方法がある．図4.4には各種曲げ加工法を示す．これらの工法は，いずれも曲げ内側は増肉し，外側は減肉する．曲げ半径 R を小さくしていくと曲げ外側が伸び限界で割れるか，内側にしわが発生する．これが曲げ加工

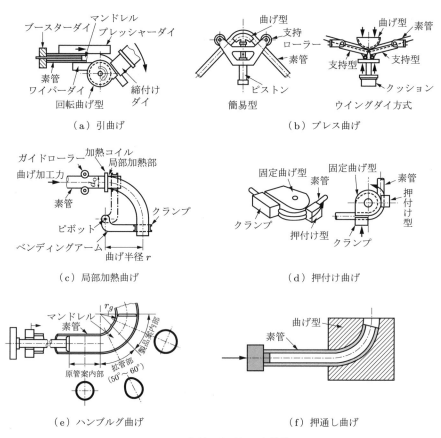

図 4.4 各種の曲げ加工法 [4.2]

における加工限界の一つである．表 4.1 に，各曲げ加工法とその最小曲げ半径（曲げ不良を生じることなく曲げることのできる最小の曲げ半径）を示す．最小曲げ半径は工法，および材料（材質・寸法）により異なるが，おおよそ $2D$（D は管外径）以上となっている．最小曲げ半径を小さくできる工法は，曲げ部の肉厚の増減が小さい．

プリベンディングに採用する曲げ工法の必要特性としては，曲げ時の曲げ内側と外側の増減肉の差が小さいこと，曲げ形状自由度が高いことなどがあげられる．工法は必要形状と加工コストを考慮して選定され，3 次元連続曲げが可能な CNC 引曲げ加工機械による曲げが採用されることが多いが，1 箇所だけを曲げる 1 曲げの場合はプレス曲げが採用される場合もある．そのほかに特徴的な曲げ工法として，押通し曲げ，せん断曲げがある．

次に，各種曲げ工法の特徴とプリベンディングへの採用状況を紹介する．

表 4.1　曲げ加工法と最小曲げ半径 [4.3]

曲げ方式	工　具	最小曲げ半径 (D：管外径)
プレス曲げ	半月状ダイ	$6D$
プレス曲げ	半月枠状ダイ	$3D$
押付け曲げ	心金なし	$2.5D$
押付け曲げ	心金入り	$2D$
ロール曲げ	3個のロール	$6D$
引曲げ	心金なし	$(4〜9)D$
引曲げ	心金入り	$(1.5〜3)D$
押通し曲げ	なし	$1.25D$
局部加熱曲げ	なし	$1.5D$

4.3.1　引曲げ

　引曲げは，図 4.4(a) に示すように，型に素管の一端を固定し，型を回転しながら加工する．CNC引曲げ加工機械は，曲げ角度，材料の送り，ひねり角度をCNC制御することにより連続曲げが可能な機械であり，複数の曲げがある製品の加工に多く使用されている．その場合にも，マンドレルによるへん平化の抑制，ワイパーダイによるしわの抑制，プレッシャーダイによる減肉の抑制を図っている．減肉をさらに抑制するため，プリフォーミングの曲げには，とくに後方に設けたブースターダイによる軸力制御を行う場合が多い．図 4.5 にはブースターダイを使用した曲げ製品を，図 4.6(a) には曲げ後の肉厚分布を示す．製品の材質はステンレス鋼，寸法は外径 $\phi50.8\,\mathrm{mm}$，肉厚 $2.0\,\mathrm{mm}$，曲げ半径 R は $75\,\mathrm{mm}$（$1.5D$：D は管外径）の曲げ角度 90°の小R曲げである [4.4]．この例では，曲げ内側の最大増肉率は 20%，外側の最大減肉率は 17% となっている．一方，ブースターダイによる軸力制御効果の比較として，図 (b) にブースターダイを使用しない場合における，曲げ $R\,130\,\mathrm{mm}$（$2D$ 以上）の曲げ角度 90°の曲げ後の肉厚分布を示す．製品の材質は STKM11A，寸法は外径 $\phi60.5\,\mathrm{mm}$，肉厚

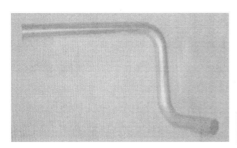

素管：ステンレス鋼
寸法：$\phi50.8\,\mathrm{mm} \times t2.0\,\mathrm{mm}$，曲げ半径 = $75\,\mathrm{mm}$

図 4.5　CNC引曲げ加工機械による曲げ製品例（ブースターダイ使用）

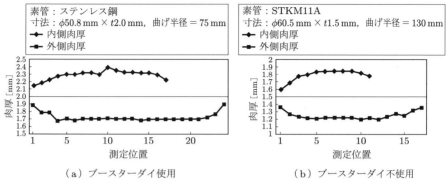

図 4.6　曲げ後の肉厚分布

1.5 mm である．曲げ内側の最大増肉率は 23%，外側の最大減肉率は 20% となっている．図 (a) に示した製品が，小 R 曲げにも関わらず，曲げ後の外側の減肉率が 17% に収まっているのは，ブースターダイによる軸力制御の効果が大きいためである．

4.3.2　プレス曲げ

プレス曲げは，図 4.4(b) に示すように，2 個の支持ローラーまたは支持型により素管を支え，その中央に位置する曲げ型をプレスなどの加工機械で押込んで素管を曲げる，いわゆる，3 点曲げ方式の加工法であり，素管には主に曲げモーメントが負荷される．安価で省スペースの設備で加工が可能であり，1 曲げの加工に適する．曲げ内側の座屈防止のため，クッション機構を追加し，さらに軸方向の引張力を負荷することがある．曲げ R が大きく，曲げ角度が小さい場合に採用される．とくに，プリフォーミングにつぶし加工が必要でプレスを使用する場合，機械の兼用が可能となり，有効な工法となる．

4.3.3　押通し曲げ

押通し曲げは，図 4.4(f) に示すように，曲げ型のなかに素管を押し通すことにより曲げる加工法である．この方法を発展させ，曲げ型を，自由に角度を変えることのできる可動金型とした CNC 押通し曲げ加工機械が開発されている．

CNC 押通し曲げ加工機械は，図 4.7 に示すように，送り装置と固定金型，可動金型から構成され，素管を可動金型に通すときに可動金型の角度を変えることにより，曲がり管が得られる．送り軸（X 軸），曲げ軸（A 軸），ひねり軸（C 軸）の 3 軸を CNC 制御することにより，任意の複数の曲げをもった曲がり管の加工が可能である[4.5]．

特長として，

4.3 プリベンディング　87

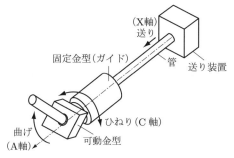

図4.7　CNC押通し曲げ加工の原理

① 曲げRが自由に設定できる．徐変R曲げも可能．
② 曲げRと曲げRの間の直線部が不要（直線部の有無を自由に設定できる）．
③ 押曲げであるため，減肉が小さい．
④ 曲げ部のへん平が小さい．

などがあり，ハイドロフォーミングのプリベンディングに適した工法である．また，角管などの異形管の曲げも可能である．図4.8に，CNC押通し曲げ加工機械で曲げた製品を示す．材質はSTKM11A，素管外径 $\phi 63.5$，肉厚2mmである．図4.9(a)に曲げR140の曲げ部断面写真を，図(b)にその肉厚変化を示す．引曲げによる曲げと比較すると，CNC押通し曲げ加工機械による曲げは軸圧縮力が加わる曲げとなり，外

図4.8　CNC押通し曲げ加工機械による曲げ製品例

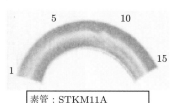
（a）曲げ製品の断面と測定位置

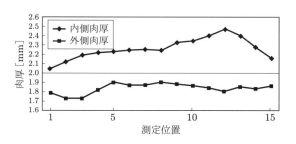
（b）肉厚分布

図4.9　CNC押通し曲げ加工機械で曲げた製品の断面と肉厚分布

図 4.10　CNC 押通し曲げ加工機械によるアルミニウム押出し異形管の曲げ加工例

側の減肉率が小さい．また，図 4.10 に，アルミニウム押出し異形管の加工例を示す．CNC 押通し曲げ加工は異形管の曲げにも対応できるので，今後，軽量化に伴う自動車アルミニウムボディー部品のハイドロフォーミングにおけるプリベンディングに必要な工法として期待される技術である．

4.3.4　せん断曲げ

通常の曲げ加工で実現可能な小さな曲げ半径は，直径の 1～2 倍程度が限界である．これより小さな曲げ半径を実現するために，いくつかの工夫がなされている．その一つに，管にせん断変形を与えて曲げるせん断曲げといわれる方法がある．

せん断曲げは，図 4.11 に示すように，管の外周を拘束した割型を用いて，管を送り込みながら連続的にせん断変形させる加工法である．従来，管にせん断力を加えるとき，座屈防止のため，管内に液圧を負荷する方法が知られていた[4.6]が，この工法を量産で採用するためには，管内面から円筒形状を保持する液圧が課題となる．そのための設備・型が大がかりで高価である，設備設置スペースが大きい，加工時間が長いなどの問題があった．この液圧の代わりに，新しく心金を挿入する図 4.12 のような方

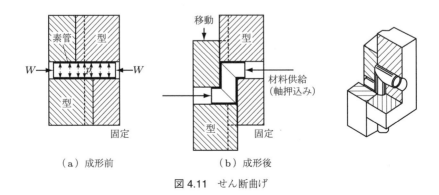

図 4.11　せん断曲げ

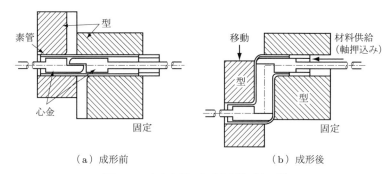

図 4.12　心金を用いたせん断曲げ加工法

法が開発された．素管の両端から挿入した心金を割型の境界面で近接対向するように配置して，型内のその位置に固定しておく．右側の型を固定し，管を送り込みながら左側の型を押し下げてせん断曲げを行う．この分割心金により，曲げ時の管の断面変形を防ぐ．この方法はほかの工法と比べて，

① 曲げ半径が極めて小さい曲げ加工が可能
② 安価な設備・型
③ 設備設置省スペース化
④ 短い加工時間
⑤ 容易な加工条件の設定と管理

などの特長があり，コストメリットが大きく，量産で採用されている[4.7, 4.8]．

図 4.13(a) に，せん断曲げ加工例を示す[4.7]．この例の材料はオーステナイト系ステンレス鋼，寸法は外径 $\phi 35\,\mathrm{mm} \times t\,1.0\,\mathrm{mm}$．曲げ外 R は 17.5 mm (1/2$D$)，曲げ内 R は 2〜3 mm，曲げ角度は 75°である．加工部の真円度は，素管外径 $\phi 35\,\mathrm{mm}$ に対し，D_A が 35.01 mm，D_B が 34.90 mm（実測平均値）と非常によい（図 (b)）．肉厚変化（図 (c)）についても，ほかの工法，たとえば引曲げなどのモーメント負荷による曲げに比べて小さい．加工部の硬さは図 (d) のとおりである．

この加工例からもわかるように，曲げ R が非常に小さい．また，断面変形，スプリングバックが小さく，精度がよい．ハイドロフォーミングのプリベンディングとしては曲げ形状に制約（クランク形状）があるが，小さな R が必要な工程に採用される．また，この工法はアルミニウムおよび銅合金材料での加工も可能であり，自動車アルミニウム部品への工法採用も期待できる．

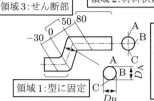
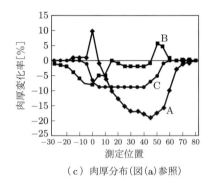
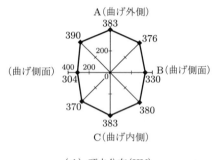

図 4.13　せん断曲げ加工の例

4.4　つぶし加工

　つぶし加工は，直管あるいはプリベンディングされた管（以下，曲がり管という）に側面から圧縮力を加えてつぶす加工である．ハイドロフォーミング前に行うことから，このつぶし加工をプリフォーミングの一つとするのが一般的である．図 4.14 に，プリフォーミングとしてのつぶし加工の例を示す．図 (a) のように，一方向から素材を押し込むと，素材と金型の摩擦により片側に大きなへこみが発生することがある．このような場合には，図 (c) のように管を側面からつぶし加工を行ったり，図 (d) のように 2 方向からつぶし加工を行ったりすると，素材と金型の間の摩擦が極力抑えられ，へこみの発生を防ぐことが可能となる．直管あるいは曲がり管をそのままハイドロフォーミング型に収納できる場合には，型締め過程でつぶし加工を行うこともある（図 (b)）．この場合も，ハイドロフォーミングの前段階としてのつぶし加工であることに違いはないが，形状が決められたハイドロフォーミング型でのつぶしになるので，つぶし品の断面形状を自在に調整する機能は独立工程でつぶし加工を行う場合より制約される．以下，つぶし加工をハイドロフォーミング前の独立した工程で行う場合について説明する．

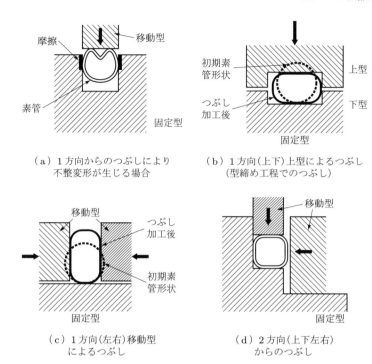

図 4.14 プリフォーミングにおけるつぶし加工とその工夫

● 4.4.1 つぶし加工の目的 ●

(1) ハイドロフォーミング金型への素管収納

　素管をハイドロフォーミング金型に収納するためには，その素管（直管あるいは曲がり管）の断面寸法をハイドロフォーミング金型のキャビティ内にセットできる断面寸法につぶすことが必要である．ロボットによる素管のセットを前提とすれば，つぶし品全長が自重で下型キャビティ内に収まるように，つぶし品の断面幅をダイキャビティの幅（ハイドロフォーム製品の断面幅）より小さくする必要がある．幅寸法を小さくしすぎると金型内での素管のセット位置がばらつくので，ばらつきがハイドロフォーム製品に悪影響を及ぼさない範囲でつぶし品の幅寸法を選定する．つぶし品の断面高さは，ダイキャビティの高さ（ハイドロフォーム製品の断面高さ）とほぼ同一にするのが基本である．つぶし品の断面高さがダイキャビティの高さよりも大きすぎると，図 4.15 に示すように，ハイドロフォーミングの型締め過程でかみ込みが生じる危険がある．

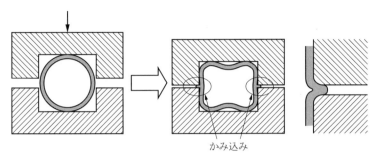

図 4.15　型締め時におけるかみ込み

(2) 異形管端の整形

ハイドロフォーム製品の管端が長方形断面などの異形形状の場合，シール工具の挿入がスムーズに行われるように，つぶし品の管端断面形状を整えておく必要がある．とくに，幅に比べて高さが著しく小さいへん平断面の場合には，図 4.16(a) に示すように，つぶし加工での上下面の管内への折れ込み変形が大きく，シール工具の挿入が難しくなる．この場合には，図 (b) のように，工具（中子）を管内に挿入して折れ込みを防止する．

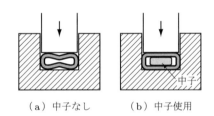

図 4.16　管端つぶし加工時の折れ込みと防止方法の例

(3) 曲がり管の軸方向形状の矯正

プリベンディングでは，ハイドロフォーム製品の曲がり形状と同一の曲げを行うのが原則である．しかし，曲げのスプリングバックのばらつきや，曲げ工具と材料がすべることによって軸方向形状の変動が伴う．また，曲げ加工機械によっては，ハイドロフォーム製品の曲がり部ごとの曲げ半径の変化などに対応できない場合がある．さらに，加工中の管と曲げ加工機械の干渉を避けるため，所定の形状の曲げを行うことができない場合もある．つぶし加工は，断面形状をつぶすと同時に，プリベンド品の軸方向形状をハイドロフォーミング金型のダイキャビティの軸方向形状に合うように矯正する役割を果たしており，プリベンディング工程の加工精度をある程度緩めることができる．

(4) ハイドロフォーミングでのしわ，破裂の抑制

異形断面のハイドロフォーミングでしわ（へこみ欠陥など），破裂などの成形不良が発生する場合には，つぶし形状の工夫によってこれらを防止できる場合がある．この目的では，4.4.2項で説明するつぶし形状の選定がポイントとなる．

◉ 4.4.2 つぶし形状の選定 ◉

ハイドロフォーミング中に材料が断面内で一様に周方向伸び変形するのが理想的であるが，異形断面の場合には金型と材料の摩擦の影響によって周方向伸び変形が断面内で一様にはならず，つぶし形状によってはハイドロフォーミング工程でしわ，破裂などが生じることがある．しわがハイドロフォーミング後に残留する典型的な例を，図 4.17 に示す．図 (a) は，過大な折れ込みが上面に集中して生じたプリフォーム品をハイドロフォーミング型にセットした状態を示す．図 (b) は内圧で膨らむ状況を示し，折れ込みの両側での金型と材料の摩擦によって折れ込み部が周方向に伸ばされにくくなる．図 (c) はハイドロフォーミング終了状態を示し，しわがへこみ欠陥として残る．図 (d) にへこみ欠陥の外観例を示す．このようなしわを避けるには，折れ込みが 1 箇所に集中しないようなつぶし加工を行う必要がある．つぶし形状がハイドロフォーミングでの破裂原因となる例を図 4.18 に示す．図 (a) は，コーナー R が左右非対称な長方形断面のダイキャビティに左右対称断面のつぶし品をセットした状態を示す．内圧を負荷して膨らませると，図 (b) に示すように，先行して接触するダイキャビティ

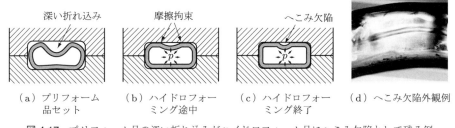

図 4.17 プリフォーム品の深い折れ込みがハイドロフォーム品にへこみ欠陥として残る例

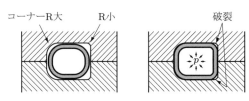

図 4.18 つぶし品を左右非対称断面にハイドロフォーミングする場合の破裂例

平面部での摩擦抵抗によって，コーナー R が小さい部位に周方向の伸び変形が集中して破裂が生じる．したがって，破裂危険部に周方向伸び変形が集中しないように，製品断面形状に応じたつぶし形状を選定する必要がある．

4.5 加工事例

4.5.1 自動車のエンジンクレードルの構成部品

図 4.19 に大きさ約 1000 mm ×1000 mm，素管寸法 $\phi 63.5$ mm $\times t\, 2.0$ mm $\times L\, 2800$ mm，質量約 9 kg の自動車のフレーム部品の各加工工程での形状を示す．プリベンディング後とハイドロフォーミング工程後の断面 A-A での肉厚分布を図 4.20 に示す．プリベンディングされた管の曲げの外側と内側の肉厚差は部位により大きく異なる．曲げ内側（図中の No.12 近傍）は増肉し，その増肉率は約 15% である．曲げ外側（図中の No.1 近傍）は減肉し，その減肉率は約 20% となっている．また，この例ではプリベンディング・ハイドロフォーミング工程間で肉厚変化は小さく，主にプリベンディング後の肉厚分布が成形後の肉厚分布に影響していることがわかる．

ハイドロフォーミング工程で形成できる断面コーナー半径 R の大きさは，負荷する

プリベンディング

プリフォーミング

ハイドロフォーミング

図 4.19 自動車フレーム部品の加工工程 [4.9]

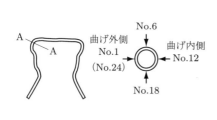

（a）肉厚測定位置（断面A-A）

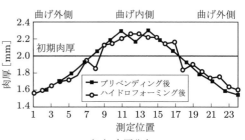

（b）肉厚分布

図 4.20 プリベンディング後およびハイドロフォーミング後の肉厚分布（断面 A-A）[4.9]

内圧の大きさに依存するだけでなく，図 4.21 に示すように，プリフォーミング工程で形成される R の大きさにより，ハイドロフォーミング後の R は大きくなったり，小さくなったりすることがある．それによって，断面形状は型形状と大きく異なることがある．また，図 4.22 にハイドロフォーミング工程での，内圧と残留するしわの大きさの関係を示す．内圧が大きくなるほど，しわが小さくなっていることがわかる．しかし，プリフォーミング工程の影響によっては，内圧を上げてもしわが残ることもある[4.9]．これらのことからも，プリフォーミング工程の重要性がわかる．さらに，3.5.2 項で述べたように，プリフォーミングにおける変形量が大きいと，次のハイドロフォーミング工程での拡管限界が顕著に低下することに注意が必要である．プリフォーミング工法の必要特性としては，ハイドロフォーミング時の変形量を最小にできる成形形状の自由度がとれ，割れおよび座屈が防止できる肉厚の増減率が小さいことがあげられる．また，ハイドロフォーミング前に加工硬化除去焼きなましが不要となることが好ましい．

次に，具体的な製品でのプリフォーミングの加工事例を示す．

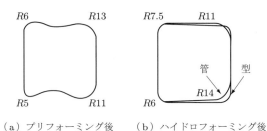

図 4.21 プリフォーミング後およびハイドロフォーミング後の断面コーナー半径 [4.9]

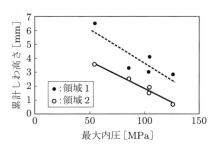

図 4.22 残留しわ高さに及ぼす内圧の影響（ハイドロフォーミング工程）[4.9]

4.5.2 自動車のエキゾーストマニホールドの構成部品

図 4.23(a) に，ハイドロフォーミングを採用しているエキゾーストマニホールドの構成部品 ① を示す．材料はオーステナイト系ステンレス鋼鋼管，サイズは $\phi 48.6\,\mathrm{mm} \times t\,1.0\,\mathrm{mm}$ である．工程を図 (b) に示す．一つの金型で同一製品を同時に 2 個成形する，いわゆる 2 本取りとし，プリベンディングとしては 2 箇所での曲げ (2 曲げ) を CNC 引曲げ加工機械で行っている [4.7, 4.10]．

このほかに，ハイドロフォーミングを採用しているエキゾーストマニホールドの構

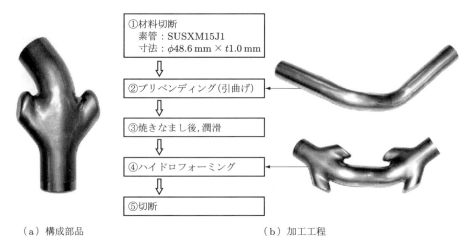

（a）構成部品　　　　　　　　　（b）加工工程

図 4.23　エキゾーストマニホールドの構成部品 ① [4.10]

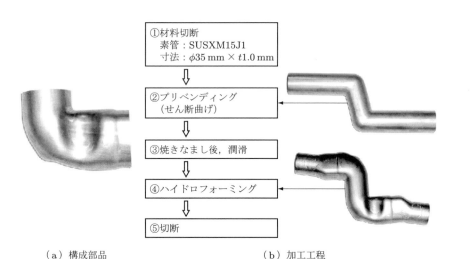

（a）構成部品　　　　　　　　　（b）加工工程

図 4.24　エキゾーストマニホールドの構成部品 ② [4.10]

成部品②を図 4.24(a) に示す．その工程を図 (b) に示す．曲げ工程は特徴的な曲げ工法であるせん断曲げを採用している[4.7, 4.8, 4.10]．図 4.23, 4.24 ともに，材料がオーステナイト系ステンレス鋼鋼管であり，プリベンディングで加工硬化を起こし，ハイドロフォーミング工程において割れの発生が防げないため，加工硬化除去焼きなまし工程が必要となる[4.7, 4.8, 4.10]．

4.5.3 自動車のフレーム部品

図 4.25(a) に，従来の板材によるプレス溶接構造部品をハイドロフォーミングを用いて管材から成形された自動車のフレーム部品を示す．図 (b) にはその工程を示す．材料は STKM11A である．ハイドロフォーミング工程の前にプリベンディングおよびつぶし加工を行う．曲げは，CNC 引曲げ加工機械を使用し，4 曲げを行い，つぶし加工は油圧プレスで行う．

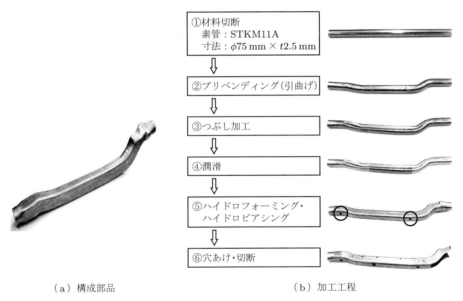

(a) 構成部品　　　　　　　　　　　(b) 加工工程

図 4.25　自動車フレーム部品[4.11]

図 4.26 は，自動車のフレーム部品（図 4.25）のハイドロフォーミング後の肉厚に及ぼす曲げ位置の影響（最小肉厚確保）を，FEM シミュレーションにより解析したものである．プリベンディングにおける曲げ位置の違いにより，最小肉厚が問題となる座面 R 部の肉厚ひずみに差が出ることがわかる（図 4.27）．つぶし加工での留意点は，つぶし加工時にしわ，へこみ，座屈が発生しないことである．これらの不具合はハイドロフォーミング時の材料の均一な変形を阻害したり，破裂の起点となったりす

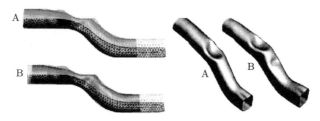

（a）曲げ位置の違いによるプリフォーミング後の形状

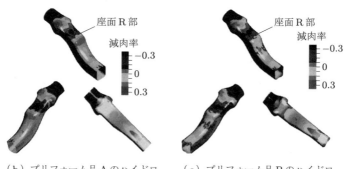

（b）プリフォーム品Aのハイドロ
　　フォーミング後の肉厚分布

（c）プリフォーム品Bのハイドロ
　　フォーミング後の肉厚分布

図 4.26　自動車フレーム部品（図 4.25）の FEM 解析結果[4.12]

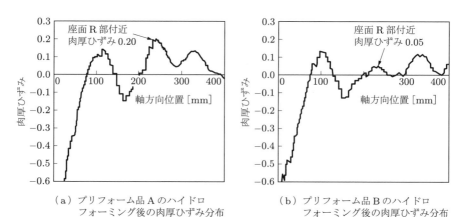

（a）プリフォーム品Aのハイドロ
　　フォーミング後の肉厚ひずみ分布

（b）プリフォーム品Bのハイドロ
　　フォーミング後の肉厚ひずみ分布

図 4.27　自動車フレーム部品（図 4.26）の肉厚ひずみ分布[4.12]

る．また，ハイドロフォーミング後もその不具合が残り，製品としての不良となったりする．

参考文献

[4.1] Chiu-Huang, C. K., Cheng, P. K. & Chuang, C. Y.: Proc. 9th Int. Conf. Technol. Plast. (ICTP), (2008), 496-501.
[4.2] 日本塑性加工学会編：チューブフォーミング，(1992), 37-44, コロナ社．
[4.3] 落合和泉：薄板構造物の加工，(1998), 115, 日刊工業新聞社．
[4.4] （株）オプトン　技術資料（2003）．
[4.5] 村田眞・山本理・鈴木秀雄：塑性と加工，35-398 (1994), 262-267.
[4.6] 田中光之・道野正浩・佐野一男・成田誠：塑性と加工，35–398 (1994), 232-237.
[4.7] 浜西洋一・加藤和明：第205回塑性加工シンポジウムテキスト，(2001), 37-43
[4.8] 日本塑性加工学会編：塑性加工便覧，(2006), 788, コロナ社．
[4.9] 浜口照巳・加藤喜久生・岩下智伸：材料とプロセス，16-5 (2003), 1166-1169.
[4.10] 加藤和明・遠藤之彌：塑性と加工，46-530 (2005), 211-215.
[4.11] 加藤和明：材料とプロセス，16-5 (2003), 1176-1179.
[4.12] 青山邦明・渡部哲也：日本塑性加工学会東海支部 第40回塑性加工懇談会資料，(2002), 10-15.

第5章

チューブハイドロフォーミング

> チューブハイドロフォーミングによって製品をつくるにあたっては，どのような材料を選び，どのような加工法を用いるか，どのような金型を使うか，どのような工程とするかなどを十分に考慮することが必要である．これらを適切に選択・適用するためには，チューブハイドロフォーミングの特徴や成形限界，実加工における負荷経路や潤滑の影響，加工性の評価方法などについて理解しておかなければならない．
> 本章では，チューブハイドロフォーミングの分類と特徴，加工法，加工限界，加工因子，制御方式，金型や工程の設計などについて説明する．

5.1 チューブハイドロフォーミングの分類と特徴

目的とするチューブハイドロフォーム製品をつくるためには，最適な加工法を選択・適用することが重要である．そのためには，チューブハイドロフォーミングの特徴をよく理解しておくことが必要である．チューブハイドロフォーミングは考え方によりいろいろな分類が可能であるが，ここでは次のように分類して整理してみる（図 5.1 参照）．

① 変形拘束の有無による分類
② 軸押しの有無による分類
③ 内圧負荷方式による分類
④ 摩擦・潤滑条件による分類
⑤ 加工環境条件による分類
⑥ 圧力媒体による分類

なお，このほかにチューブハイドロフォーミングを分類したものとしては VDI（ドイツ技術者協会）による高内圧成形のガイドライン[5.1]がある．

5.1.1 変形拘束の有無による分類

(1) 自由バルジ成形

管材料の外側に金型を置かず，管を自由に変形させる場合を自由バルジ成形という（図 2.1 (a)（2.1 節），図 3.10（3.4.5 項）参照）．この場合は，管材料の拘束がほとん

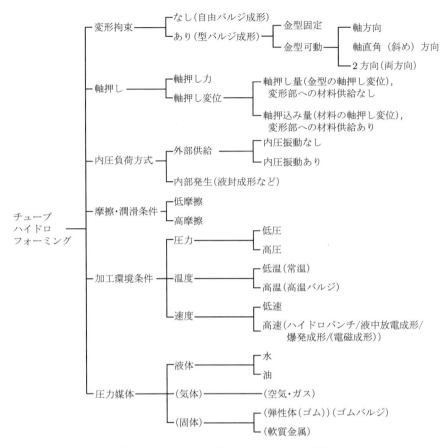

図 5.1　チューブハイドロフォーミングの分類

どなく，変形に摩擦の影響が現れない．自由バルジ成形は，管材料に生じる応力およびひずみ状態や，管材料の変形限界（変形能）を調べる場合などに用いられることが多く，チューブハイドロフォーミングの基礎研究において重要な役割を果たしている．なお，型バルジ成形においても変形の初期やコーナー部など金型に接触していないところに自由変形部分が存在する．自由バルジ成形においては，変形が大きくなると管材料の表面の荒れ（オレンジピール）が見られることがある．

(2) 型バルジ成形

一般に，チューブハイドロフォーミングにおいては，金型内に置いた管材料に内圧や軸押込みを負荷して張り出させ，金型形状に沿った変形をさせて所望の形状の製品をつくることが行われる．このような成形法を型バルジ成形という（図 2.1 (b)（2.1節），図 3.15（3.4.5 項）参照）．このとき，管材料の外表面は金型に接触し，変形が拘

束される.

型バルジ成形においては，金型に接触した管材料と金型との間に存在する摩擦が成形性を大きく左右する．このため，適切な潤滑条件の設定が重要である（詳しくは 5.1.4 項で説明する）．

金型は空間固定される場合（これを固定金型という）が一般的であるが，成形限界を向上させたり，成形品に厳しいコーナー R 形状が要求される場合などには，金型をいくつかに分割し，金型を移動させながら成形することも行われる．これを可動金型という．可動金型は，管軸方向に動かす場合，管軸に直角（面外）方向に動かす場合，両方向に動かす場合がある．可動金型を用いる場合には，内圧および軸押し負荷とのタイミングを制御する高度な技術が要求される．可動金型を用いた加工の詳細および例は 5.2.3 項で述べる．

○ 5.1.2 軸押込みの有無による分類 ○

一般に，チューブハイドロフォーミングにおいては，管は内圧によって張り出して肉厚が減少するので，大きな変形を行わせるためには肉厚減少の抑制が必要になる．そのためには，管端を押して型内（変形領域）に材料を押込む（これを軸押込みという）ことが効果的である．軸押込みを行うと，型内へ新しい材料が流入するため，軸押込みなしの場合に比べて大きな変形が可能となる．図 3.14 で示した自由バルジ成形における軸押込みの効果をみると，軸押込みを適切に加えると成形限界が向上することがわかる．

軸押込みは成形限界の向上だけでなく，管材料と金型とのなじみをよくし，製品精度を向上させるためにも使われている．ただし，拡管部が管端から遠い場合や，成形部品に曲げ部がある場合などは軸押込みの効果は小さい[5.2]．曲がった先での変形は，軸押込みなしの状態である．また，負荷内圧が高い場合は，管材が型に強く押し付けられるため，型に沿って移動することが難しく，軸押込みの効果が十分に発揮できない．

管端からの軸押込みを行うためには，管を押すシリンダーが必要であり，加工機械は複雑となる．また，管端からの液体の漏れを防ぐため，シールに工夫が必要となる．

これに対して，拡管量があまり大きくなく，肉厚減少が小さい場合などでは，型内へ材料を流入させる必要もないので軸押込みを行わないこともある．軸押込みを行わない場合には，押込みシリンダーは不要で，加工機械の構造も簡単である．

○ 5.1.3 内圧負荷方式による分類 ○

チューブハイドロフォーミングを内圧の負荷方法によって分類すると，
① 外部のポンプまたは液圧シリンダーを用いて水などの圧力媒体を管内部に導き，圧

力を加えることによって管を成形する方法（外部供給）
② 外部のポンプなどを使わず，管に水などの圧力媒体を封入しておき，外部から力や熱を加えることによって管内部に圧力を発生させ，その圧力で成形する方法（内部発生（液封成形など）），

の二つの方法がある．表 5.1 に，それぞれの代表例の比較を示す．

表 5.1 内圧負荷方式による比較

	外部供給方式	内部発生方式
最大負荷内圧	大	比較的小
内圧負荷速度	可変，大	小，衝撃負荷可
供給水（油）量	可変，大	初期管内容積
内圧増圧方式	強制供給	管内容積減少に伴う増圧
素管への付与変形	膨出変形＋管軸方向圧縮	可動型工具による面外つぶし圧縮変形＋管軸方向圧縮
シール（水漏れ）	漏れ許容	要完全密閉
設備費	大	小
設備スペース	大	小
生産性	低	高（プレス機利用）

通常のハイドロフォーミングにおいては，① の液圧ポンプや液圧シリンダーを用いる方法が使われる．この場合は圧力の制御が自由にできるので，管の材料・寸法（直径，肉厚）や，変形の進行状態などに応じて適切な大きさの圧力を負荷することが可能である．高圧が必要な場合は増圧機が用いられる．

② の代表例である液封成形においては，管内部に圧力を発生させる方法として，次の三つがある．
ⓐ 液体を封入した管を金型内に置き，管端または管外面から押込む．
ⓑ 可動金型を用い，金型をいろいろな方向へ移動させる．
ⓒ ⓐ とⓑ の複合方式．
液封成形については 5.2.3 項で詳述する．

5.1.4　摩擦・潤滑条件による分類

チューブハイドロフォーミングにおいては，管材料は内圧と軸押しを受けて変形し，管外表面は型内表面と接触する．この接触部分における摩擦・潤滑条件は管の成形の可否を大きく左右する．型に接触した管は，潤滑がよい場合は型との間の摩擦が少なく相対的に滑ることができるので，多くの場合，型とのなじみがよくなり，製品精度の向上を図ることができる．

一方，潤滑がよくない場合は，型に接触した管は高摩擦のため，相対的な滑りを生

じにくく，とくに内圧が高い場合には，あたかも金型に固着したかのようになる．また，管端からの軸押込みも効きにくい．

円管を角管に拡管成形する際に，摩擦係数が肉厚分布に及ぼす影響のシミュレーション結果[5.3]によれば，潤滑がよいほうが肉厚分布が一様になる．しかし，実験によると，型の大きさと潤滑条件によって管の破裂する場所が異なることが報告[5.4]されており，単純ではない (5.3.1項および5.4.2項で詳述)．

上述したような摩擦・潤滑特性を利用すると，材料を滑らせたい領域と滑らせたくない領域に分けて潤滑する，部分潤滑法，または域差潤滑法が考えられる．これらの潤滑法に関する報告はないが，うまく適用すると興味ある結果がもたらされる可能性がある．今後の研究に期待したい．

5.1.5 加工環境条件による分類

(1) 圧力による分類

常温の加工においては，管に作用させる内圧の大きさにより，高圧法と低圧法に分類される．その区分は相対的なものであり，圧力が200～600 MPaが高圧法，約150 MPa以下が低圧法といわれる場合[5.5]や，高圧法が83～414 MPa，低圧法が83 MPa以下，その間の69～173 MPaをマルチ圧法 (multi-pressure hydroforming) として分類する場合[5.6]がある．また，第2章で述べたPSH (pressure sequence hydroforming) はバリフォーム社で開発された低圧法の一つである[5.7]．表5.2に両者の特徴の比較を，図5.2に加工プロセスの比較を表す．また，図5.3にサイクルタイムの比較を示す．

表5.2 高圧法と低圧法の特徴の比較

	高圧法	低圧法
負荷内圧範囲	83～414 MPa	83 MPa 以下
特　徴	・加工設備が大型 ・設備費が大 ・サイクルタイムが長い ・複雑断面形状で高拡管が可 ・製品形状の自由度が大 ・スプリングバックが小 ・形状・寸法精度が高い ・シャープなコーナー R ・肉厚分布が不均一 ・肉厚減少が大 ・型締め力が大 ・延性材料に適する ・加工硬化による強度向上が大	・加工設備が小型 ・設備費が小 ・加工時間・サイクルタイムが短い ・単純製品形状に適し，管周長変化が小 ・製品形状の自由度が小 ・スプリングバックが大 ・形状・寸法精度が低い ・コーナー R が比較的大 ・肉厚分布が比較的一様 ・肉厚減少が小 ・型締め力が小 ・高強度低延性材料も可 ・加工硬化による強度向上が小

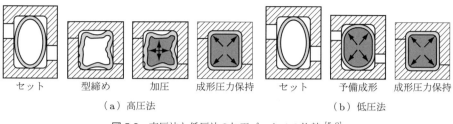

図 5.2　高圧法と低圧法の加工プロセスの比較 [5.8]

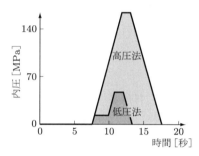

図 5.3　高圧法と低圧法のサイクルタイムの比較 [5.8]

■ 高圧法

　高圧法は，製品の断面形状が複雑な場合や，拡管量が大きい場合に用いられる．製品形状に対する自由度は低圧法よりも高いが，管材料には高延性が要求される．当然ながら，低圧法に比べて厚肉の管も加工することができる．高圧法では，図 5.2 に示すように管を型に入れ，型を閉じた段階では管と型との間に隙間が存在する．また，管の断面が多少つぶれたような形状になっていても，引き続いての高内圧負荷により拡管され，型の形状に沿って変形するので，プリフォーミングにおける不整形状の回復が見込める．特長は，管の受けるひずみが大きいため加工硬化による製品の強度が大きいこと，高内圧の負荷により管の型なじみが良好でコーナー部の断面曲率半径の小さな製品の加工ができること，スプリングバックが小さく製品精度が高いことなどである．

　欠点は，製品の肉厚分布が一様でなく，拡管量の大きい箇所やコーナー部は減肉が大きく，加工中に破裂を生じやすいこと，内圧が高いため，管と型との摩擦が大きく材料流動がよくないこと，大きな型締め力が必要となるので加工機械設備が大きくなること，使用エネルギーが大きいこと，内圧の上昇・下降に時間を要し，1 個の製品を製造するサイクルタイムが長いことなどである．

■ 低圧法

　低圧法は，製品断面形状が単純で，長手方向に沿って断面の周長変化が少ない場合な

どに用いられる．特長は，肉厚減少が小さく製品の肉厚分布が比較的一様なこと，成形中の割れの危険性が低いこと，製品形状などによっては高強度材にも適用が可能なこと，内圧が低いために型締め力が小さくてすむので加工機械が小さく，設置面積も小さくてすむこと，使用エネルギーが小さいこと，昇圧・降圧に要する時間が短いのでサイクルタイムが短いことなどである．ただし，製品が大きい場合は内圧が低くても型締め力は大きくなる．

欠点は，製品形状に対する自由度が小さく，長手方向に沿っての断面周長変化が小さくなるような製品設計が必要なこと，内圧が低いため複雑断面形状の製品の加工や厚肉製品の加工には向かないこと，高圧法に比べて型なじみがよくなく，製品精度が低いこと，製品の受けるひずみが小さいため加工硬化による強度上昇効果は期待できないことなどである．

■ 高圧法と低圧法によるコーナー部成形の比較

図 5.4 に，円管を四角断面形状へ成形する場合の高圧法と低圧法における管の変形状態を示す．低圧法では，型を閉じ切る前に管に低圧を負荷してから型を閉じる．型断面（製品）の周長は管の外周長さとほぼ等しくしてあるので，型を閉じるときに型は管を押し，管材料はコーナー部へ流動する．内圧が低く，管と型との摩擦が大きくないため，管材料の流れは比較的容易である．したがって，コーナー部肉厚の減少は少なく，型なじみもよい．さらに，成形終了後に高圧を負荷すれば，大きな肉厚減少を生じることなく精度のよい製品を得ることができる．このように，低圧法の製品精度については製品断面周長と管の周長を一致させることにより，コーナー部への材料流れを利用して精度を高める工夫がなされている（図 5.2 参照）．

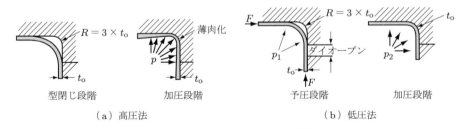

(a) 高圧法　　　　　　　　　(b) 低圧法

図 5.4　コーナー部成形の比較 [5.7]

これに対して，高圧法では，内圧が高いために管材料が型内面に強く押し付けられ，型に接触した材料はすべりにくく，コーナー部への材料流れが阻害される．このため，型に接触していないコーナー部に変形が集中し，コーナー部の肉厚減少が進行する．コーナー部において破裂の危険性は高くなるが，破裂を回避すればコーナー部の断面曲率半径を小さくすることが可能で，型なじみは良好である．

高圧法と低圧法には以上に述べたような特徴があるので，どのような製品を加工するかによって，どちらの加工法を用いるべきかを考慮したうえで適用すべきである．

(2) 温度による分類

通常のチューブハイドロフォーミングは常温で行われるが，高温になると材料の変形抵抗が減少して伸びが大きくなるため，常温で成形性の劣る材料は高温で成形が行われる．

高温において加工を行う場合は，水や油はそれぞれ100, 250℃程度までが使用の限界であるため，圧力媒体として液体を用いることが難しい．それ以上の高温加工では，空気や不活性ガスなどの気体を用いる．気体は圧縮性であるので，管の破裂には注意が必要である．

また，圧力のシール材料や潤滑剤も常温で使用しているものは使用不可能である．シールは管端における塑性変形を利用して行われることが多い．潤滑剤も二硫化モリブデンや黒鉛などの固体潤滑剤が用いられる．高温ハイドロフォーミングについては5.2.3項で述べる．

なお，常温以下の低温（サブゼロ下）において，延性が向上する面心立方金属もあるので，低温下のハイドロフォーミングも，今後課題となる．

(3) 速度による分類

通常のチューブハイドロフォーミングの加工速度は小さいが，速度の大きい加工法として，ハイドロパンチ，液中放電成形，爆発成形などがある．これらについては，5.2.3項で述べる．

◯ 5.1.6 圧力媒体による分類 ◯

(1) 液体を用いる方法

チューブハイドロフォーミングでは，圧力媒体として，液体を用いるのが一般的である．ただし，溶融金属（金属塩）を用いる特殊な加工法もある[5.9]．加工後の脱脂性などの理由から水を使用することが多いが，水を用いる場合は，金型や工具に錆が発生することを避けるために，防錆剤を数%添加する．

(2) 気体を用いる方法

厳密にはハイドロフォーミングとはいえないが，圧力媒体として気体を用いることもある．液体と同様に，気体は圧力媒体としての形状を自由に変えることができることやパスカルの原理が成り立つことなどから，それに準じるものとして扱うことができる．液体の使えない高温バルジ成形などにおいては，空気や不活性ガスなどが圧力

媒体として用いられる．

(3) 固体を用いる方法

厳密にはハイドロフォーミングとはいえないが，圧力媒体としてゴム（エラストマー）などの弾性体を用いる加工法があり，ゴムバルジ加工[5.10]とよばれている．この場合は，管のなかに入れたゴムなどの弾性体をパンチで圧縮して内圧を発生させるので，液圧ポンプ設備などが不要であり，圧力保持のためのシールも比較的簡単である．ゴムと管内面との間に摩擦が存在するので，管に作用する内圧は場所により多少異なる．自転車に用いられる管継手や飲料缶など，比較的小物の成形加工に使われている．

また，圧力媒体として軟質金属，低融点金属，氷などを用いた実験例もある．鋼管の内部に鋼よりもやわらかい鉛，銅，アルミニウムの丸棒を充填し，管と充填材を一緒に軸押しして T 成形する試み[5.11]や，液相温度 58 ℃の低融点合金をアルミニウム管に充填[5.12]し，また，氷を銅管に充填[5.13]して −78.9 ℃において管と一緒に軸押しして拡管成形（成形後に充填物を除去）する試みがある．

5.2 加工法

● 5.2.1 ハイドロフォーミングプロセス ●

(1) ハイドロフォーミングのプロセスパラメーター

ハイドロフォーミングのプロセスパラメーター[5.14, 5.15]は，加工中の外力，素材の機械的性質，および工具条件の三つに大別される．

図 5.5 に示す T 成形では，次のような外力の負荷条件が考えられる．
① 内圧 p のみ
② 内圧 p + 軸押し力 F_a

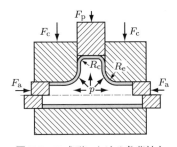

図 5.5　T 成形における負荷外力

③ 内圧 p + 軸押し力 F_a + 張出し部押さえ力 F_p

長手方向に曲がりと断面形状の変化があり，比較的全長が長く，大きな張出し高さを必要とする製品形状はチューブハイドロフォーミング特有のものであり，通常 ① または ② が適用される．大きな張出し高さの枝管を成形する場合には，管端部を押し込むために軸押し力 F_a を負荷するが，この目的は内圧により張出し変形を生じさせる部分の減肉を抑制し，枝管部へ材料を供給するためである．形状不良がなく，最適な肉厚分布の成形品を得るためには，内圧と軸押しの負荷経路を制御することが重要な課題となる．③ の張出し部押さえ力を負荷する場合については，2.3.1 項（図 2.12）および 3.5.2 項（図 3.25）を参照してほしい．

素管の機械的性質には，
① 降伏応力
② 引張強さ
③ 伸び
④ n 値
⑤ r 値
⑥ プリフォーミングの加工度による特性の変化
が関連する．

また，工具条件には，
① 素管またはプリフォーム材の形状・寸法
② 金型の形状・寸法・構造
があり，さらに素管と金型の表面性状，潤滑条件が影響を及ぼす．

ハイドロフォーミングによる加工形態は張出し・矯正・曲げ・ずらしなどに分類[5.1]されているが，各加工形態において上記のプロセスパラメーターに関する検討が必要となる．本項ではハイドロフォーミングの基本を理解するために，張出しに関する基本的な負荷経路に関連する必要内圧，軸押し力，型締め力と成形品の形状不良について説明する．詳細については，5.4 節で説明する．

(2) 基本的な負荷経路

基本的な負荷経路の概念図を，図 5.6 に示す．まず，水を充填しつつ内部の空気を抜き，張出し変形を開始する初圧まで増圧する．張出し過程では内圧と軸押込みを同時に負荷することにより，全体的な張出しを終了する．最終の過程では，内圧を終圧（最高圧力）まで増圧し，数秒間保持することにより，型コーナー部の成形，型形状・寸法の転写・矯正，除荷後のスプリングバック低減，製品精度を向上させるためのキャリブレーションを行い，その後除荷する．負荷経路の詳細は5.4.1項で述べる．また，

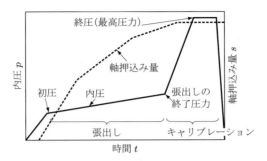

図 5.6 基本的な負荷経路図 [5.16]

この終圧を利用して，ハイドロフォーム製品に穴をあけるハイドロピアシングや，他の部品と結合するハイドロジョイニングを行う場合があるが，第 6 章で説明する．

(3) 成形限界（成形不良）

チューブハイドロフォーミングの成形品に発生する不整変形は，型締め時に生じるかみ込みとハイドロフォーミング時に生じる成形不良に分類される．

型締め時のかみ込みは，図 4.15 のように生じる．そこでの型締め変位が大きいほど，断面形状が複雑になるほど，かみ込みが発生しやすい傾向がある．そのため，金型構造 [5.17] やプレスによるプリフォーミングで防止する対策がとられている．

ハイドロフォーミング時に生じる成形不良には，図 5.7 に示すように，破裂，座屈，しわがある．自由バルジ成形のように張り出す状況では，素管材料の薄肉部分で破裂することが多く，長方形断面成形では金型との接触部で変形が拘束され，断面のコーナー R 近傍で破裂する場合が多い [5.18]．破裂はくびれなどの局部的な減肉が進行した部分で発生するが，プリフォーミングで減肉した箇所で破裂するとは限らないため，ハイドロフォーミングでの破裂予測が困難となっている．

(a) 破裂　　　　　(b) 座屈　　　　　(c) しわ

図 5.7 ハイドロフォーミングにおける成形不良の例 [5.16]

座屈は素管が屈服する状況で，軸押し力が大きく，張出し部長さ/素管外径比 (L/D) が大きく，肉厚/素管外径比 (t/D) が小さい場合に何らかの不均一な要因があると発生しやすい [5.16]．

しわには，軸方向のしわと周方向のしわがある．軸方向のしわは軸押しが過剰の場合に発生するが，内圧が低い場合ほど発生しやすい．ただし，浅いしわの場合には，成形の最終のキャリブレーション段階において高圧で金型に押付けることによって，消

減させることができる場合もある[5.8,5.19]．金型を用いない自由バルジ成形において
も，変形の初期段階に生じたしわは，負荷経路を工夫することによって，変形が進ん
だ段階で消滅させることが可能である[5.20]．図 5.8 に，内圧＋軸押込みの FEM シ
ミュレーションと実際の実験結果[5.21]を示す．このほかに，内圧＋軸押し力の例も
あり[5.22]，これを "useful wrinkle" という[5.23,5.24]．しわを利用して拡管量を増大
させることも可能[5.25]であり，成形の初期段階における "useful wrinkle" も活用で
きる．周方向のしわは，5.1.5 項 (1) の高圧法で述べたように，型を締めた段階で多少
つぶれた形状になっていてもその後の拡管と型への押付けでしわを消すことも可能で
ある（図 5.2 参照）．ただし，管の外周が型内周よりも大きい（長い）場合に生じるし
わは簡単に消すことはできない．

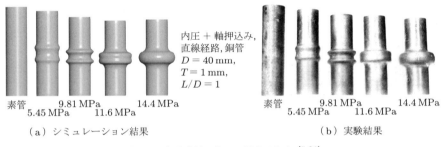

内圧 ＋ 軸押込み，
直線経路，銅管
$D = 40\,\text{mm}$,
$T = 1\,\text{mm}$,
$L/D = 1$

（a）シミュレーション結果 （b）実験結果

図 5.8　変形進行に伴って消えるしわ[5.21]

負荷経路とハイドロフォーミング時に発生する形状不良の関係を整理したものを，
図 5.9 に示す．実加工における加工限界については 5.3 節で詳述する．

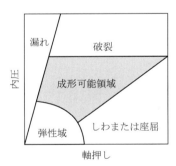

図 5.9　ハイドロフォーミングにおける成形可能領域[5.26]

5.2.2 材料別加工法

(1) 鋼管のハイドロフォーミング
■ 一般鋼管および高強度鋼管

　鋼管はハイドロフォーミング用管材として最も多く使用されているが，そのほとんどは電気抵抗溶接された，いわゆる電縫鋼管である．

　溶接管において注意すべき点は，一般に溶接部およびその近傍の熱影響部 (HAZ) が硬く，成形性が低いことである．図 5.10 に溶接管の硬さ分布を示す．このため，溶接管のハイドロフォーミングにおいては，曲げや張出しなど大きな変形を受ける箇所に溶接部がこないようにセットしたり，必要に応じて熱処理して硬さ分布を一様にしてからハイドロフォーミングすることが行われている．

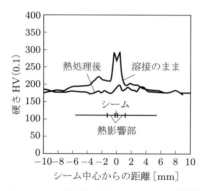

図 5.10　電縫鋼管溶接部の硬さ分布 [5.27]

　また，溶接部のビードを切削・除去するビードカットの仕上がり具合によっては，溶接部の肉厚がもとの板の厚さより薄くなっている場合（アンダーカット）もある．このような管を熱処理して硬さを一様にしてから張出し変形させると，溶接部に変形が集中し，あまり張り出さないうちに破裂を生じることがある（図 5.11）．

　新たな造管法として，近年，温間縮径圧延によって成形性を改善した鋼管（HISTORY 鋼管 [5.29]）が開発されている．

　最近は，一層の軽量化を達成するため，強度の高い鋼管を用いて薄肉化を図るハイドロフォーミングの試みがなされている．高強度鋼管として用いられているものには，DP（二相組織）鋼管，TRIP（変態誘起塑性）鋼管，IF（固溶強化）鋼管などがある．一般に，強度を高めると延性が低下するため，高強度鋼管のハイドロフォーミングは難しい．

　図 5.12 に，TRIP 鋼管を用いた T 成形実験の例 [5.30] を示す．T 成形においては，

 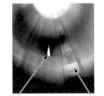 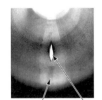

素管：電縫鋼管 STKM11A
寸法：$\phi 38.1\,\mathrm{mm} \times t1.8\,\mathrm{mm}$

正常な溶接管　アンダーカットのある溶接管

破裂箇所　溶接部　正常な溶接管

アンダーカット溶接部　破裂箇所　アンダーカットのある溶接管

（a）破裂後の外観　　（b）内面からの観察

図 5.11　アンダーカットのある管を熱処理した場合の液圧張出し性 [5.28]

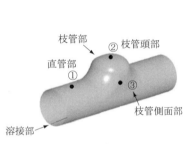 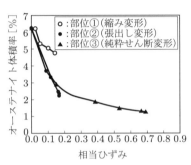

（a）成形形状　　（b）残留オーステナイトの体積率

図 5.12　TRIP 鋼管の T 成形実験 [5.30]

場所により変形様式が異なる．一方，TRIP 鋼は，変形様式によって残留オーステナイトからマルテンサイトへの変態量が異なる．この変形特性と材料特性をうまく組み合わせることによって，T 成形において TRIP 鋼管が熱延鋼管に比べて高い成形性を示すことが確かめられた．このほか，エンジンクレードルを DP 鋼管を用いてハイドロフォーミングした報告もある [5.31]．

■ 曲がり管

チューブハイドロフォーミングの製品形状においては，長手方向に曲がりと断面形状の変化があることが大きな特徴の一つである．むしろ，直管をそのまま成形することは少なく，成形型に入るように曲げなどのプリフォーミングを施してからハイドロフォーミングすることが多い．

一般に，管は曲げ加工を受けると曲げ外側で減肉され，曲げ内側で増肉されて，周方向の肉厚分布が一様でない偏肉管になっている．曲がり管の周方向の肉厚分布は管

曲げ方法によって異なるが，曲がり管に内圧のみを負荷すると，通常，薄肉になっている曲げ外側で破裂する．

これを避けるために，軸押しを加えながらハイドロフォーミングすることが行われるが，曲がり管に軸押しを加えると，管はより一層曲げられて曲げの外側へ移動し，金型内面に接触することがある．金型に接触した管材の変形挙動は，型との間の潤滑条件によって大きく左右される．また，軸押しを過大に負荷すると折れ曲がるような変形を生じ，曲げ内側にしわを生じることがある．

このプリベンディングにおいて受ける管の変形が，これに続くハイドロフォーミングに大きな影響を及ぼす．実加工における曲がり管の破裂やしわなどの加工限界については，5.3節で述べる．

■ テーラードチューブ，テーパーチューブ

自動車用薄鋼板においては，板厚や強度の異なる板をレーザー溶接などで接合した素材（テーラードブランク）をプレス成形することにより，板厚や強度に関する最適な設計に近づけることが実用化されている．自動車用鋼管で肉厚の異なる鋼管をレーザー溶接やプラズマ溶接で接合し，ハイドロフォーミング性の検討が行われた例を図5.13に示す．これは，テーラードチューブもハイドロフォーミングが可能であることを示した初期の実験結果である．

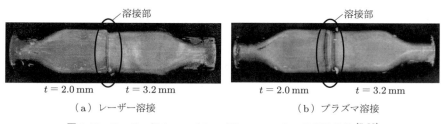

図 5.13 テーラードチューブのハイドロフォーミング実験結果 [5.32]

テーラードチューブは薄鋼板を素材とし，板幅方向に5～9回程度のプレス曲げを行うことにより円管状に成形し，レーザー溶接により短尺の円管に製造するプロセスが開発 [5.32, 5.33] されている．プレス回数は素板の板厚や強度により異なる．厚さの異なるIF鋼管を溶接してつくったテーラードチューブのハイドロフォーミング実験結果を，図5.14に示す．薄肉部分と厚肉部分の軸押しタイミングをずらして別々に成形を進める負荷経路を採用することにより，しわのない成形品を得ることができる．

薄鋼板を素材とし，軸方向に径が異なるように溶接してつくられたテーパーチューブもテーラードチューブの一種である．小径部と大径部で2倍異なる高強度鋼テーパーチューブのハイドロフォーミング実験結果を図5.15に示す．軸押しを工夫することに

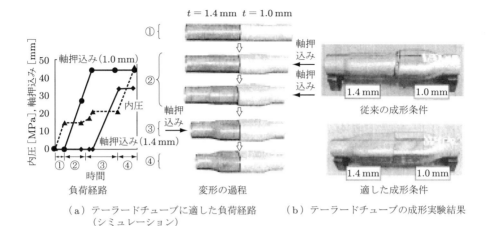

(a) テーラードチューブに適した負荷経路　　（b) テーラードチューブの成形実験結果
　　（シミュレーション）

図 5.14　テーラードチューブのハイドロフォーミング実験（負荷経路の影響）[5.34]

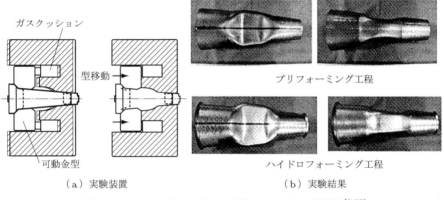

(a) 実験装置　　　　　　　　　　(b) 実験結果

図 5.15　テーパーチューブのハイドロフォーミング実験 [5.35]

よって，高強度鋼管でも大きい拡管率が得られている．

　テーラードチューブやテーパーチューブは，製造コストは高いが，不必要な肉厚（駄肉）を除去したり，場所により異なる拡管量や強度が要求される場合に対応するためには有効である．技術的な課題としては，溶接部の信頼性確保と溶接を含む製造コストの低減，さらに適用上の技術的な検討が重要と考えられる．今後の技術展開が期待される．

(2) 非鉄金属管のハイドロフォーミング

　非鉄金属管の製造方法には，鋼管と同じように板材を丸めて溶接して製造する方法のほかに，コンテナに入れた材料を押し出して製造する方法がある．後者の押出しによる管の製法は，材質のやわらかい非鉄金属に特有の方法である．3.1 節でも述べた

ように，押出しによって製造する場合は断面形状の自由度が極めて大きいため，アルミニウムなどでは複雑断面をもつ管材（押出し形材）を容易につくることができる．

■ **アルミニウム管**

　非鉄金属管のなかで最も多く使用されている管は，アルミニウムおよびその合金管である．角管などの長方形断面を有する押出し形材は，軽量化達成のため，自動車のスペースフレーム構造材などに用いられている（3.3.1項 (4) 参照）．押出し形材のハイドロフォーミングの問題点はコーナー部の成形が難しいことである．同じ長方形断面管でも，鋼管の場合は円管から長方形管へロールフォーミング，あるいはエクストロールフォーミングでつくられるので，断面コーナー部の肉厚はほぼ一様になっているが，押出し形材の場合はコーナー部の肉厚はほかの箇所より厚肉になっている．そのため，押出し形材のコーナー部はいわば剛節のような状態であり，周方向の材料流動はコーナー部を越えて生じることはないので，ハイドロフォーミングをはじめとする成形加工が難しい．断面形状が田の字や日の字のように管材のなかにリブがある形材では，さらに成形が困難である．成形品の断面形状が長方形であるようなものをハイドロフォーミングでつくる場合には，角管などの長方形断面の形材を出発材とせず，円管を出発材としてハイドロフォーミングし，その後，断面形状を長方形にする加工を行うほうがやりやすい．

　次に，押出し材で注意すべき点は，鋼管に比べて偏肉があることである．板材を丸め，溶接してつくる電縫鋼管などは溶接部を除けば肉厚はほとんど一様であるが，マンドレルを用いて押し出された継目無管はマンドレルの中心軸を押出し中心軸の位置に正確に一致させることが難しいため，偏肉が生じやすい．偏肉管のハイドロフォーミングでは，拡管が大きくなると偏肉の程度が顕著になる[5.36, 5.37]．

　また，3.5.2項で述べたように，アルミニウム管では，表面きずは拡管限界の低下をもたらすが，表面きずの大きさがある範囲内であれば，破裂圧力の値は表面きずの影響を受けにくいという特徴がある[5.38]．

　非鉄金属管は，高温での成形が比較的容易にできることが特徴の一つである．鋼管の高温ハイドロフォーミングは，変形抵抗が低下して材料が軟化する温度がかなり高いことと，高温で酸化しやすいことがネックとなって実現は困難である．一方，アルミニウムやマグネシウムは軟化する温度が低く，酸化も顕著ではないことから，高温加工が比較的容易である．アルミニウム合金管の高温ハイドロフォーミングはすでに実用化されており，拡管率が大きく，複雑な断面を有する自動車部品が製造され，市販車に搭載されている．これについては5.2.3項で説明する．

a) 潤　滑

　とくに，鋼管に比べて張出し性や伸びフランジ性が劣るアルミニウム合金管では，そ

の成形性を補い,かつ型かじりや焼付きを防止するために,金型内表面を円滑にし,十分な潤滑が必要となる.とくに,金型への圧力(面圧)が高く潤滑が不十分である場合には,鋼製の金型とアルミニウム材料の組合せでは凝着が問題となる.T成形などはその例の一つであり,高内圧を受けたアルミニウム材料が枝管根元のコーナーR部で型に強く押付けられながら滑り変形をしているため,凝着には注意が必要である.円管を角断面に張出し成形する際におけるコーナーの成形限界Rなどに及ぼす潤滑(潤滑剤:二硫化モリブデン)の影響を調べた結果を,図5.16に示す.潤滑が破裂位置の違いに及ぼす影響については,5.3.1項で述べる.また,さらに潤滑特性を改善するために固形潤滑剤を用いる例も多い[5.40]が,量産のためには成形後の洗浄性などについての考慮も必要である.

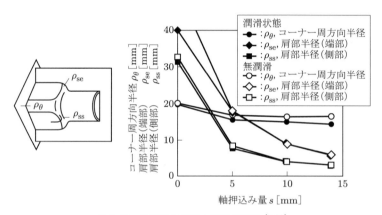

図5.16 成形性に及ぼす潤滑の影響 [5.39]

b) 加工条件

管材のハイドロフォーミング性は,加工条件の影響を強く受ける.たとえば,事前に管の破裂内圧を調査したうえで,設定内圧として破裂内圧の86~96%を負荷して内圧を保持したまま軸押込みを行った実験では,保持内圧の値の違いにより破裂するまでの軸押込み量および張出し量が大きく変化することがわかっている[5.41](図5.17).また,ハイドロフォーミングにおいて張出し量を大きくするためには,張出しによる肉厚減少をできる限り抑えることが必要で,ひずみ分布に及ぼす軸押込みの影響は明白である.図5.18に,内圧のみと内圧+軸押込みの破裂時のひずみ分布の比較を示す.軸押込みの付与により肉厚減少を抑えながら,円周ひずみが増大する.アルミニウム合金の場合には,鋼に比べて局部伸びが小さいため,肉厚減少が破裂に及ぼす影響は大きい.したがって,素材の特性を補うために,十分な軸押込みまたは軸圧縮力の付与が必要となる.

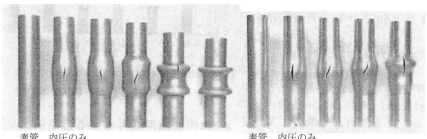

負荷経路	素管	内圧のみ A0	A1	A2	A3	A4	素管	内圧のみ B0	B1	B2	B3
内圧 p		p^*(20.7MPa)	$0.96p^*$	$0.94p^*$	$0.90p^*$	$0.86p^*$		p^*(33.7MPa)	$0.92p^*$	$0.88p^*$	$0.84p^*$
軸押込み量 [mm]			5.1	12.0	28.8	40.0			6.9	10.3	14.5

(a) A5052-O材 (b) A5052-H34材

図 5.17 破裂にいたるまでの軸押込み量に及ぼす保持内圧の影響 [5.42]

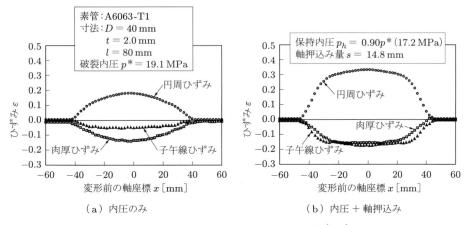

(a) 内圧のみ (b) 内圧＋軸押込み

図 5.18 ひずみ分布に及ぼす軸押込みの影響 [5.42]

さらに，軸押し力の大きさにより管変形部分の応力比が変化するため，図 3.13 に示したように変形中の応力比を一定に保つように軸押し力を調整して張出し量に及ぼす応力比の影響も調査されている [5.43]．これより，$\sigma_\phi/\sigma_\theta = 0$ すなわち円周方向一軸引張応力状態のとき，最も大きく張り出すことがわかる．したがって，常に管中央部の軸方向の応力がゼロ ($\sigma_\phi = 0$) となるように軸押し力を負荷するとよい．

軸押し力を過大に負荷すると管が座屈しやすく，また軸押し力が小さすぎると肉厚減少が抑制されずに十分な張出しが得られない．図 5.19 に示すように変形中の応力経路を制御した実験によれば，管の変形が平面ひずみ引張 ($\varepsilon_\phi = 0$) または円周方向一軸引張 ($\varepsilon_\phi/\varepsilon_\theta = -0.5$) の状態から等二軸引張 ($\varepsilon_\phi/\varepsilon_\theta = 1$) 状態へと変わるように内圧と軸押し力を制御した複合負荷経路の場合に，単純負荷経路の場合よりも限界張出し量が増大する可能性があることが見出されている [5.43]．実加工においても，変形段階

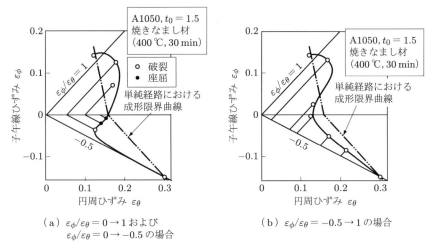

(a) $\varepsilon_\phi/\varepsilon_\theta = 0 \to 1$ および $\varepsilon_\phi/\varepsilon_\theta = 0 \to -0.5$ の場合

(b) $\varepsilon_\phi/\varepsilon_\theta = -0.5 \to 1$ の場合

図 5.19 複合負荷経路におけるアルミニウム合金管の成形限界 [5.43]

に応じて内圧と軸押し力をその比率を変えながら負荷する加工方法が行われている．

加工形状として変形部長さが拡管率に影響しており，管直径に対する変形部長さの比 (L/D) が 1 のほうが 2 の場合よりも自由バルジ成形における張出し量が大きい [5.44]（図 5.20）という結果もあり，加工形状を最適化することにより成形限界が向上する可能性もある．

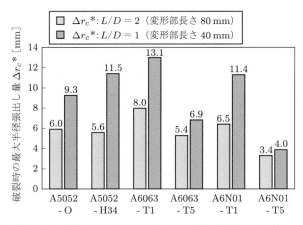

図 5.20 各種アルミニウム合金管の中央部の半径張出し量

実際には製品形状を考慮した素管の最適化，成形条件の最適化が必要で，角管からの成形も可能であり，角管コーナー R を適切に選定し，軸押しを負荷することで 6000 系合金でも 50% を超える拡管率が得られている [5.45]（図 5.21 (A6063-T5)）．また，

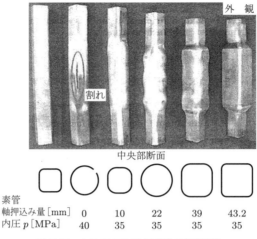

図 5.21　A6063-T5 正方形管の変形状態

この図より，成形途中で生じたしわを最終段階でほぼ消すことも可能であることがわかる．

■ その他の管

　銅管，黄銅管，マグネシウム管，チタン管などのアルミニウム以外の非鉄金属管は，アルミニウム管に比べてハイドロフォーミングの対象となっている事例は少ない．そのなかでも軽量化の時流のなかで比較的多く実用化されているのは，マグネシウム管およびチタン管である．

　実用金属のうち，最も軽量であるマグネシウム管は部品軽量化の有力候補として期待されているが，結晶構造が稠密六方格子であるので，常温における成形性が極めて低い．しかし，高温域においては伸びが大幅に改善されるため，高温におけるハイドロフォーミングの研究が行われている[5.46, 5.47]．まだ実用化されてはいない．図 5.22 にマグネシウム合金管（AZ31）の温間における T 成形の例を示す．航空機への応用研究例としては，AZ61 マグネシウム合金押出し中空形材を用いた小型無人機の胴体構造の超塑性一体成形技術（図 5.23）が開発され，八つのリブを有する補強構造を一

図 5.22　AZ31 マグネシウム合金管の温間 T 成形 [5.47]

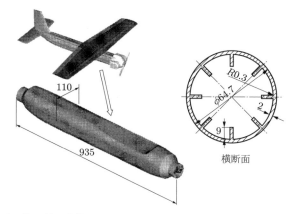

図 5.23 小型無人機胴体構造の AZ61 押出し中空形材の超塑性一体成形技術 [5.48]

体化した複雑な断面胴体構造体の成形を 430 ℃のガス圧成形で実現している [5.48]．

チタン合金管の実用化例としては，航空機の機体の配管材料として比強度の優れた Ti-3Al-2.5V などのチタン合金管が用いられている [5.49]．

以下に，ハイドロフォーミングの特徴を活かした各種加工法を紹介する．

5.2.3 特色のある加工法

(1) 型移動によるハイドロフォーミング

5.1.1 項 (2) で触れたように，成形限界を向上させたり，成形品に厳しいコーナー R 形状が要求される場合などには，いくつかに分割した金型（可動金型）を移動させながら成形することがある．成形法にもよるが，可動金型を用いる利点の一つは，金型を管と一緒に移動させることにより，型と管との摩擦を減らすことができることである．可動金型を用いる場合には，内圧および軸押込み負荷とのタイミングを制御する高度な技術が要求される．

■ 管軸方向への移動

可動金型を使用するハイドロフォーミングの典型的なものの一つは，蛇腹構造をもった伸縮管であるベローズの成形である．図 5.24 に，ベローズの成形法を示す．管の外側に可動金型を等間隔に並べて設置し，内圧を負荷しながら管を軸方向に圧縮し，同時に可動金型も軸方向に移動させることによってベローズを成形する．

管胴部に突起（枝管）を成形する T 成形においては，枝管を高く成形することが難しい．理由は，管の両端からの押込みを大きくすると，枝管と 180° 反対側に位置する部分（T 成形において最も増肉される部分＝枝管底部）の肉厚が増大して成形限界（座屈やしわ）に達してしまうためである．これを避けるために，金型を分割して軸方

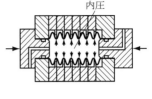

(a) 成形初期　　　　　　　　(b) 成形後

図 5.24　ベローズの成形 [5.50]

向に移動できるようにし，金型の移動を制御しながら内圧および軸押しを負荷する加工法が考案されている．

図 5.25 に，管軸に斜めに 2 箇所の突起を有する自転車部品（ヘッドラッグ）を，可動金型を使用して成形する方法を示す．はじめは管に内圧とパンチによる軸押込みを同時に負荷し，軸方向に長い形状の 2 個の突起をプリフォーミングする．押込みが進行してパンチ肩が可動金型（挿入ダイ）に届くと，軸押しパンチが可動金型を押して軸方向に移動させ，次第に突起を円断面に成形する．このようにして，2 箇所の枝管高さを増大させている．図 5.26 は，管軸に直角に 1 個の枝管を成形する T 成形の例で，第 1 段階で型内において低圧下での曲げ加工を行って枝管底部となる部分の肉厚を減少させ，第 2 段階では可動金型が枝管を両側から抱きかかえるように成形する．これにより，枝管底部の肉厚過大が避けられ，枝管高さが管外径の 2〜2.5 倍に飛躍的に増大する．

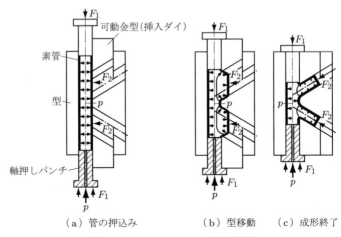

(a) 管の押込み　　(b) 型移動　　(c) 成形終了

図 5.25　ヘッドラッグの成形 [5.51]

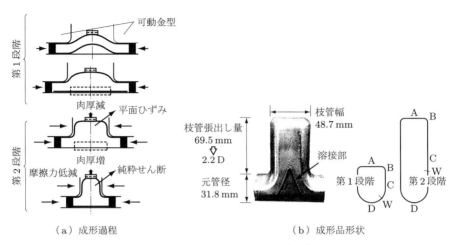

(a) 成形過程　　　　　　　　(b) 成形品形状

図 5.26　型移動による T 成形 [5.52]

軸方向に移動可能な金型を用い，金型の移動と管の軸押しを同時に行うことにより，拡管率の増大と製品の肩半径を小さくした例を図 5.27 に示す．また，図 5.28 に示すように可動金型を用いることで，通常加工より 1/5 の低い内圧で張出し成形部におけ

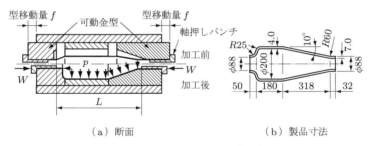

(a) 断面　　　　　　　　(b) 製品寸法

図 5.27　型移動による成形 [5.53]

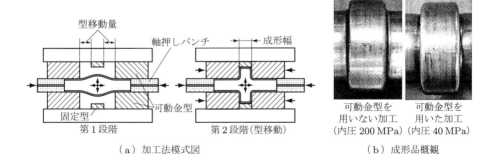

(a) 加工法模式図　　　　　　　　(b) 成形品概観

図 5.28　型移動によるコーナー部成形

る管軸方向のコーナー R を小さくできることが報告された[5.54].

■ **管軸直角（斜め）方向への移動**

円管に内圧を負荷しながら金型を管軸に直角方向に移動させて横断面を長方形断面に成形し，ラジエーターサポートの形状を成形した例がある[5.55].

図 5.29 に示したのは，管に内圧を負荷し，管端から金型に押込みながら金型を移動させ，曲げ R の小さなエルボを成形する特殊な加工法（図 4.11）でつくられた直角エルボである．この場合の管材の変形様式は曲げ変形ではなく，せん断変形である．

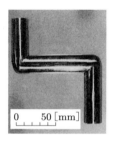

図 5.29 直角エルボの成形[5.56]

(2) 液封成形

液封成形は，液体を封入した管を管端から押すことによって内部に充填した液体の圧力を上昇させたり，管の外側からパンチを押込んだり，型を移動させたりして圧縮力を加えて管内部の圧力を上昇させ，型やパンチの形状に沿った変形をさせる方法である．液圧ポンプを用いないので自由な液圧の制御はできないが，圧力が上がりすぎて破裂を生じないようにリリーフ弁を作動させて一定圧以下に調節することが必要である．製品（型）の形状とパンチの形状の正確な設計，パンチの押込み量や型移動量の正確な設定が要求されるが，圧力発生装置を必要としないなど，簡便な方法である．

図 5.30 に，液封成形の原理を示す．複雑な形状製品の成形[5.58,5.59]にも応用され，また自動車部品ではフロントロアアーム[5.60,5.61]などに適用されている．

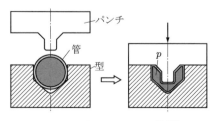

図 5.30 液封成形の原理[5.57]

(3) ハイドロフランジング

　チューブハイドロフォーム品にはフランジがないため，ほかの部品との接合が困難であるという問題点がある．この課題を解決するため，さまざまな工夫がなされている．その一つに，ハイドロフォーミングを応用して管の全長にわたってフランジを形成するハイドロフランジングの試みがある[5.62]．

　図 5.31 に，ハイドロフランジングの加工工程を示す．

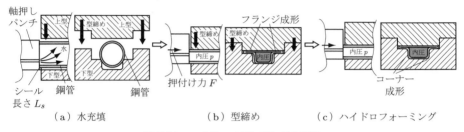

図 5.31　ハイドロフランジングの工程

① 下型に素管をセットし，先端が平らな軸押しパンチを前進させて管端と接触させてシール（これをフラットシールという）し，管内部に水を充填する．
② 内圧を上昇させ，上型を降下させて型締めを行って管上面にフランジ形状を形成する．
③ 内圧を上げ，下型コーナー部の成形を行う．

　②，③の工程においては，水漏れしないように軸押しパンチの押付け力を増加させてフラットシールを確保する．このようにして，全長フランジを有する中空部品をチューブハイドロフォーミングによってつくることができる．図 5.32 (a) に，ハイドロフランジング成形品を示す．内圧なしで型締めをした場合（図 (b)）は上面にへこみが生じ，その後昇圧しても最終的に上面にしわが残る可能性がある．図 (a) のような形状品は，アルミニウムのようなやわらかい材料であれば押出し加工で簡単につくることができる．また，鋼管からでも，エクストロールフォーミングによって容易につくる

（a）ハイドロフランジング成形品

素管：鋼管
寸法：$D = 60.5$ mm
　　　$t = 2.5$ mm
　　　$l = 360$ mm
　　　$\sigma_B = 430$ MPa
拡管率（周長増加率）= 7%

（b）内圧なしで型締めした例

図 5.32　ハイドロフランジング成形品[5.62]

ことができる．そのため，チューブハイドロフォーミングによってつくる意味合いはあまりないと思われるが，チューブハイドロフォーミングの可能性を広げる意味では興味深い試みである．

フランジ付きアルミニウム合金押出し材のハイドロフォーミングの事例を，図5.33に示す．フランジ部を有する中空型材とハイドロフォーミングを組み合わせることによって，複雑形状の部材を成形することが可能である．

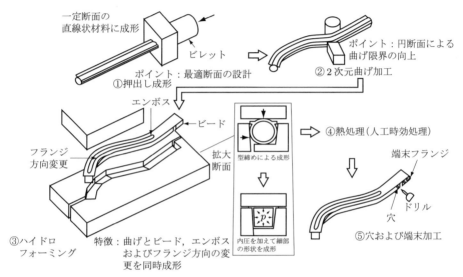

図5.33 フランジ付きアルミニウム合金押出し材のハイドロフォーミング [5.63]

なお，ハイドロフランジングは，さまざまなフランジ形態に対応するポストフォーミングとして利用することも可能である．ポストフォーミングとしてのハイドロフランジングは，第6章で述べる．

(4) 高温ハイドロフォーミング

■ アルミニウム合金管

鋼管に比べて常温での成形性が劣るアルミニウム合金管を，高温でハイドロフォーミングする熱間バルジ加工技術が実用化された[5.64]．2004年発売のホンダレジェンドに搭載されたサブフレームにこの技術が適用され，常温では成形できない複雑断面形状をもつ製品がつくられている．図5.34は，フロントサブフレームの左右メンバー，リアサブフレームの前後メンバーが一体成形された熱間チューブバルジ成形品である．詳細は9.1.1項（1）で述べる．

基礎研究としては，AA5754合金管を300℃で成形するHMGF (hot metal gas

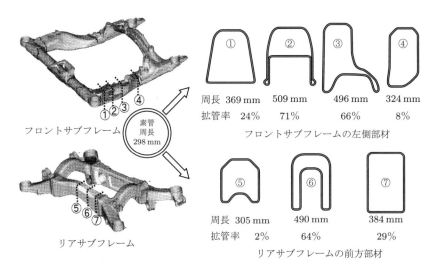

図 5.34 熱間チューブバルジ成形品の断面形状と周長変化率 [5.65]

forming)[5.66] や，AA5182 (AlMg3.5Mn) 合金管を 450 ℃に加熱して 5.5 MPa の窒素ガスで成形し，大きな拡管量を得た結果[5.67] などが報告されている．このほかに，A6063 合金管の熱間バルジ成形における通電加熱特性を検討した報告[5.68] もある．

■ **マグネシウム合金管**

マグネシウムは実用されている構造用金属材料のなかでは最も軽量であるが，稠密六方構造であるために常温での成形性が極めて低い．格段に成形性が向上する高温でのハイドロフォーミングが試みられているが，まだ実用化はされていない．

図 5.35 に，高温 T 成形実験における AZ31B 合金管の変形形状を示す．加工温度は 450 ℃，圧力媒体は空気である．適正加工条件下では十分な成形性が見られる．このほか，AZ31 より成形性の低い AZ61 合金管も高温ハイドロフォーミング実験において，高い成形性を示す[5.48, 5.70, 5.71]．

図 5.35 マグネシウム合金管の高温 T 成形 [5.69]

■ 超塑性材料管

　超塑性材料管（Zn22Al 合金）を，約 250 ℃のテンパー油を用いて内圧により張出し成形した例がある．超塑性の高い流動性により型なじみ性に優れているため，図 5.36 に示すように，そろばん玉のようなつば出し成形も容易に可能である[5.72]．また，図 5.37 のように，チタン合金 (SP-700) を用いたアルゴンガスによる超塑性球形熱間ガスバルジ成形の例もある．

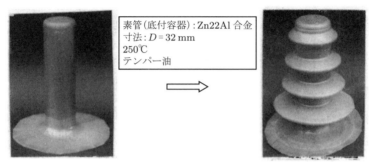

図 5.36　超塑性バルジ成形

図 5.37　チタン合金管の超塑性球形熱間ガスバルジ成形[5.73]

(5) 内圧振動ハイドロフォーミング

　高内圧が負荷されるチューブハイドロフォーミングにおいては，管材は金型に強く押し付けられる．このため，管外表面と金型内面との間の摩擦が増大し，管端からの押込みが難しくなる．その結果，拡管部への材料流入が妨げられ，成形限界が低下する．これを防ぐために，加工中に内圧を周期的に変動させる負荷方法が開発された．これを内圧振動ハイドロフォーミング（ハンマリング法）という．図 5.38 に加工機械を，図 5.39 に負荷経路の例を示す．成形圧力に，1～数 Hz で変動する圧力を付加するもので，これにより，管外表面に対する金型内面の拘束が周期的に減少するため，成形が難しい傾斜した枝管張出し形状（図 5.40）も成形可能である．図 5.41 に，通常のハイドロフォーミングと内圧振動ハイドロフォーミングとの比較を示す．内圧を振動させることにより，拡管部への材料流動が促進され，潤滑条件をよくしたときと同様

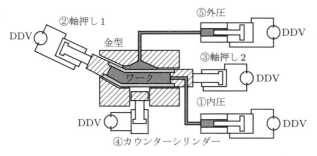

図 5.38 内圧振動付加チューブハイドロフォーミング加工機械 [5.74, 5.75]

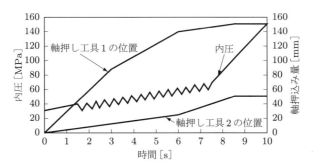

図 5.39 内圧振動ハイドロフォーミングの負荷経路の例 [5.76]

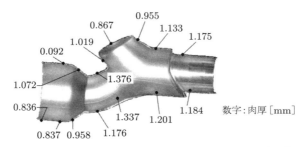

図 5.40 内圧振動ハイドロフォーミングによる成形品 [5.76]

(a) 内圧振動なし　　　　　　(b) 内圧振動付加

図 5.41 内圧振動の効果 [5.77]

の効果がある[5.78, 5.79]．なお，単純モデルでのFEMシミュレーションでも，内圧振動による成形限界の向上が報告されている[5.80]．

(6) 高速ハイドロフォーミング

通常のチューブハイドロフォーミングよりも加工速度の大きい加工法の一つに，管内部に閉じ込めた液体をドロップハンマーでたたいて生じた圧力を利用する加工（ハイドロパンチ）がある[5.81]（図5.42）．このほかに，さらに加工速度の大きな特殊加工法（高エネルギー速度加工）として，液中放電成形，爆発成形などがある．材料によっては，高速で加工すると変形限界の向上が見られる[5.82]．

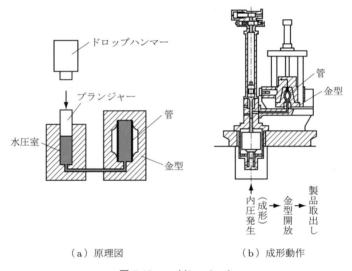

（a）原理図　　　（b）成形動作

図5.42　ハイドロパンチ

液中放電成形や爆発成形は，管内部の液中での放電や火薬の爆発により瞬間的に高熱を発生させて周囲の水を蒸発させ，それによって生じた圧縮波（衝撃波）による内圧を利用して成形する加工法である．液中放電成形は繰り返し放電が可能である特徴を有する[5.83〜5.85]．爆発成形は火薬の量の調節が難しいが，大きな加工力が得られるので，通常では加工できない厚肉部品や大型部品の加工が可能である．

5.3　実加工における加工限界

ハイドロフォーミング中に発生する成形不良には，大きく分けて破裂としわ（あるいは座屈）の2種類があげられる．しかし，第2章で扱ったような自由バルジ成形や

型バルジ成形などの単純な場合と異なり，実際の加工では，破裂やしわの形態や発生箇所も非常に多岐にわたり，複雑である．

5.3.1 破裂による加工限界

(1) 実加工における破裂

まず，破裂に関しては，自由バルジ成形であれば図5.43のように軸方向に亀裂が走る形で破断する．その円周方向の破断位置は，減肉部[5.88〜5.91]や，溶接部およびその近傍の熱影響部（HAZ）[5.92]などの強度の低い位置で発生する傾向にあるが，基本的な破裂形態は同じである．一方，実加工では管材の外側に金型が存在し，しかも正方形や長方形など，コーナーを有する断面に成形する例が多いが，その場合は，コーナーの立上り部（以降，R止り部とよぶ）で破裂するのが一般的である．図5.44に，センターピラー補強材のハイドロフォーミング後の肉厚分布例[5.93]を示す．この例

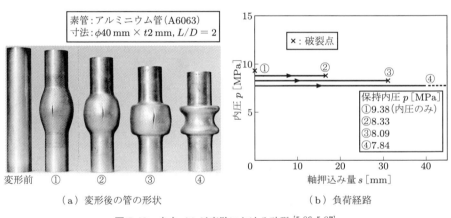

(a) 変形後の管の形状　　　(b) 負荷経路

図5.43　自由バルジ実験における破裂 [5.86, 5.87]

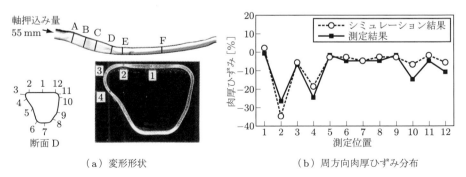

(a) 変形形状　　　(b) 周方向肉厚ひずみ分布

図5.44　センターピラー補強材のハイドロフォーミング後の肉厚ひずみ分布（断面D）

では，R止り部はNo.2, 4, 10, 12である．シャープなコーナーのR止り部であるNo.2やNo.4の位置の減肉が大きい．すでに金型と接触している箇所では，金型との摩擦力により材料流動が停止し，R止り部に変形が集中するためである．したがって，金型との潤滑状態が変化すると，破裂位置も変化する[5.39, 5.94]．図5.45に示すアルミニウム管の実験結果[5.94]によれば，無潤滑の場合はコーナーの頂点部で破裂し，逆に潤滑状態をよくした場合（本例では二硫化モリブデンを使用）には，面の中央で破裂している．

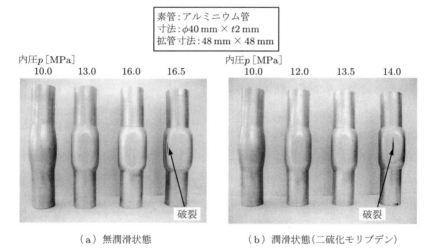

図5.45 内圧のみを受ける型バルジ成形の破裂位置に及ぼす潤滑の影響[5.94]

また，曲がり部を有する部品形状になると，さらに複雑になる．一般に，ハイドロフォーミング前の曲げ工程には回転引曲げを使用することが多い[5.95]が，曲げ外側で減肉，曲げ内側で増肉する[5.96〜5.98]．そのため，その状態のまま内圧のみ負荷すると曲げ外側で破裂することになるが，軸押しを伴うハイドロフォーミングの場合は必ずしもそうならない．図5.46に示す検討結果[5.99]によれば，軸押しの効果により曲げ外側が先に金型に接触し，金型との摩擦により肉厚減少が抑制されるため，曲げ内側から破裂している．ここで，周長変化率κは次のようになる．

$$\kappa = \frac{\text{成形後の周長} - \text{素管周長}}{\text{素管周長}} \times 100\%$$

曲げ加工法の違いにより，同一形状に曲げた管でも肉厚分布は異なる．その影響により，曲げ加工後にハイドロフォーミングを行った実験結果では，回転引曲げ加工で曲げた管と押通し曲げ加工で曲げた管とでは破裂位置が異なる．曲げ部における破裂やコーナーの成形に対しては，押通し曲げのほうが有利であるが，しわは発生しやすい[5.100]．

5.3 実加工における加工限界

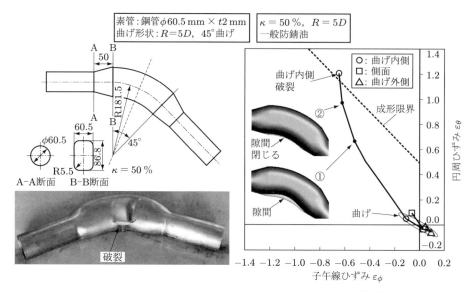

図 5.46 曲げ後のハイドロフォーミングにおける破裂位置 [5.99]

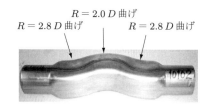

図 5.47 プリベンド品のハイドロフォーミングの例 [5.101]

　プリベンド品を適切にハイドロフォーミングした例を，図 5.47 に示す．軸押しなしの場合は限界拡管率が数%であるが，軸押しすることにより拡管率 20%の正方形断面材も成形可能となる．

　上述のように実加工における破裂は，その発生位置自体が部品形状や成形条件で変化する．当然，その破裂限界も各種条件によって変わるが，各種因子の影響に関しては 5.4 節にて詳細に述べる．ここではまず，破裂限界の考え方について，いくつか紹介する．

　管材が破裂すると，その破断箇所から水が漏れて内圧が降下するため，それ以上の成形が不可能になる．したがって，その時点が破裂限界となる．また，自動車部品などでは，強度，剛性だけでなく，腐食などの観点から最低肉厚を定めることもあり，その場合は破裂していなくても規定の肉厚以下になった時点で限界と見なす．

(2) シミュレーションによる破裂の予測（破裂限界の評価）

シミュレーション（詳細は第 8 章で説明）上で成形限界を議論する場合には，何らかの破裂または破断条件を規定する必要がある．プレスなどによる板材成形で一般に利用される成形限界線図 FLD (forming limit diagram)[5.102] は，チューブハイドロフォーミングにも適用されている[5.103〜5.106]．FLD を求めるための試験装置[5.107] の例を図 5.48 に示す．自由バルジ変形下の管材のひずみと軸方向の曲率をリアルタイムに測定することによって，管中央部の応力比 α（= 軸方向応力 σ_ϕ/周方向応力 σ_θ）を一定に保持しながら，内圧 p と軸押し力 F を制御する方法である．このような装置で得られた FLD の実測例を，図 5.49 に示す．破裂点，または破断点を結んだ線が，FLD を表す．図中の（　）内の応力比の値は理論値で，破線で示されているが，実験は設定した応力比が必ずしも正確には再現されておらず，ずれているところも見られる．本図は，アルミニウム管の例であるが，鋼管[5.104] やステンレス鋼管[5.103] でも同様の FLD が実測されている．これらの FLD を用いれば，シミュレーション上の破裂限界がある程度板材成形と同様に求められる．

しかし，FLD には，いくつかの課題がある．第一に，FLD のひずみ経路依存性が

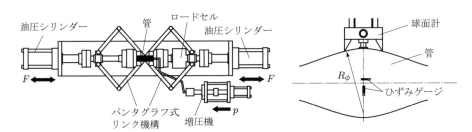

図 5.48　CNC 二軸応力試験機 [5.107]

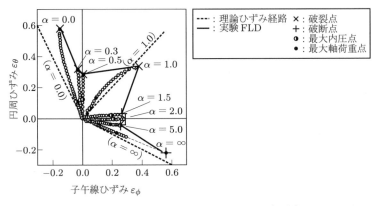

図 5.49　アルミニウム管の FLD（実験）[5.105]

あげられる．実加工では，ハイドロフォーミング前に曲げ加工などのプリフォーミングを受けることが多く，そのような場合は，単純な比例負荷のひずみ経路とならない．図 5.50 は，軸方向に引張負荷（ほぼ平面ひずみ引張）後，いったん除荷してさらに各種応力比で比例負荷した場合の FLD であるが，予ひずみのない場合の FLD とは大きく異なる結果となっている．

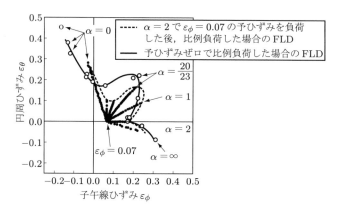

図 5.50　予ひずみを受けたアルミニウム管の FLD（実験）[5.106]

第二の課題としては，FLD を求める際には限界があるという点である．自由バルジ試験で応力比 α を変化させる場合，$\alpha < 0$ の領域では座屈が発生する[5.43]ため，試験が不可能である．そのため，上述のいずれの検討でも $\alpha \geqq 0$ の範囲，すなわちひずみ比 β ($=$ 軸方向ひずみ ε_ϕ/周方向ひずみ ε_θ) $\geqq -0.5$ のデータしか求められていない．しかし，ハイドロフォーミングの実加工では，金型の拘束があるため，$\alpha < 0$ ($\beta < -0.5$) の領域でも座屈が発生せず，成形可能な場合が多い．そのような純粋せん断に近い変形が支配的な加工は，FLD では予測対応できない．

FLD 以外の破裂限界の考え方としては，限界減肉率を規定する方法もある．多くのハイドロフォーミング実験から得られた限界減肉率と，材料の n 値や破断伸び（全伸び）δ との関係を表す実験式を求め，シミュレーションにおいてこの実験式が示す減肉率に達したときに破裂すると仮定したものである[5.108]．本方法は，簡易な経験式を利用しているため，厳密な手法とはいいがたいが，簡便な方法であるとともに，FLD で対応できない純粋せん断に近い領域でも適用可能であるという点でも有用である．とくに，軸押しを積極的に行うような部品の成形では，実用上十分な精度の破裂判断が可能である．たとえば，前述の図 5.46 中の破線も経験的な限界減肉率から定めた成形限界線であるが，実験の破裂位置と一致したシミュレーション結果が得られている[5.100]．

以上のように，現在ハイドロフォーミングの分野では，あらゆるシミュレーションに適用可能な万能な破裂判断基準がないのが実状である．上記に紹介した方法以外にも，応力 FLD を用いた方法 [5.106] や，大矢根の式 [5.109] などの延性破壊条件式を用いた方法 [5.110] も提唱されているが，いずれもまだ検討段階であり，今後の発展が期待される．

5.3.2 しわによる加工限界

(1) 実加工におけるしわ

しわ（あるいは座屈）は，破裂と同様に，実加工ではさまざまな位置に発生する．発生原因で分類すると，軸押しによるしわと，周方向肉余りによるしわの2種類に分けられる．

■ 軸押しによるしわ

軸押しによるしわの直接の原因は，当然，軸押しによる軸方向圧縮力であるが，そのほかにも，内圧，金型の拘束，部品形状の影響も大きく受ける．内圧との関連は 5.2.1 項ですでに述べているため，ここでは金型の拘束と部品形状との関連について説明する．

ハイドロフォーミングでは，一般に金型の拘束によってしわ発生が抑制される．そもそも自由バルジ成形では，ひずみ比 $\beta < -0.5$ の領域ではしわが発生するため，成形できないが，外側から金型で拘束することによって，$\beta < -0.5$ のせん断側の成形を可能にしたのがハイドロフォーミングの大きな利点である．したがって，成形中の管材と金型との接触範囲が広い形状の部品ほど，しわは発生しにくい．また，同一部品内でも，金型と接触している箇所よりも接触していない箇所のほうがしわが発生しやすい．図 5.51 に，長方形断面に拡管成形する際のしわ発生状況を示す．この例でも，すでに金型と接触している面上ではしわは発生せず，コーナー部でしわが発生している．しかし，このしわは図 (d) に示すように，軸押込み後の昇圧によって，ほぼ消すことができる．図 5.52 は T 成形における各種の成形不良を表しているが，図中の A や W のしわは金型非接触部のしわの一種である．

それに対し，すでに金型と接触しているにも関わらず発生するしわもある．これは軸押しなどによって流入してきた材料が行き場がなくなって，型から離れる方向に動いてしわを形成する現象である．上の T 成形の例でいえば，図 5.52 の O や N のしわがこれに相当する．ときには，管外表面は平坦なままで，内表面のみが隆起する場合もある．図 5.53 は，金型との摩擦抵抗が大きくて材料が流入しにくく，軸押込み量が過大な場合にその手前で材料が余ることによって管端部で発生した例である．一般に，管端部は製品時には切り落とされる場合が多いため，このような管端における隆起や

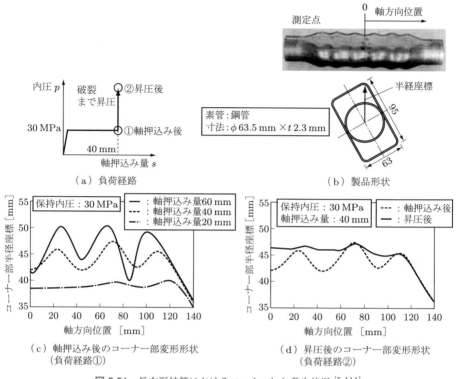

図 5.51 長方形拡管におけるコーナーしわ発生状況 [5.111]

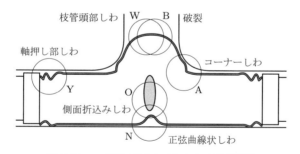

図 5.52 T成形で見られるしわと破裂 [5.112]

しわなどの不整変形は，製品性能上はそれほど問題とならない．しかし，管端に不整変形が発生した後では，いくら軸押込み量を増やしても，それ以上はほとんど材料が流入せず，また金型や軸押しパンチの損傷原因にも成り得るため，管端における不整変形も防止するほうが望ましい．

軸押しに起因したしわとしては，上記以外にも曲げによるしわがある．図 5.54 のように，プリベンド品に軸押しが負荷されると，折れ曲がるような変形が生じるため，曲

図 5.53 管端部内面に発生する隆起の例 [5.113]

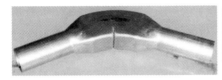

図 5.54 プリベンド品のハイドロフォーミングにおける曲げ内側のしわ [5.99]

げ内側でしわが発生する [5.99]．そもそも，曲げ加工時も曲げ内側でしわが発生しやすいが，すでにしわが存在しているとハイドロフォーミング時にそのしわはさらに助長される．

■ 周方向肉余りによるしわ

次に，周方向肉余りによるしわに関して説明する．ハイドロフォーミングは周方向に拡管して金型内面形状に成形する技術のため，原則，素管周長よりも製品断面の周長は長くなる．逆に，製品断面の周長のほうが短くなると，その分肉余りが生じ，しわが残る．言い換えると，ハイドロフォーミングの部品形状を設計する際には，素管周長よりも長い製品断面周長に設計することが大切である．すなわち，すべての断面で，5.3.1 項（1）に示した周長変化率 $\kappa \geq 0$ を満足するように設計する．

しかし，金型の空洞部に対して，素管が必ずしも均等に配置されているとは限らないため，周長変化率 $\kappa \geq 0$ の場合でも肉余りが生じる場合がある．たとえば，同一断面内でも，ある方向には肉余りが生じ，別の方向では材料が不足して，破裂にいたる場合がある．したがって，型締め時に，いかに肉余りが生じないようにするかが重要となる．

型締め時の肉余り防止策としては，プリフォーミングにおけるつぶし形状の適正化があげられる．型締め終了時に断面形状にへこみがあると，製品にしわが残る原因になることもあるため，つぶしの時点で最終形状に近い断面形状にしておくことが望ましい．また，型締め時に内圧を負荷する方法を採る場合もある．図 5.55 にその例を示す．断面をつぶす前に管端のシール部分を保持して水を充填し，内圧を負荷した状態で断面をつぶしていくと，型締め時のしわが解消される [5.114]．

以上のように，軸押しによるしわと周方向肉余りによるしわに関して述べたが，いずれもしわの発生に関しての説明である．しかし，ハイドロフォーミングの場合，成

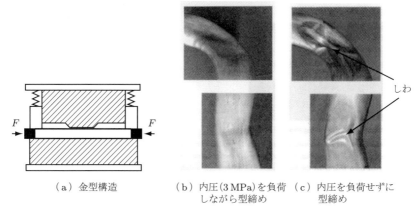

図 5.55 内圧を負荷した状態での型締め方法 [5.114]

(a) 金型構造　(b) 内圧(3 MPa)を負荷しながら型締め　(c) 内圧を負荷せずに型締め

形途中でしわが発生しても最終的に解消されれば，基本的に問題ない．図 5.51 (d) は長方形断面のコーナー部に発生したしわが最終昇圧によって解消されている様子を表している例である．

(2) しわ限界の評価

しわによる成形限界に関しては破裂以上にあいまいで，確立した基準というものは存在しない．現状では，実加工を行っている各社ごとに，さらにいえば部品ごとに定められている．しかも，定量的に判断されていることはほとんどなく，目視や触手で判断しているのが実状である．これはハイドロフォーミングの分野に限ったことではなく，プレス部品においても基本的には同じ状況である．

研究的には，しわを定量的に評価した例もあるが，その指標としては，しわの曲率 [5.113] や高さ [5.115] などがあげられる．また，座屈理論モデルを用いてしわ発生を判断した研究例 [5.116,5.117] もある．しかし，ハイドロフォーミングのしわに関しては破裂以上に研究が進んでおらず，今後の発展が期待される分野である．

5.4　ハイドロフォーミング性に及ぼす加工因子

5.3 節にて，ハイドロフォーミングの実加工における各種の成形不良に関して紹介した．本節では，各種条件がそれらの成形不良に及ぼす影響を述べる．しかし，ハイドロフォーミングにおいては，負荷経路，材料特性，潤滑条件，部品形状など，非常に多くの影響因子が存在し，しかも，それらの効果は独立ではなく，互いに関連し合って影響を及ぼすため，現状ではまだ一般的な法則までは確立されていない．材料特性

が成形性に及ぼす影響については 3.5.2 項で述べたので，ここでは主として負荷経路，潤滑条件などについて述べる．

● 5.4.1 負荷経路 ●

各種影響因子のなかでも，軸押しと内圧との関係で表される負荷経路はハイドロフォーミング性に大きく影響を及ぼし，この経路によって加工の良し悪しが左右される．現状では，部品ごとに実験や FEM 解析の試行錯誤によって，適正な経路を求めており，この作業に多くの時間，労力，材料が費やされている．残念ながら，この負荷経路の最適解を定式化した例はまだないが，以下に一般的な負荷経路の考え方を述べる．

図 5.56 に，一般的な負荷経路を示す．この図のように，まず初圧負荷後，昇圧しながら軸押しを行い，折れ線または階段状の経路を採り，最終的には高圧まで負荷する．上述の経路のなかでも，最も単純な軸押し中の内圧が一定の場合の負荷経路で長方形拡管した際の変形形状を，図 5.57 に示す．① の初圧負荷時はほとんど拡管されず，軸押しの進行とともに ② のように周方向に拡管される．③ の最終的な昇圧でコーナー部が成形される．さらに，昇圧すると，コーナー部で破裂する．この ①，② の変形を応力履歴で簡単に説明したのが，図 5.58 である．① では軸押しが負荷されていないため，平面ひずみ状態であり，この時点で降伏条件に達していないと素管はほとんど拡管されない．その後，② で軸押しが負荷されてはじめて降伏条件に達するため，周方向拡管が進行する．そのため，初圧が高すぎると，即座に破裂し，逆に低すぎると，軸押しを負荷しても拡管が進行しない．したがって，初圧の一つの目安として，以下のような平面ひずみ下での降伏開始圧力 p_p が考えられる [5.119]．

$$p_\mathrm{p} = \frac{2(1+r)}{\sqrt{1+2r}} \frac{t}{D-t} \sigma_\mathrm{y} \tag{5.1}$$

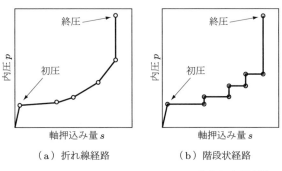

図 5.56　一般的なハイドロフォーミング負荷経路 [5.118]

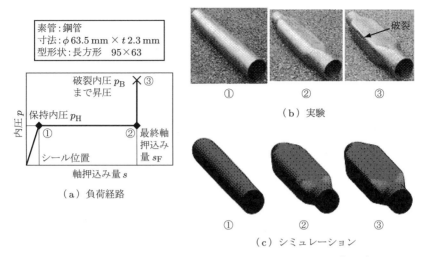

図 5.57 長方形拡管ハイドロフォーミングの変形中の形状例 [5.113]

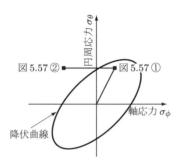

図 5.58 ハイドロフォーミング中の応力履歴 [5.113]

ここで，D は素管外径，t は素管肉厚，σ_y は一軸引張下での降伏応力（通常の引張試験で得られる降伏応力），r は平均 r 値を示す．ただし，式 (5.1) はあくまで検討最初の目安である．実加工における適正な初圧の値は，金型との接触状態などによっても変わるため，この値からさらに調整する必要がある．また，軸押しの進行に伴う内圧の適正値も検討する必要がある．次に，その検討指針に関して説明する．

図 5.59 (a), (b) に，破裂内圧に及ぼす軸押し開始時の内圧（初圧）と軸押し完了時の内圧の影響を示す．負荷経路は，各図の上部に示す．破裂内圧が高いということは，一般にコーナー部の成形やしわ解消のうえで有利であるが，本図より，軸押し開始時の内圧および軸押し完了時の内圧ともに，その圧力が高いほど破裂内圧も高くなることがわかる．図 5.60 に，軸押し中の内圧を一定にした条件で，その一定圧力（以後，保持内圧 p_H とよぶ）をさまざまに変えた場合の成形中の中央断面最減肉部における

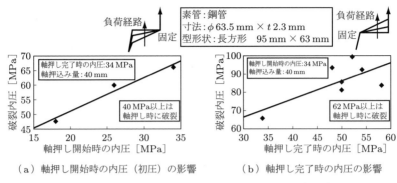

（a）軸押し開始時の内圧（初圧）の影響　　（b）軸押し完了時の内圧の影響

図 5.59　破裂内圧に及ぼす軸押し中の圧力の影響 [5.119]

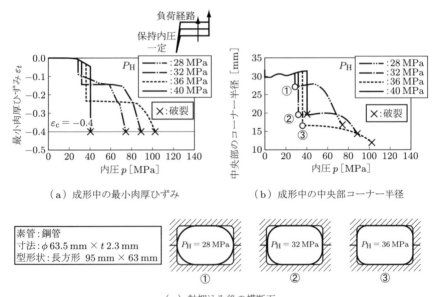

（a）成形中の最小肉厚ひずみ　　（b）成形中の中央部コーナー半径

（c）軸押込み後の横断面

図 5.60　ハイドロフォーミング中の中央断面最減肉部の肉厚ひずみおよびコーナー半径の推移 [5.113]

肉厚ひずみ（図 (a)）とコーナー半径（図 (b)）の推移を示す．保持内圧 p_H の高いほうが軸押し中（図中の鉛直な線）の減肉が激しくなり，p_H が一番高い 40 MPa の例では軸押し中に限界肉厚に達して破裂する．しかし，軸押し中に破裂が起こらない程度の保持内圧 p_H であれば，p_H が高いほど破裂内圧は高まり，その結果，コーナー半径も小さく成形できる．これは，図 (c) に示す軸押し込み後の中央横断面形状からわかるように，保持内圧の高いほうが，軸押し中の拡管が大きくなり，軸押し完了時にはより金型に密着した形状にまで成形されるため，その後の昇圧に耐えられるからで

ある.

図 5.60 は軸押し時の内圧が一定の例で，図 5.59 (a), (b) のように，軸押し開始時と軸押し完了時の内圧をそれぞれ独立に変化させた場合も，同様の傾向を示す．また，軸押し中のしわ防止という観点からも，軸押し中の内圧は高いほうが有利である．以上のことから，一般にハイドロフォーミングでは，軸押し中に破裂を起こさない範囲であれば，極力軸押し中の内圧は高いほうが望ましい．

ただし，残念ながら，上記の一般論はすべてのハイドロフォーミングに当てはまるとはいえない．たとえば，拡管したい箇所が管端から離れている例で内圧を高くしすぎると，金型との摩擦力の影響で材料が流入しにくくなる．その場合は，内圧を下げて材料流入を積極的に行う必要が出てくる．

次に，終圧をどこまで昇圧するかは，コーナー半径 R をどこまで小さくするかによって決定される．たとえば，Yoshida ら[5.120]は，各種強度や肉厚の管材での実験結果から下記のような回帰式を提唱している．

$$p = 1.47 \frac{\sigma_\mathrm{y} + 2\sigma_\mathrm{B}}{3} \frac{t}{R} \tag{5.2}$$

式 (5.2) のように，基本的に終圧 p は，素管の肉厚 t と強度（式 (5.2) の場合は降伏応力 σ_y と引張強さ σ_B の両方）と目標のコーナー半径 R によって計算可能である．ただし，図 5.60 でもわかるように，軸押しを積極的に行えば低圧でもコーナー半径は小さくなるし，予つぶしであらかじめ小さなコーナー半径にすることも可能である．

以上，ハイドロフォーミングの負荷経路導出に関する指針を述べたが，これらは，コーナー部を有するハイドロフォーミングを前提としており，コーナー部の存在しない T 成形などでは，多くの場合は最終昇圧過程が不要となる．その場合，図 5.61 に示すように，軸押しを完了した時点で最終となる負荷経路になる．

上記のような一連の検討を部品ごとに行い，適正な負荷経路を求める．図 5.62 に，円管を一部正方形／一部円形形状へ拡管する際の適正な負荷経路の検討例を示す．ま

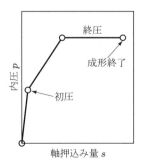

図 5.61 T 成形における一般的な負荷経路[5.121]

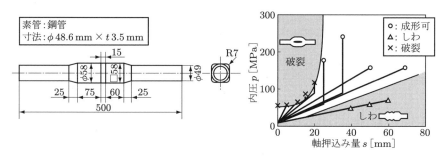

図 5.62 円管を一部正方形／一部円形形状へ拡管する際の適正な負荷経路 [5.122]

た，図 5.63 は保持内圧 p_H と最終軸押込み量 s_F を縦軸と横軸にとり，成形可能な経路をマップ状に表したものである．本検討の特徴としては，縦軸に終圧ではなく，保持内圧を選択した点と，最終的に破裂するまで昇圧することによって，その材料のもち得る限界の条件でしわ発生の有無や所望のコーナー半径に成形できているかどうかを判断した点である．

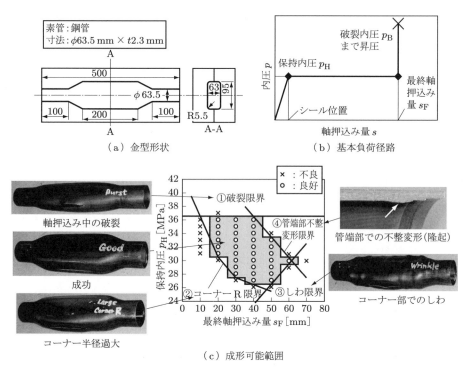

図 5.63 長方形拡管における成形余裕度 [5.123]

5.4.2 素管の材料特性および金型との潤滑条件

次に,ハイドロフォーミング特性に及ぼす素管の材料特性(n値やr値)や,金型との潤滑条件の影響に関して述べる.これらの影響を検討した例は多数あり,とくに減肉率や肉厚分布に対する影響を検討した報告が多い.各報告で共通的にいえることは,n値やr値が大きく,摩擦係数μが小さいほうが,減肉率が改善されて肉厚分布も均一になるという点である.以下に,そのなかから数例の研究例を紹介する.

T成形においては,図3.24に示したように,成形限界はr値とその異方性の影響を受ける.成形限界は枝管頭部の許容肉厚減少率20%における枝管高さで評価しているが,その成形限界はr値が大きいほど向上し,とくに軸方向のr値(r_ϕ)の影響が大きい.

図5.64に,正方形拡管の肉厚分布に及ぼすr値の影響を示す.r値が大きいほど,局部的な減肉が抑制され,均一な肉厚分布になる.一方,摩擦係数については,図2.9に示したように摩擦係数が小さいほど肉厚分布は比較的一様になり,局所的な薄肉部分は見られなくなる.

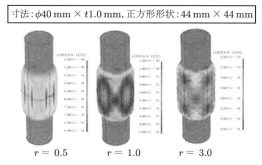

図5.64 正方形拡管の肉厚分布に及ぼすr値の影響(FEMシミュレーション)[5.124, 5.125]

図5.65は曲げ後の正方形拡管の例で,n値が大きいほど,またr値が大きいほど曲げ外側の減肉率および曲げ内側の増肉率とも絶対値が低下する.

図5.66は実部品のセンターピラー補強材の例で,断面によって各種因子の効果が異なる.断面Dでは,n値やr値が大きいほど,摩擦係数μが小さいほど,減肉は改善されるが,断面Cではn値やr値の効果はほとんどなく,摩擦係数μもある程度の値以下になると効果が薄れる.断面Cは管端から近く,軸押しの効果で材料が強制的に流入できるので,材料特性や摩擦の影響が現れにくかったためである.このように,実加工では,部品形状や位置によっても各種因子の影響が異なるということを注意する必要がある.

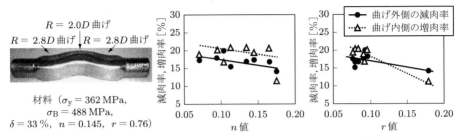

図 5.65 曲げ後の正方形拡管の偏肉に及ぼす n 値および r 値の影響 [5.126]

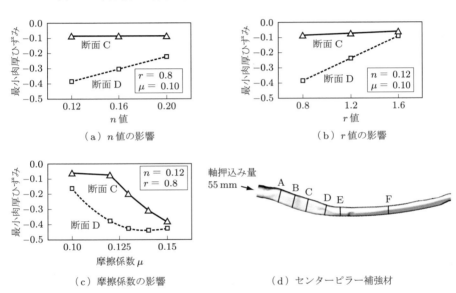

図 5.66 センターピラー補強材の成形後の肉厚ひずみに及ぼす各種因子の影響（FEM シミュレーション）[5.93]

5.4.3 負荷経路と材料特性および潤滑条件との関係

　以上の検討例は基本的に同一の負荷経路で各種因子の影響を検討しているが，厳密には材料特性や潤滑条件が変わると適正な負荷経路も変化する．言い換えれば，ある材料から成形性のよい材料に変更した場合，たとえば n 値が大きい材料，r 値が大きい材料に変更した場合や，摩擦係数を小さくする表面性状や表面改質された材料（低摩擦係数材）などに変更した場合に，負荷経路も適正なものに変更しないと逆に成形不良が発生する危険性がある．

　そこで，材料を変更した際に，負荷経路をどのように修正するかについて述べる．図 5.63 は，材料の成形余裕度を評価する目的にも用いられるが，この手法を用いて，

材料特性や摩擦係数を変化させた場合の成形可能範囲の変化を調べた結果が，図 5.67 である．これより，n 値の大きい材料や低摩擦係数材の場合は全体的に成形可能範囲が拡大するため，同一負荷経路でも問題ないが，r 値が大きい材料を使用する場合には，高圧側か高軸押し側の負荷経路に変更する必要があることがわかる．なお，ここで図中の $\bar{r}$ は面内異方性の平均値 ($\bar{r} = (r_0 + 2r_{45} + r_{90})/4$) である．

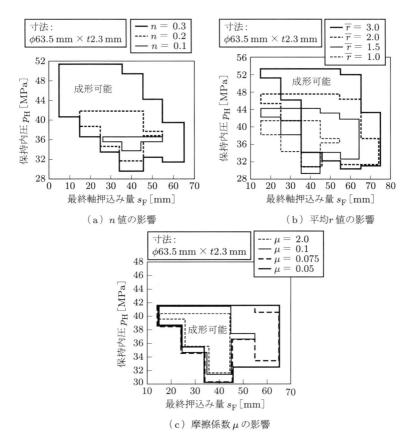

(a) n 値の影響

(b) 平均 r 値の影響

(c) 摩擦係数 μ の影響

図 5.67　長方形拡管の成形可能範囲に及ぼす各種因子の影響（FEM シミュレーション）[5.108, 5.127, 5.128]

ここまでで説明したように，ハイドロフォーミングで最も難しく，試行錯誤が必要になるのが負荷経路の導出であり，しかも材料などが変化すると，またその試行錯誤を繰り返す必要がある．本項で説明したいくつかの知見を活用すれば，試行錯誤の回数を減らすことは可能であるが，やはりかなりの熟練を要する作業である．そこで，近頃では，熟練者でなくても適正な負荷経路が導出できるような方法の開発が開始されている．たとえば，LS-DYNA を用いた FEM 解析と最適化プログラム AMDESS

を活用した負荷経路の最適化が検討されている[5.129, 5.130]．また，T成形の適正負荷経路をファジィ制御によって導く方法が検討されている[5.131, 5.132]．今後，ハイドロフォーミングをさらに汎用的な技術にするためには，このような研究が進んで，実用化されていくことがますます期待される．

5.4.4 ハイドロフォーミング性に及ぼす加工因子のまとめ

以上，管材料のハイドロフォーミング性に及ぼす加工因子として，負荷経路，潤滑条件，材料特性の及ぼす影響について述べた．そこでは材料特性値として，n値やr値などを取り上げたが，そのほかの材料特性値として，3.5節で述べた伸びや局部伸びも考慮すべきである．これらの支配的な因子がハイドロフォーミングにおける鋼管材料の変形に及ぼす影響を，表5.3に示す．ここでは，プリフォーミングを次の変形形態で分類した．

① 曲げ変形

表5.3 チューブハイドロフォーミングにおける材料変形の分類と支配的な材料特性値・プロセスパラメーター [5.5]

プリフォーミング	チューブハイドロフォーミングにおける材料変形	特徴・特記事項	材料特性値・プロセスパラメーター					
			伸び	局部伸び	n値	r値	負荷経路	摩擦係数
なし	張出し変形	平面ひずみ，2軸引張り変形	◎		◎			
	軸圧縮・張出し変形	圧縮-引張応力変形，座屈-破断限界			○	◎	◎	○
	軸圧縮・押出し変形	内圧で座屈抑制しながらの押出し変形，面内せん断変形				◎	◎	◎
	キャリブレーション・張出し変形	低拡管率，横断面型形状へのなじみ変形（局部張出し）		○	◎		○	○
曲げ変形	張出し変形	曲げによる偏肉（増肉・減肉）と円周方向強度不均一分布の影響大．				○	◎	○
	軸圧縮・張出し変形						◎	○
	軸圧縮・押出し変形						◎	○
	キャリブレーション・張出し変形						○	○
プレスつぶし変形	張出し変形	横断面内局部的曲げコーナー部のハイドロフォーミングでの変形抑制．ハイドロフォーミング横断面形状とのマッチング．金型との接触状況の変化．横断面内平均拡管率と分割された自由変形部での局部拡管率．						
	軸圧縮・張出し変形			○	◎	◎	◎	○
	軸圧縮・押出し変形				◎	◎	◎	○
	キャリブレーション・張出し変形						○	○
曲げ後プレスつぶし変形	張出し変形	曲げ変形とプレスつぶし変形欄の特記事項に同じ．残留変形余裕度小なので軸押し効果期待できない場合はキャリブレーションに留めるか，中間熱処理を施す．						
	軸圧縮・張出し変形			○	○		◎	○
	軸圧縮・押出し変形						◎	○
	キャリブレーション・張出し変形						○	○
縮径変形	張出し変形	縮径変形による増肉・機械的性質変化．内面しわに留意．必要に応じ中間熱処理．						
	軸圧縮・張出し変形		○	○		○	◎	◎
	軸圧縮・押出し変形						◎	◎
	キャリブレーション・張出し変形						○	○

* ◎: 影響大, ○: 影響あり

② プレスつぶし変形
③ 曲げ後プレスつぶし変形
④ 縮径変形
また，ハイドロフォーミングの変形として，
ⓐ 張出し変形
ⓑ 軸圧縮，張出し変形
ⓒ 軸圧縮，押出し変形
ⓓ キャリブレーション，張出し変形
の四つに分類した．実際の変形は，①～④とⓐ～ⓓの組合せからなる．それぞれの変形の特徴から，影響の強い材料特性値（伸び，局部伸び，n 値，r 値）とプロセスパラメーター（負荷経路，摩擦係数）で整理したものである．ハイドロフォーミングにおける変形形態の分類と成形性評価試験方法の確立が必要であるが，実験データと議論がまだ不十分である．今後，検証データの蓄積が待たれる．

5.5 制御方式

　チューブハイドロフォーミングを成功させるためには，その重要なプロセスパラメーターの軸押しと内圧を適切に同期させ，高精度に制御することが大切である．従来の油圧駆動式加工機械は低速であり，その低い生産性が本加工法の欠点の一つとしてあげられていた．近年はその課題を克服するため，高速化を図る工夫が取り入れられている．高速に成形するためには，制御方法としても高精度だけでなく高応答で安定した制御が求められるようになっている．

　図5.68に，油圧制御システム系で構成されているT成形用ハイドロフォーミング装置の基本的構成を示す．その構成は変わらないが，最近の装置ではコンピューターによる圧力および位置のデジタル制御化が進んでいる．ハード面では，その制御のために位置および圧力センサーが機械に取り付けられ，油圧サーボ機構の導入で新たに油圧ポンプと，ACサーボモーターを組み合わせたDDVサーボポンプ (direct drive volume control pump) が多用されるようになっている（図5.38参照）．このようなサーボ化は装置を小型化し，さらに高速応答，静音，クリーン環境，省エネルギーの実現にも貢献している．一方，ソフト面では，加工情報（材料条件，加工条件，負荷経路など）の蓄積（データベース化）を通して制御への活用がしやすくなってきている．制御方法の新たな試みとして，FEMを用いたファジィ制御によるT成形シミュレーションが行われ，肉厚分布の一様化を図る最適加工負荷経路が求められ，その経路を用いたフィードバック制御が行われている[5.115, 5.131, 5.132]．

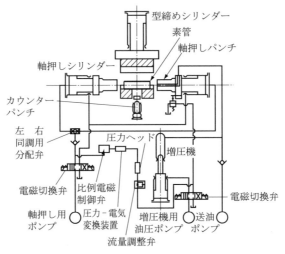

図 5.68 T 成形用ハイドロフォーミング装置構成 [5.133]

チューブハイドロフォーミングにおける制御対象は，主に内圧と軸押しの二つであるが，T 成形などでは枝管成形用カウンターパンチの位置（力）も加わって三つになる．加工機械の詳細な説明は第 7 章で行うが，本節では，内圧，軸押しパンチ，カウンターパンチのそれぞれの制御方式について説明する．

5.5.1 内圧の制御

内圧は，成形時間や軸押し量に対して制御するが，5.2.1 項 (1) で述べたようにハイドロフォーミングでは軸押しと内圧との負荷経路が非常に重要なため，内圧制御は精度よく行うことが必要である．内圧には，増圧と減圧の両方の制御ができるシステムが要求される．

上記の内圧を制御する方法とは異なり，圧力媒体の流入量を制御する方法も検討されている [5.134, 5.135]．とくに，自由バルジ成形で拡管する場合，管は大径化しながら薄肉化するため，管に負荷できる内圧には最大値が存在し，それ以降は内圧が降下しながら拡管が進行する．そこで，流入量制御を用いることによって，安定した拡管変形が可能になる．

また，新しい内圧の制御方式として，内圧を振動負荷する方式 [5.136] が注目されている．図 5.38 に示した DDV サーボポンプを用いた各種の研究結果 [5.78, 5.79, 5.136〜5.138] から，内圧に振動を付加することによってハイドロフォーミングの成形性が向上することが確認されている．たとえば，図 5.69 は T 成形の枝管部肉厚における比較であるが，通常の方式（静圧制御）よりも減肉が抑制された結果が得られている．内圧の

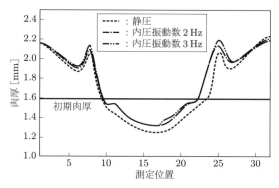

図 5.69 静圧制御と内圧振動制御における T 成形品の肉厚分布の比較 [5.136]

振動によって摩擦が低減した効果といわれている[5.78, 5.79]．その一方で，自由バルジ成形でも成形限界向上に効果がある[5.138]．図 5.70 に示すように，通常の静圧制御では円形やしわ状に拡管されるのに対し，内圧を振動負荷する方式では台形状に一様変形されている．この方式に関しては，そのメカニズムは十分解明されていないが，ハイドロフォーミングのさらなる発展の一手段として期待されている．

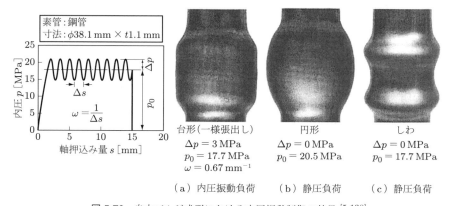

図 5.70 自由バルジ成形における内圧振動制御の効果 [5.138]

5.5.2 軸押しパンチおよびカウンターパンチの制御

チューブハイドロフォーミングにおいて，管端からの軸押込みは，材料の流動を促し，ダイキャビティに材料を供給して肉厚減少を抑制し，拡管限界を向上させる重要な役割をもっている．軸押込みは，その大きさの調節と内圧の負荷とのタイミングを適切に行えばその効果は大きいが，過大な押込みは管材料の座屈やしわの発生を引き起こし，過小な押込みであると十分な効果を発揮することができない．軸押込みの制

御は，内圧の変化に対応して適切に制御することが要求される．

軸押しパンチの制御は，大きく分けて位置の制御（変位制御）と力の制御（荷重制御）がある．変位制御のほうが最終軸押し量を固定でき，製品の寸法精度上も有利であるため，実加工においては変位制御が主流である．一方，荷重制御は研究的にはよく実施されており，とくに5.3節で説明した応力比を一定にした自由バルジ試験[5.103～5.106]で用いられている．

カウンターパンチは主に枝管張出しの際の頭部における破裂防止として用いられる．図2.12は，単純なT成形の例であり，図5.71は，さらに複雑な形状のエキゾーストマニホールドの成形に用いられた例である．また，カウンターパンチの制御方式には，荷重制御と変位制御のいずれの例もあるが，制御対象が先に述べた内圧と軸押しの二つに対してさらに一つ追加されるため，負荷経路の導出はより難しくなる．

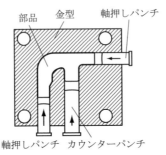

図5.71 エキゾーストマニホールド部品の成形におけるカウンターパンチの使用例 [5.139]

5.6 金型設計および製品設計

5.6.1 ハイドロフォーミング用金型設計の留意事項

チューブハイドロフォーミングでは，金型は工法の種類，素管の材質・寸法（直径・肉厚），プレス機械の形式などによってその金型構造，形状および材質を変更する必要がある[5.140]．

① 雌型（外型）だけで雄型（内型）がないので，内圧不足や場所による材料の流れ方の違いなどから，製品がどうしても金型の寸法どおりにはできないことがあり，要求を満たすようにコーナーR部などの金型の形状・寸法を決める必要がある．

② 高圧法のように高い内圧を負荷しながら軸圧縮して成形する場合には，管と金型の間の摩擦抵抗が大きく，軸押込み力は大きい．摩擦抵抗を減らして軸押込み力を軽

減するために，素管にショットブラストをかけるなどして表面をざらざらにして油だめをつくることや，リン酸塩，シュウ酸塩の被覆処理を行うこと，あるいは金属石鹸などの適当な潤滑剤を選ぶことが重要である．
③ 内圧を負荷する前に管と金型の間に入ってしまった油の逃げ道を考慮する必要がある．この逃げ道がないと，所望の形状に成形できなかったり，しわなどの不整変形が生じる場合がある．管内部に残留した空気も成形後の寸法がばらつく原因となる．空気を抜く方法には，管内に導入する水（油）に旋回流を生じさせ，水と一緒に空気も排出されるなどのさまざまなアイデアが考案されている[5.141]．
④ 薄肉製品を成形するとき，早期の破断を防止するためにはダイクッションをつけることが必要な場合もある．
⑤ ①〜④のほかに，金型の合わせ目の加工，金型の厚みなどの決め方に注意を要する．

上記以外にも，以下に示す一般のプレス加工用金型と変わらない具備すべき事項もある．
⑥ 金型交換が容易で，かつ短時間にできる構造にする．
⑦ 保守，整備が容易なこと．

5.6.2 金型および押込み工具の形状寸法

(1) 金型の分割方式

ハイドロフォーミングでは，一般に素管挿入や製品取出しのため，金型は図2.14 (a) のように上下2個に分割することが多い．この場合，成形内圧は管の内面全体にかかるので，上下の型を離そうとする力は大きく，上部の型締め力は10〜30 MNになるものもある[5.140]．このプレスの能力が大きくなるとプレスのフレームのたわみが大きくなり，横からの軸押しパンチの位置が定めにくくなるので，成形するものの形によっては，図2.14 (b) にように型を左右に分割することもある．このようにすると，型を左右から押さえるプレスが必要であるが，その能力は管の膨出部のみの横方向の反力を受ければよいので，小さくて済む．この場合，上下の大きい型締めシリンダーは不要になるが，素管の挿入，製品の取出し機構が複雑になる．製品の形状によっては，金型を三つ割りにする場合もあり，また，二つ割りでも割型の半径方向の反力は図5.72のように左右2個のテーパーリングで受ける場合がある[5.140]．

図5.27のように膨らみ量が大きく，製品の肩半径が小さい場合などでは，金型を可動方式とする場合がある（5.2.3項 (1) 参照）．プリフォーミングのつぶし成形を考慮した横方向や管軸方向の金型可動方式がそれぞれあり，成形中に移動させる場合もあれば，加工内圧を負荷して成形後に移動させる場合もある．

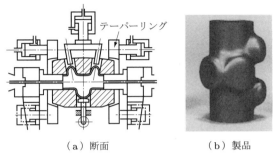

(a) 断面 　　　　　　　(b) 製品

図 5.72　型押えにテーパーリングを用いた金型 [5.140]

(2) 金型形状・寸法

ハイドロフォーミングでは加工内圧が低いと，金型形状どおりに転写・成形できない．図 5.73 は円管の外側に円筒形の型を置いて，内圧のみを負荷して張り出させたときの型への転写形状を調べたものである．張出し形状は，無次元張出し半径 (r/R) で表す．管中央部から型と接触し，型との接触する長さを増大させながら管の変形が進行する．型と接触しない自由バルジ変形部の管の肩部を所望の形状に成形する場合は，その形状を考慮した金型に設計しなければならない．しかし，内圧のみの負荷でその肩部の曲率半径を小さくすることは難しく，事前に成形可能な曲率半径を理解しておく必要がある．図 5.74 は，実験で得られた加工内圧と，成形された管の肩部の曲率半径との関係である．加工内圧を増やせば，肩部の曲率半径をある程度まで小さくできるが，負荷できる内圧の限界から，現実には最小となる曲率半径が存在する．一般に，厚肉で硬質管ほど，肩部の曲率半径は小さくできない．肩部の曲率半径を小さくするには，5.1.1 項 (2)，5.1.2 項や 5.2.3 項 (1) で述べたように，内圧のほかに軸押込

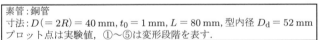

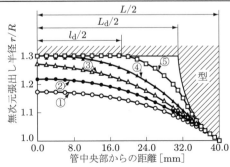

図 5.73　ハイドロフォーミングにおける型との接触変形状態 [5.142]

5.6 金型設計および製品設計

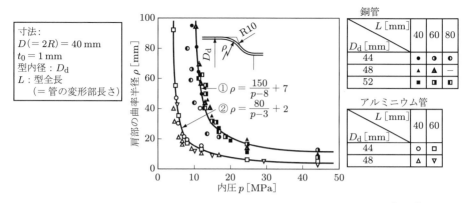

図 5.74 ハイドロフォーミングにおける肩部の曲率半径と加工内圧の関係 [5.143]

みを付加したり，金型を移動させたりすることが効果的である．

図 5.75 に示すような平面座の平面度が要求される薄肉形状部品をハイドロフォーミングする場合，製品と同じ形状で金型を製作すると，成形後の管 A-A 断面形状が周囲の肩部が引けて中高になり，平面座とならない [5.144]．したがって，金型設計では，図 5.76 に示すように，平面座となる部分の金型の形状を中凹にする必要がある [5.144]．

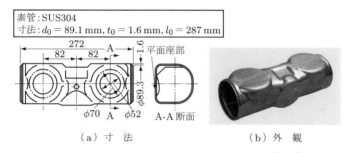

図 5.75 平面座の平面度が要求される薄肉部品 [5.144]

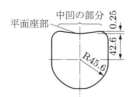

図 5.76 金型の形状（中凹）[5.144]

素管と金型とのクリアランスは，摩擦力や加工特性に影響を及ぼす重要な加工因子である．内圧のみを加えるクロス継手成形のシミュレーション結果 [5.145] では，クリアランスが大きいほど最大加工内圧は低くなる．同一内圧条件下で同一枝管高さを得

るために必要な軸押込み量は，クリアランスが大きいほど増加する傾向がある．したがって，クリアランスをゼロにした設計は，加工装置能力（最大加圧力）の見積りでは安全側の見積もりになるが，軸押し用シリンダーの見積りではストローク不足に陥る可能性があるので注意が必要である．

(3) 押込み工具の形状

軸押しパンチは，管を両端からダイキャビティ内に押し込むはたらきをするだけでなく，水などの圧力媒体をいかに漏らさずに高い内圧まで負荷できるかという重要なシールの役割も果たす．通常，水漏れを防ぎ，適切な加工内圧まで上げて保持するためには，パッキン類は使わず直接管端を押すシール法が用いられる[5.133]．図 5.77 のような先端形状の軸押しパンチを用いたり，管端部を面取り形状にしたりして，直接パンチを押し込み，そのときの管の局部的塑性変形を利用してシールする．管の端面にきずが残るのが欠点であり，薄肉管には不適当である．より高いシール性を要求する場合などは，図 5.78 のように管への案内部挿入長さを積極的に設けそれを長くしたものや，O リングとバックアップリングを用いる．しかし，挿入長さを長くすれば，軸押しに必要な力も増大する．また，軸押しパンチの先端部だけ交換可能とするものもある．

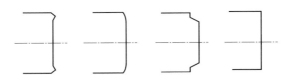

図 5.77 軸押しパンチ先端の形状 [5.133]

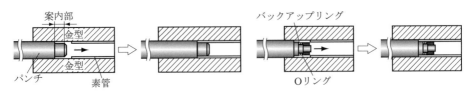

（a）長い案内部によるシール　　　　　（b）O リングによるシール

図 5.78 シールの概念図 [5.16]

● 5.6.3　金型および製品設計の考え方 ●

量産を対象とした場合の金型および製品設計における考え方・留意点[5.5, 5.146]を以下にまとめる．

(1) 拡管率の適正化

　基本的な考え方として，成形品の横断面周長を長手方向にできるだけ変化が少ないように設計することが重要である．ときには，肉余りを設けることも必要である．また，4.2 節で述べたように常に拡管変形だけを考えるのではなく，初期の管外直径を逆に大きくして部分的な縮管加工を導入することも大切である．そのときは JIS の管寸法と照合し，ハイドロフォーミングでの拡管率をできるだけ小さくする初期管外直径を設定すべきである [5.5]．それによって，より複雑形状部品の設計も可能となる．

　拡管率は製品の軸方向の曲がりや横断面形状によっても異なるが，一般に高圧法では両端付近で 20% 以内，中央部では 10% 以内とし，材料歩留まりを考慮すると両端部は 5% 程度を目安としたほうがよい [5.146]．

(2) 材料流動の適正化

　大型中空部材や，管端から遠い部位，曲げ部，段差部では，金型との摩擦抵抗によって軸力の伝達が阻害され，大きな軸押し効果が期待できない場合も多い [5.5]．拡管率を適正に設定することによって材料流動が円滑に行え，製品の高い形状・寸法精度も得られる．また，適切なテーパーや勾配を部品形状に設けることによって，軸押込みによる材料流動がしやすくなる．

(3) 製品断面のコーナー半径と長手方向曲げ半径の適正化

　量産を前提とした製品設計においては，断面形状のシャープエッジを極力避けるようにする．図 5.79 に示す管横断面のコーナー半径 r_2 は，管初期肉厚 t_0 の 2 倍以上，$r_2 > 2t_0$ を目安とする [5.146]．それに要する内圧 p は，次式から得られる圧力より高くする必要がある．

$$p = \frac{\sigma_\theta t}{r_2} \tag{5.3}$$

ここで，σ_θ は円周方向の変形抵抗（強度）である．設計段階において，$r_2 > 2\,t_0$ としたときは，

$$p = \frac{\sigma_\theta t}{r_2} > K \cdot \sigma_\theta \tag{5.4}$$

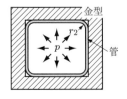

図 5.79　ハイドロフォーミング工程中の管横断面のコーナー半径

となる．ここで，$K = 2 \sim 3$ である．

また，プリベンディング工程における製品の長手方向曲げ半径 ρ は大きいほどよく，管外直径 D の 2 倍以上，つまり，$\rho > 2D$ を目安とする．

金型と管のクリアランスは，5.6.2 項 (2) に述べたように，成形特性への影響が大きいため，その適正化が必要である．

(4) 管端部断面形状の適正化

製品端部の断面形状をできるだけ素管端部の断面形状に一致させることで，材料歩留まりを大幅に向上することができる[5.147]．

以上の事項を設計段階で考慮することにより，工程の省略や成形内圧の低減，ひいては設備投資を低く抑えることも可能になる．

5.7 工程設計方案

詳細は第 7 章で述べるが，広義のチューブハイドロフォーミングは，次のような多くの工程からなる．
① 素管の切断と潤滑剤の塗布
② 縮管加工
③ 曲げ加工
④ プレスつぶし加工
⑤ ハイドロフォーミング（狭義のチューブハイドロフォーミング）
⑥ 切断
⑦ 接合，アセンブリ

各工程の設計方案はノウハウとして存在しているが，体系化やその確立までにはいたっていない．本節では，そのなかで重要な狭義のハイドロフォーミングの工程設計方案[5.5]について説明する．

○ 5.7.1 成形条件の決定 ○

ハイドロフォーミングは内圧と管の軸押込みの組合せを工程中にいかに適切な経路で負荷し，破裂（割れ）と，座屈・しわ・肉余りなどの形状不良を防ぐかが大きな問題である．実際には，プリフォーミングの曲げやつぶし加工における変形挙動が大きな影響を及ぼす．

(1) 成形内圧

図 5.80 に，T 成形工程における内圧と軸押込みの負荷経路を示す．一般に，内圧を

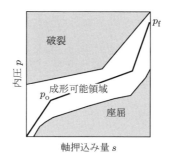

図 5.80 T 成形における負荷経路

高く負荷しすぎると破裂し,軸押込みを過度に加えると,座屈・しわ・肉余りが生じる.したがって,最も重要な点は,それらを回避するような成形内圧と軸押込み量の最適な負荷経路設計を行うことである[5.148, 5.149].なお,最終工程において,終圧 p_f まで圧力を急増させ,あるいは急増後 p_f で数秒間保持負荷させる工程は,図 5.79 に示す金型隅部におけるコーナー部の成形工程であり,キャリブレーション工程とよぶ(図 5.6 参照).

初圧 p_o は,式 (5.3) より,

$$p_\mathrm{o} = \frac{2t_0 \sigma_\mathrm{y}}{D} \tag{5.5}$$

となる.ここで,t_0 は素管の肉厚,D は素管の平均直径,σ_y は管の降伏応力である.なお,加工硬化の小さい材料では σ_y を引張強さ σ_B としても大きな差はない.また,終圧 p_f は,

$$p_\mathrm{f} = K \cdot \frac{2t_0 \sigma_\mathrm{B}}{D} \tag{5.6}$$

である.ここで,K は製品の形状などに依存する実験定数で,式 (5.6) において,σ_B を σ_y として用いた場合,同径枝管の T 成形では 4.7 が用いられている[5.150].式 (5.5),(5.6) は,比較的よい近似値を与えている.

(2) 軸押込み量

軸押しと内圧の負荷する順番と同期に関しては,次の三つが用いられるのが一般的である.いずれの場合も,まずはじめに内圧のシールのために一定初期軸力(押込み)を加えるが,以下ではこの工程を省略して説明する.

① まず,内圧を初圧 p_o まで上昇させる.その後,この p_o と終圧 p_f を結んだ直線に沿って内圧と軸押込み量を制御しながら成形する[5.148](図 5.81 (a)).
② 内圧が素管の降伏圧力 p_y(p_o に対応)の 1.2〜1.5 倍になるまで,管に作用する見掛けの応力比が一定になるように,内圧と軸押込み量を同期させながら負荷する.

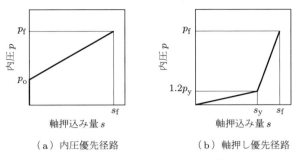

図 5.81　代表的な負荷経路設定の考え方

その見掛けの応力状態は，成形品の肉厚減少が最小になるように設定する．その後，軸押込み量を，終圧 p_f までさらに増加させる経路である[5.148]（図 (b)）．

③ まず，図 5.80 のように，内圧を軸押込みよりも優先させながら比例的に負荷し，枝管の成形が進行しはじめた後は軸押込みを優先させながら比例的に負荷する．最終工程では，型とのなじみ性を上げて製品精度向上を図るため，さらに高い内圧の割合で負荷して終了する．① と ② の中間的なものである．

どの負荷経路を選択する場合でも，破裂や座屈を生じないように成形限界線を避けて設定することが肝心である．

一般的なハイドロフォーミングの負荷経路は，時間軸を横軸にとると，図 5.82 のように表すことができる．キャリブレーション工程は成形後期の ⑤ である．

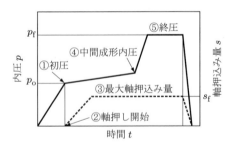

図 5.82　時間軸で表した代表的な負荷経路

以上の軸押込みに関する考え方は，単に軸押込みだけでなく，軸押し力や軸押し変位にも拡張・適用できるものである．

(3) 型締め力

図 2.14 (a) に示す一般的な上下分割金型を用いた場合の型締め力 $F_{\max}$ は，終圧 p_f と内圧が負荷される部品の水平投影面積 S_A との積として，次式より求められる．

$$F_{\max} = p_f \cdot S_A \tag{5.7}$$

本項で述べた加工負荷経路設計は，従来は試行錯誤や長年の経験と勘によって行われていたが，近年ではFEMと最適化手法を用いたCAEによる方法が進んでいる．

5.7.2 基本的設計のポイント

広義のハイドロフォーミングにおける基本的な設計ポイントを以下に列記する．

(1) 素管径の設計

4.1，4.2節で述べたように，プリフォーミングにおける素管径の設計が重要である．すなわち，後続のハイドロフォーミングで拡管される部位が，過大な肉厚減少や破裂を生じることなく拡管できるように，管の径を定めることが必要である（図4.2参照）．また，プリベンディングにおける曲げ外側での減肉，内側での増肉による偏肉とそれに伴う加工硬化による不均一な強度分布はハイドロフォーミングにおける加工限界を大幅に低下させる[5.151]．したがって，素管径（初期管周長）の設計にあたっては，それらの考慮も重要である．

(2) プリフォーミングの工程設計

プリベンディングされた素管をハイドロフォーミング金型に収納するために，また，任意の箇所を最終断面形状に近い形状にするために，プリフォーミングとしてつぶし加工を行うことがしばしばある（4.4節参照）．これには，作業性から金型内に素管をセットしやすくすると同時に，横断面内の変形の不均一による成形限界の局部的な低下を避け，変形を均一に配分させるはたらきがある．金型横断面内での管の初期充満状態と金型との接触状態が良好でない場合には，材料の局所的な伸び変形や肉余りを生じさせ，管周長全体では拡管率が低い場合でも予想外の成形不良を引き起こすことがある[5.5]．つぶし加工で理想的なプリフォーミング形状にするために，ビードをつけたり複数方向からの適切なつぶし加工が可能になるようにしたりする工程設計が必要である[5.5]．なお，つぶし加工は型締め時の噛み込みを防止するためにも役立つ[5.17]．

(3) 潤滑から見た加工条件の設計

金型との摩擦・潤滑は，ハイドロフォーミング性を大きく左右するものである．軸押しによる型内への材料流動の促進や横断面内での変形の均一化には摩擦係数が小さいことは重要であり[5.125]，良好な潤滑剤ならびに，適した金型表面性状の選定が要求される．とくに，成形内圧が高くなってからの軸押しは高摩擦となり，管と金型との焼付きの危険性が高く，それらを配慮した金型設計が望まれる．

(4) ポストフォーミングの工程設計

以上ではプリフォーミングおよび狭義のハイドロフォーミング工程の設計方案を述

べたが，引き続くポストフォーミングの工程を考慮に入れておくことも重要である．ハイドロフォーミングが終了した後，部材を型から取り出すことなく，内圧を負荷した状態で行われるポストフォーミングには，穴あけ（ハイドロピアシング，ハイドロバーリング），接合（ハイドロジョイニング），切断（ハイドロトリミング）などがある．これらのポストフォーミングは，工程数の削減，製造コスト低減の点で有利であり，ハイドロフォーミングの大きな特徴の一つである．ポストフォーミングの工程設計としては，たとえば，ハイドロピアシングにおいては，加工時の内圧が低いと，ダレ，周辺のたわみ変形が生じて打抜き品質が低下する[5.152]ので，加工内圧の最適設計が必要である．多数個の穴あけをする場合は，高圧にするとともに，同時にせん断が終了するように工程設計ならびに工具設計をすることが必要である．狭義のハイドロフォーミング工程にポストフォーミングを組み入れ，工程数削減を図る設計も重要である．ポストフォーミングについては第 6 章で述べる．

参考文献

[5.1] Schmoeckel, D., Hielscher, C. & Prier, M.: Proc. 6th Int. Conf. Technol. Plast. (ICTP), (1999), 1171-1182.
[5.2] 真嶋聡・杉山隆司・寺田耕輔・高橋進・住本大吾・吉田亨・栗山幸久：平成 12 年度塑性加工春季講演会講演論文集，(2000), 427-428.
[5.3] Manabe, K. & Amino, M.: Proc. Int. Conf. Advances Mater. Process. Technol. (AMPT '98), (1998), 523-530.
[5.4] 白寄篤・三次悠介・奈良崎道治・淵澤定克：第 58 回塑性加工連合講演会講演論文集，(2007), 411-412.
[5.5] 阿部英夫：自動車技術会 2001 材料フォーラムテキスト，(2001), 16-22.
[5.6] Singh, H.: Association for Forming and Fabricating Technologies, SME, Michigan, (2003).
[5.7] Mason, M.: Proc. Int. Seminar on Recent Status & Trend of Tube Hydroforming, (1999), 80-98.
[5.8] 日経メカニカル，No.539 (1999), 44.
[5.9] 小島重信・城田透・田頭扶：塑性と加工，28-322 (1987), 1173-1180.
[5.10] 蒲原秀明・吉富雄二・島口崇・野村浩：塑性と加工，23-255 (1982), 315-320.
[5.11] 小野泰男・服部圭助：鉄と鋼，72-4 (1986), 360.
[5.12] 大橋隆弘・林一成・早乙女康典・天田重庚：平成 12 年度塑性加工春季講演会講演論文集，(2000), 261-262.
[5.13] 大橋隆弘・松井一生・早乙女康典：第 52 回塑性加工連合講演会講演論文集，(2001), 27-28.
[5.14] Altan, T.: Proc. Int. Seminar on Recent Status & Trend of Tube Hydroforming, (1999), 1-17.
[5.15] Suzuki, K., Uwai, K., Toyoda, S., Yu, Q., Shiratori, M. & Mori, T.: 第 195 回塑性加工シンポジウムテキスト，(2000), 238-243.

[5.16] 阿部英夫・園部治：プレス技術, 39-7 (2001), 24-27.
[5.17] 清水雄二：第 79 回塑性加工学講座テキスト, (2000), 181-182.
[5.18] 鈴木孝司・上井清史・豊田俊介・福村勝・于強・白鳥正樹：平成 14 年度塑性加工春季講演会講演論文集, (2002), 249-250.
[5.19] 淵澤定克・沼沢誠・白寄篤・奈良崎道治：第 49 回塑性加工連合講演会講演論文集, (1998), 301-302.
[5.20] 淵澤定克・白寄篤・山本裕孝・奈良崎道治：塑性と加工, 35-398 (1994), 250-255.
[5.21] 石樽治寿・折居茂夫・淵澤定克・白寄篤：平成 11 年度塑性加工春季講演会講演論文集, (1999), 227-228.
[5.22] 淵澤定克・奈良崎道治・高橋正春・佐野利男：第 39 回塑性加工連合講演会講演論文集, (1988), 517-520.
[5.23] Wang, X., Yuan, S. & Yuan, W.: Proc. TUBEHYDRO 2005, (2005), 83-88.
[5.24] Yuan, S., Liu, G. & Lang, L.: Trans. Nonferrous Metals Society of China, 13-1 (2003), 152-156.
[5.25] 特許 第 1853435 号 (1994).
[5.26] 淵澤定克：鉄と鋼, 90-7 (2004), 451-461.
[5.27] 鈴木孝司・水越秀雄：塑性と加工, 45-521 (2004), 391-395.
[5.28] 桑原利彦：日本鉄鋼協会 鋼管の成形性評価研究会報告, (2005).
[5.29] 依藤章・河端良和・大西寿雄・板谷元晶・森岡信彦・豊岡高明：塑性と加工, 47-551 (2006), 1141-1145.
[5.30] Sakamoto, S., Terada, Y., Ushioda K. & Mizumura, M.: Proc. TUBEHYDRO 2005, (2005), 42-47.
[5.31] Edgar, K. & Kelder, M.: SME Technical Paper, TP04PUB207, (2004).
[5.32] Shao, J. & Shimizu, Y.: Proc. Int. Seminar on Recent Status & Trend of Tube Hydroforming, (1999), 73-79.
[5.33] Kneiphoff, U. & Weil, W.: Blech Rohre Profile, 10 (2000), 20-23.
[5.34] 井口敬之助・水村正昭・丹羽俊之・栗山幸久・澤田真也：平成 17 年度塑性加工春季講演論文集, (2005), 347-348.
[5.35] 富澤淳・泰山正則・亀岡徳昌：第 56 回塑性加工連合講演会講演論文集, (2005), 197-198 / 199-200.
[5.36] Shirayori, A., Fuchizawa, S., Ishigure, H. & Narazaki, M.: J. Mater. Process. Technol., 139 (2003), 58-63.
[5.37] Ragab, A. R., Khorshid, S. A. & Takla, R. M.: Trans. ASME, J. Eng. Mater. Technol., 107-10 (1985), 293-297.
[5.38] 廣井徹磨・西村尚：塑性と加工, 37-430 (1996), 1193-1198.
[5.39] 淵澤定克・佐藤晃一・糸賀健太郎・白寄篤・奈良崎道治：第 51 回塑性加工連合講演会講演論文集, (2000), 361-362.
[5.40] 内田光俊・小嶋正康：第 52 回塑性加工連合講演会講演論文集, (2001), 3-4.
[5.41] 淵澤定克・下山卓宏・白寄篤・奈良崎道治：第 52 回塑性加工連合講演会講演論文集, (2001), 23-24.
[5.42] 日本アルミニウム協会：平成 11 年度材料関連知的基盤整備受託成果報告書 (2001), 196.
[5.43] 森茂樹・真鍋健一・西村尚：塑性と加工, 29-325 (1988), 131-138.
[5.44] 淵澤定克・田中幸一・白寄篤・奈良崎道治：第 53 回塑性加工連合講演会講演論文集, (2002),

221-222.
[5.45] 近藤清人・中嶋勝司・井関博之：平成14年度塑性加工春季講演会講演論文集, (2002), 257-258.
[5.46] 内山剛志・直井久・高屋雅啓・生田文昭・桑原義孝：第56回塑性加工連合講演会講演論文集, (2005), 129-130.
[5.47] 真鍋健一・藤田幸太・多田一夫：第59回塑性加工連合講演会講演論文集, (2008), 211-212.
[5.48] 地西徹・長沼年之・高橋泰・村井勉：平成22年度塑性加工春季講演会講演論文集, (2010), 189-190.
[5.49] 高橋明男：第106回塑性加工シンポジウムテキスト, (1986), 17-26.
[5.50] 浮田日出夫：塑性と加工, 32-366 (1991), 818-824.
[5.51] ボゴヤブレンスキー, K. N.・コビシェフ, A. N.・フリン, I. V.：塑性と加工, 23-255 (1982), 303-306.
[5.52] 佐藤浩一・弘重逸朗・平松浩一・真野恭一：平成18年度塑性加工春季講演会講演論文集, (2006), 1-2.
[5.53] 上田照守：プレス技術, 17-7 (1979), 49-55.
[5.54] 黒川宣幸・富澤淳・小嶋正康：平成18年度塑性加工春季講演会講演論文集, (2006), 3-4.
[5.55] Lee, M. Y., Soh, S. M., Kang, C. Y. & Lee, S. Y.: J. Mater. Process. Technol., 130-131 (2002), 115-120.
[5.56] 田中光之・道野正浩・佐野一男・成田誠：塑性と加工, 35-398 (1994), 232-237.
[5.57] 真鍋健一・淵澤定克：塑性と加工, 52-600 (2011), 36-41.
[5.58] 長縄尚・田中伸司・吉富雄二・岩倉昭太・中崎隆光・佐藤登志美：塑性と加工, 44-507 (2003), 442-446.
[5.59] 田中伸司・長縄尚・吉富雄二・岩倉昭太・佐藤登志美：塑性と加工, 44-509 (2003), 656-660.
[5.60] 日経ものづくり：Tech-On (2005-5-20).
[5.61] 上野行一・岸本篤典・岡田正雄・弓納持猛・上井清史・鈴木孝司：塑性と加工, 48-563 (2007), 1055-1059.
[5.62] 水村正昭・佐藤浩一・栗山幸久・有田英弘：平成21年度塑性加工春季講演会講演論文集, (2009), 421-422.
[5.63] 中村正信：日本鉄鋼協会管工学フォーラム資料, 9441 (1996), 21-26.
[5.64] 福地文亮・林登・小川努・横山鎮・堀出：軽金属, 55-3 (2005), 147-152.
[5.65] 木山啓・北野泰彦・中尾敬一郎：軽金属, 56-1 (2006), 63-67.
[5.66] Altan, T., Aue-U-Lan, Y., Palaniswamy, H. & Kaya, S.: Proc. 8th Int. Conf. Technol. Plast. (ICTP), (2005), Keynote Paper.
[5.67] Keigler, M., Bauer, H., Harrison, D. & De Silva, A. K. M.: J. Mater. Process. Technol., 167 (2005), 363-370.
[5.68] 森謙一郎・藤本浩次・牧清二郎：平成19年度塑性加工春季講演会講演論文集, (2007), 251-252.
[5.69] Okamoto, A., Naoi, H. & Kawahara, Y.: Proc. TUBEHYDRO 2007, (2007), 121-128.
[5.70] Huang, C. C., Huang, J. C., Lin Y. K. & Hwang, Y. M.: Mater. Trans., 45-11 (2004), 3142-3149.
[5.71] Neugebauer, R., Sterzing, A., Kurta, P. & Seifer, M.: Proc. 8th Int. Conf. Technol. Plast. (ICTP), (2005).
[5.72] 大沢泰明・西村尚：塑性と加工, 21-238 (1980), 953-960.
[5.73] Akkus, N.・真鍋健一・川原正言・西村尚：塑性と加工, 39-453 (1998), 1065-1069.
[5.74] 山田隆幸・高木日出男・伊藤道郎・小山起之：金属プレス, 30-9 (1998), 33-44.

[5.75] 野村拓三・山田隆幸：第 190 回塑性加工シンポジウムテキスト, (2000), 49-56.
[5.76] 力丸德仁・伊藤道郎：プレス技術, 39-7 (2001), 58-65.
[5.77] （株）オプトン リーフレット (2005)
[5.78] 浜孝之・浅川基男・吹春寛・牧野内昭武：第 53 回塑性加工連合講演会講演論文集, (2002), 223-224.
[5.79] 浜孝之・浅川基男・吹春寛・牧野内昭武：第 54 回塑性加工連合講演会講演論文集, (2003), 339-340.
[5.80] 森謙一郎・Patwari, A. U.・牧清二郎：第 53 回塑性加工連合講演会講演論文集, (2002), 337-338.
[5.81] 富永寬・高松正誠：塑性と加工, 7-69 (1966), 548-555.
[5.82] 日本塑性加工学会編：高エネルギー速度加工, (1999), 5, コロナ社.
[5.83] 加賀廣・中沢克紀：塑性と加工, 12-127 (1971), 596-602.
[5.84] 中沢克紀・加賀廣：塑性と加工, 13-132 (1972), 14-20.
[5.85] 中沢克紀・谷治司郎・加賀廣：塑性と加工, 16-171 (1975), 306-312.
[5.86] Fuchizawa, S., Narazaki, M. & Shirayori, A.: Proc. 5th Int. Conf. Technol. Plast. (ICTP), (1996), 497-500.
[5.87] 淵澤定克：塑性と加工, 41-478 (2000), 1075-1081.
[5.88] 白寄篤・淵澤定克・齋藤秀毅・奈良崎道治：第 49 回塑性加工連合講演会講演論文集, (1998), 293-294.
[5.89] 白寄篤・淵澤定克・石樽治寿・奈良崎道治：平成 12 年度塑性加工春季講演会講演論文集, (2000), 439-440.
[5.90] 白寄篤・佐藤弘樹・淵澤定克・奈良崎道治：第 52 回塑性加工連合講演会講演論文集, (2001), 25-26.
[5.91] 白寄篤・北村康弘・淵澤定克・奈良崎道治：第 54 回塑性加工連合講演会講演論文集, (2003), 335-336.
[5.92] Kim, J. & Kang, B.: Proc. TUBEHYDRO 2003, (2003), 36-41.
[5.93] 吉田亨・栗山幸久・住本大吾・寺田耕輔・高橋進・真嶋聡・杉山隆司：平成 12 年度塑性加工春季講演会講演論文集, (2000), 425-426.
[5.94] 淵澤定克・池田雄一郎・白寄篤・奈良崎道治：第 52 回塑性加工連合講演会講演論文集, (2001), 19-20.
[5.95] Ahmetoglu, M. & Altan, T.: J. Mater. Process. Technol., 98 (2000), 25-33.
[5.96] 橋本裕二・鈴木孝司・豊田俊介・郡司牧男・佐藤昭夫：平成 16 年度塑性加工春季講演会講演論文集, (2004), 291-292.
[5.97] 佐藤一雄・高橋壮治：塑性と加工, 23-252 (1982), 17-22.
[5.98] 耳野亨・村瀬貞彦：鋼管技報, 29 (1964), 28-40.
[5.99] 水村正昭・栗山幸久：平成 16 年度塑性加工春季講演会講演論文集, (2004), 289-290.
[5.100] 水村正昭・栗山幸久：第 57 回塑性加工連合講演会講演論文, (2006), 437-438.
[5.101] 橋本裕二・阿部英夫・園部治・依藤章：平成 13 年度塑性加工春季講演会講演論文集, (2001), 135-136.
[5.102] 中川威雄：プレス成形難易ハンドブック第 2 版, (1997), 日刊工業新聞社.
[5.103] 佐藤浩一・弘重逸朗・伊藤耿一・柴田勝久：第 51 回塑性加工連合講演会講演論文集, (2000), 355-356.
[5.104] 伊丹美昭・栗山幸久：第 52 回塑性加工連合講演会講演論文集, (2001), 11-12.
[5.105] 淵澤定克・近藤秀樹・白寄篤・奈良崎道治：第 53 回塑性加工連合講演会講演論文集, (2002),

219-220.
[5.106] 吉田健吾・桑原利彦・成原浩二・高橋進：塑性と加工，45-517 (2004), 123-128.
[5.107] 桑原利彦・成原浩二・吉田健吾・高橋進：塑性と加工，44-506 (2003), 281-286.
[5.108] 水村正昭・栗山幸久：塑性と加工，45-516 (2004), 60-64.
[5.109] 大矢根守哉：日本機械学会誌，75-639 (1972), 596-601.
[5.110] 麻寧緒・梅津康義：平成 16 年度塑性加工春季講演会講演論文集，(2004), 409-410.
[5.111] 水村正昭・栗山幸久：第 51 回塑性加工連合講演会講演論文集，(2000), 351-352.
[5.112] 菱田博俊：第 205 回塑性加工シンポジウムテキスト，(2001), 45-50.
[5.113] 水村正昭・栗山幸久：塑性と加工，44-508 (2003), 524-529.
[5.114] Birkert, A. & Neubert, J.: Hydroforming of tubes, extrusions and sheet metals, 1, (1999), 47-60.
[5.115] 宮本俊介・真鍋健一・小山寛：第 52 回塑性加工連合講演会講演論文集，(2001), 5-6.
[5.116] 池田光太郎・伊藤耿一・柴田勝久・大菅達司：第 50 回塑性加工連合講演会講演論文集，(1999), 451-452.
[5.117] 中村芳春・伊藤耿一・柴田勝久・佐藤浩一：第 52 回塑性加工連合講演会講演論文集，(2001), 7-8.
[5.118] 水村正昭・吉田亨：機械と工具，46-10 (2002), 46-51.
[5.119] 水村正昭・栗山幸久：平成 12 年度塑性加工春季講演会講演論文集，(2000), 433-434.
[5.120] Yoshida, T. & Kuriyama, Y.: Proc. IDDRG2000, 21 (2000), 43-52.
[5.121] 吉田亨・栗山幸久：第 49 回塑性加工連合講演会講演論文集，(1998), 321-322.
[5.122] 木村剛・日高敏郎・安友隆廣・八島常明・川崎卓巳・川野征士郎・荒木俊光：第 51 回塑性加工連合講演会講演論文集，(2000), 347-348.
[5.123] 水村正昭・本多修・吉田亨・井口敬之助・栗山幸久：新日鉄技報，380 (2004), 101-105.
[5.124] 網野雅章・真鍋健一：第 48 回塑性加工連合講演会講演論文集，(1997), 373-374.
[5.125] Manabe, K. & Amino, M.: J. Mater. Process. Technol., 123/2 (2002), 285-291.
[5.126] 橋本裕二・阿部英夫・園部治・依藤章：平成 13 年度塑性加工春季講演会講演論文集，(2001), 135-136.
[5.127] 水村正昭・栗山幸久：塑性と加工，45-517 (2004), 103-107.
[5.128] 水村正昭・栗山幸久：塑性と加工，45-525 (2004), 817-821.
[5.129] 麻寧緒・梅津康義・原田匡人：平成 12 年度塑性加工春季講演会講演論文集，(2000), 431-432.
[5.130] 麻寧緒・野口哲司・原田匡人：第 51 回塑性加工連合講演会講演論文集，(2000), 363-364.
[5.131] 真鍋健一・宮本俊介・小山寛：平成 14 年度塑性加工春季講演会講演論文集，(2002), 259-260.
[5.132] Manabe, K., Suetake, M., Koyama, H. & Yang, M.: Int. J. Mach. Tool Manuf., 46-11 (2006), 1207-1211.
[5.133] 木村淳二：第 75 回塑性加工シンポジウムテキスト，(1981), 52-59.
[5.134] 白寄篤・石樽治寿・淵澤定克・奈良崎道治：平成 13 年度塑性加工春季講演会講演論文集，(2001), 139-140.
[5.135] 白寄篤・淵澤定克・奈良崎道治：平成 15 年度塑性加工春季講演会講演論文集，(2003), 135-136.
[5.136] 八杉昌彦・水野竜人・力丸徳仁：日本塑性加工学会東海支部第 40 回塑性加工懇談会資料，(2002), 1-9.
[5.137] 森謙一郎・Patwari, A. U.・鳩野謙一郎・鈴木晴信：平成 14 年度塑性加工春季講演会講演論文集，(2002), 261-262.
[5.138] 森謙一郎・前野智美・牧清二郎：塑性と加工，47-548 (2006), 835-839.

[5.139] Leitloff, F. U. & Geisweid, S.: 塑性と加工, 39-453 (1998), 1045-1049.
[5.140] 日本塑性加工学会編：チューブフォーミング, (1992), 84-87, コロナ社.
[5.141] 中村正信：パイプ加工法, (1982), 163-165, 日刊工業新聞社.
[5.142] 淵澤定克・奈良崎道治：塑性と加工, 30-339 (1989), 520-525.
[5.143] Fuchizawa, S.: Proc. 3rd Int. Conf. Technol. Plast. (ICTP), (1990), 1543-1548.
[5.144] 日本塑性加工学会編：チューブフォーミング, (1992), 82-83, コロナ社.
[5.145] 白寄篤：宇都宮大学博士学位論文, (2007), 92-96.
[5.146] 児玉太郎彦：プレス技術, 37-11 (1999), 31-33.
[5.147] 石川茂・高橋進・寺田耕輔：日産技報, 45 (1999), 63-67.
[5.148] 吉富雄二・蒲原秀明・島口崇・浅尾宏・野村浩：塑性と加工, 28-316 (1987), 432-437.
[5.149] 東美晴・堀口徹夫：プレス技術, 17-8 (1979), 60-64.
[5.150] 栗原昭八：プレス技術, 17-3 (1979), 77-81.
[5.151] 阿部英夫・橋本裕二・園部治・依藤章：日本塑性加工学会南関東支部第11回技術サロン資料集, (2000), 14-22.
[5.152] 桑原利彦・勝田秀彦・村川正夫・野口裕之・神雅彦：平成12年度塑性加工春季講演会講演論文集, (2000), 441-442.

第6章
ポストフォーミング

> 一般に，ハイドロフォーム部品は3次元の複雑な形状をしているため，その後に行うポストフォーミングは高度な加工技術が要求される．ハイドロフォーミング終了後，通常，型へのなじみ性および寸法精度の向上を図るため，引き続き高圧を負荷するキャリブレーションが行われる．また，この高圧を利用して，ほかの部品との接合で必要となる穴あけ（ハイドロピアシング）が行われる．ハイドロピアシング以外のポストフォーミングには，ハイドロバーリング，ハイドロジョイニング，ハイドロフランジング，ハイドロトリミングなどがある．なかでも，ハイドロバーリングやハイドロジョイニングはハイドロフォーミング技術を広く普及展開するうえでの大きな技術課題となっている．本章では，各種ポストフォーミングとそれらの事例について説明する．

6.1 ハイドロピアシング

　管材からハイドロフォーミングによって成形された部品は，軽量・高強度・高剛性という特徴を有するが，フランジがないため，ほかの部品との接合が制約される．この課題を解決するために，いろいろな工夫や新たな技術が考案されている．

　ハイドロピアシングは，ハイドロフォーミング終了後，同一型内で管壁に穴あけを行う加工法である．ダイキャビティに沿った形状に管が成形された後に，管に内圧を作用させた状態で穴をあけるので，ハイドロピアシングとよばれる．自動車部品などのハイドロフォーム製品には，内面塗装液の導入および排出のための穴，後加工のための基準穴，ほかの部品を取り付けるための穴などの各種の貫通穴が必要である．これらの穴あけ加工は，ハイドロフォーミング後にレーザー加工，機械加工などで行うことも可能であるが，加工能率，加工コストの点からハイドロピアシングで行うのが有利である．

○ 6.1.1　加工方式 ○

(1) 内向きピアシング

　内向きピアシングは，型内に収納されたパンチを管内に向かって押し込んで穴を打ち抜く方法で，パンチ穴あけともいわれる．図6.1に加工状況を示す．図(a)はダイ

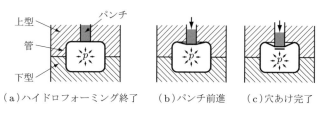

図 6.1 内向きピアシング

キャビティ壁面に材料が内圧で押しつけられた状態を示し，パンチの先端面はダイキャビティの壁面の一部を構成している．パンチ先端面には管壁を介して内圧が作用するので，パンチが後退しないように保持しておく必要がある．図 (b) はパンチが前進しはじめた状態を示し，パンチ周辺の材料が管内側に向かってたわみながら，パンチ刃先が材料にくい込み，せん断変形が生じる．このときの内圧には，パンチ周辺の材料たわみを抑制する役割がある．さらにパンチが前進すると，せん断変形が進行し，最終的にパンチ刃先近傍から亀裂が生じる．図 (c) に，穴あけ完了状態を示す．丸穴の場合には，穴周辺のたわみ領域に作用する内圧が穴のエッジ全周をパンチ側面に押しつけることによるシール効果もあって，穴あけによる内圧低下は小さい．図 6.2 は，丸穴の打ち抜きでのパンチ荷重とパンチストロークの関係を調査した例[6.1]である．亀裂が生じる直前で荷重が最大となり，穴あけ完了後も内圧の影響でパンチ荷重が残る．丸穴をあける際の最大パンチ荷重 $P_{\max}$ は，次式で簡便に推定できる[6.2]．

$$P_{\max} = 0.8\sigma_B \cdot t \cdot l + p \cdot A \tag{6.1}$$

ここで，σ_B：素管の引張強さ，t：素管肉厚，l：パンチ周長，p：内圧，A：パンチ端面の面積で，右辺第 1 項は管の穴あけ荷重の推定式，第 2 項は内圧による抵抗力である．

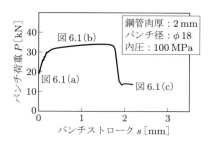

図 6.2 内向きピアシングにおけるパンチ荷重の測定例[6.1]

穴あけ後，パンチをもとの位置まで後退させると，穴から圧力媒体（水）が噴き出し，内圧は急激に低下する．管内に残った抜きかすは，管を型から取り出した後に管から除去する必要がある．場合によっては，管から抜きかすがダイキャビティ内に落

下することもあり，これも除去する必要がある．抜きかすの処理に手間がかかる場合には，抜きかすを管内に落下させない方法が採用される．第1は先端がとがったパンチで材料を突き破る方法，第2は次で説明する抜曲げである．

(2) 抜曲げ

抜曲げは，パンチを管内に向かって押し込む点に関しては，パンチ穴あけと同一である．パンチ刃先の輪郭の一部に丸みをもたせることによって，その部位での亀裂発生を防止し，前進するパンチによって折り曲げる点のみが異なる．加工状況を図6.3に示す．図(a)はシャープなパンチ刃先でせん断した状態，図(b)は丸みをもたせたパンチ刃先で一部がせん断されずに残された部分を折り曲げた状態である．抜曲げの場合には，せん断された瞬間に水が噴き出し，内圧が低下する．したがって，複数個の穴の抜曲げは同時に行う必要がある．

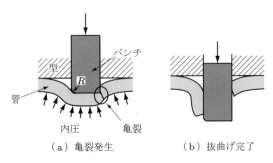

(a) 亀裂発生　　　　　(b) 抜曲げ完了

図6.3　抜曲げ

(3) 外向きピアシング

外向きピアシングは，内圧とダイキャビティ壁面に設けた穴（以下，ダイ穴という）によって，管の外側に向かって穴をあける方法で，内圧穴あけともよばれる．外向きピアシングでは，ダイ穴エッジが切れ刃となる．加工状況を図6.4に示す．図(a)はダイキャビティに管が内圧で押しつけられた状態で，内圧でパンチ（外向きピアシングの場合はプラグともいう）が後退しないように支えておく必要がある．外向きピア

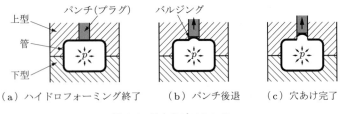

(a) ハイドロフォーミング終了　　(b) パンチ後退　　(c) 穴あけ完了

図6.4　外向きピアシング

シングはパンチを後退させることによって行われる．図(b)はパンチの後退と同時に内圧によってダイ穴内に材料がバルジングした状態を示す．この過程でダイ穴刃先が材料にくい込み，せん断変形が生じる．図(c)はダイ穴の輪郭形状に穴抜きされた状態を示し，湾曲した抜きかすがダイ穴内にはまり込む．抜きかすの処理方法としては，パンチを前進させてダイキャビティ内に押し出して回収する方法のほか，内圧を利用して型の側面から回収する方法も提案されている[6.3]．外向きピアシングでは，亀裂が生じた瞬間に管内の水が噴き出し，内圧は急激に低下する．したがって，外向きピアシングで抜きかすを分離させるには，ダイ穴全周で同時に亀裂を発生させる必要がある．また，複数個の外向きピアシングでは同時加工が必要である．

外向きピアシングに必要な内圧は，ダイ穴の面積と内圧の積が穴あけに必要な力に達することが条件となる．したがって，同一肉厚では，小径の穴ほど大きな内圧を必要とする．低い内圧で外向きピアシングを行うには，ダイ穴輪郭部の材料肉厚をあらかじめ減少させておく方法が有効である．図6.5はその一例を示し，ダイキャビティ壁面に管が押しつけられた後，パンチを肉厚の途中まで前進させてダイ穴輪郭部の肉厚を減少させた半抜き状態を示す．この後，パンチを後退させて穴あけを行う．

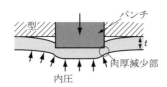

図6.5　内向きピアシングにおける半抜き状態

6.1.2　加工精度

ハイドロピアシングの加工精度でとくに問題とされるのは，穴エッジ近傍の管外表面の平たん度である．この部位が製品の基準面となる場合や，ほかの部品を取りつける面になる場合には平たん度が重要である．内向きピアシングの場合の穴エッジ近傍の断面形状を，図6.6に示す．6.1.1項(1)で説明したように，材料が管内側にたわみながら穴あけが行われるので，このたわみによって材料が塑性変形すると，穴あけ後にたわみが残る．たわみ量 b を"だれ"とよぶ．ただし，通常のパンチとダイを用い

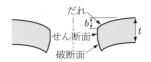

図6.6　内向きピアシング後の管の断面形状

た板の穴あけにおけるだれとは形成要因が異なる．図6.7(a)は丸穴の内向きピアシング時の内圧とだれの関係を示し，内圧が高いほどだれが小さくなる[6.1]．図(b)はパンチ径とだれの関係を調査した一例を示し，パンチ径が小さいほどだれが小さくなる[6.1]．外向きピアシングの場合には，ダイ穴周辺の材料は金型で支えられているので，内向きピアシングのような外面側のだれは発生しない．

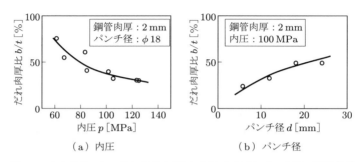

図6.7 内向きピアシングにおけるだれに及ぼす内圧とパンチ径の影響[6.1]

6.1.3 金型設計

(1) 内向きピアシング，抜曲げの場合

内向きピアシングや抜曲げで用いる金型は，油圧シリンダーでパンチを移動させる方法が一般的である．図6.8に，上型側から穴あけする場合の金型構造の一例を示す．油圧シリンダーは，ピアシング時に作動させる．油圧シリンダーへの作動油の供給は，外部の油圧ポンプから油圧配管を通して行うのが一般的である．パンチストッパーは，ハイドロフォーミング中にパンチが材料から受ける力を支えるためのものである．パンチ戻しスプリングの役割は二つある．第1は，材料がダイキャビティ壁面に接触するまで，パンチ先端面とダイキャビティ壁面を同一レベルに保つことである．第2は，ピアシング後の管からのパンチの抜取りである．パンチ戻しスプリングの反発力はパ

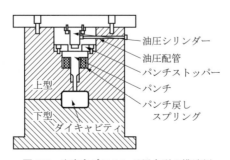

図6.8 内向きピアシング用金型の構造例

ンチの抜取りに必要な力から設定する．パンチの材質，硬度の選定は通常の板の穴あけ工具と同様でよいが，穴あけに必要な荷重のほかに内圧による軸圧縮荷重も作用するので，軸荷重による曲がり変形や折損が生じないような形状設計が重要である．

(2) 外向きピアシングの場合

図6.9に，上型側で穴あけする場合の外向きピアシング用金型の構造の一例を示す．油圧シリンダーのプランジャーを前進させて，パンチをダイ面と同じ位置に合わせた状態を示す．このときに，パンチ先端面の位置がダイキャビティ壁面の位置と一致するようにパンチを設定しておく．パンチストッパーは，油圧シリンダーのプランジャーを後退させて穴あけしたときのパンチの後退限界を設定するためのものである．外向きピアシングでは，切れ刃となるダイ穴エッジ部の摩耗とともに切れ味が低下し，管の外面側に発生するバリが問題となる．したがって，型は穴あけダイをはめ込む構造とし，型本体と異なる材質の採用や，交換が容易にできるようにしておくことが望ましい．

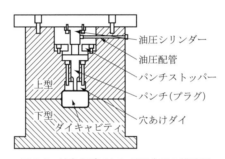

図6.9 外向きピアシング用金型の構造例

6.2 その他のポストフォーミング

ここでは，ハイドロピアシング以外のポストフォーミングとして，ハイドロバーリング・ハイドロジョイニング・ハイドロフランジング・ハイドロトリミングを紹介する．

6.2.1 ハイドロバーリング

ハイドロフォーム品は，6.1節で述べたように，フランジがないためほかの部品との接合が制約される．これを解決する方法の一つとして，ハイドロピアシングによってあけた穴にバーリング（穴広げ成形）を施し，つば出しをする加工法が開発されている．通常，穴あけとバーリングは別工程で行われるが，チューブハイドロバーリングでは，ハイドロピアシング後，ハイドロフォーム品に負荷されている高内圧を維持し

た状態で,引き続き連続してバーリングを行う.ハイドロピアシングとハイドロバーリングを連続で行わないと,圧力媒体が漏れて内圧が低下し,バーリングが困難になるからである.その工程を図6.10に示す.第1工程で内圧を負荷したまま管に内向きピアシングし,その状態でバーリングパンチで内側へ円筒状のつば出し加工をする.図6.11(a)は外側からみたハイドロバーリング面で,図(b)はハイドロバーリングによってフランジアップした内面側の写真である.そのフランジ部内面には,この後ねじ加工が施される.

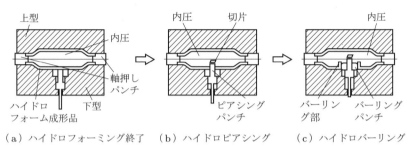

(a) ハイドロフォーミング終了　　(b) ハイドロピアシング　　(c) ハイドロバーリング

図6.10　ハイドロバーリング工程 [6.4]

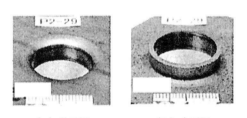

(a) 外面側　　(b) 内面側

図6.11　ハイドロバーリング部の外観 [6.4]

しかし,伸びフランジ性の低い材料や,薄肉の材料の素管では十分なフランジ高さが得られない.このような場合に,ほかの部品との締結を可能にするため,図6.12に示すように,ハイドロフォーム品にナットを埋め込む方法が考案された.第1工程で内圧を負荷したまま管に内向きピアシングした後,ピアシングパンチの肩部に乗せたナット(バーリングパンチ)を押し込んでバーリングを行い,内圧を下げた後でピアシングパンチを引き戻す.このようにして,締結用のナットをハイドロフォーム品に埋め込むことができる.これは,ハイドロピアシングと次に述べるハイドロジョイニングの複合加工でもある.

6.2 その他のポストフォーミング 175

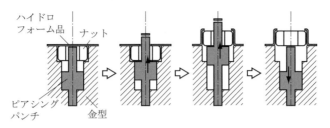

（a）ハイドロバーリングとナットの埋込み工程

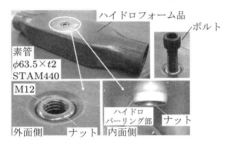

（b）ハイドロフォーム品へ埋め込まれたナット

図 6.12 ハイドロバーリングとナットの埋込み [6.5]

6.2.2 ハイドロジョイニング

図 6.13 に，ほかの部品とのハイドロジョイニングの事例として，チューブハイドロフォーミング工程中の塑性変形を利用したほかの材料とのリベット締結加工を示す．T 継手の枝管頭部に円板を乗せ，その上にセルフピアスリベットをセットした状態で，ハイドロフォーミングで枝管を成形していく．成形の最終段階で枝管頭部が頭押さえに到達すると，枝管頭部の上にセットされたセルフピアスリベットが円板を貫通して

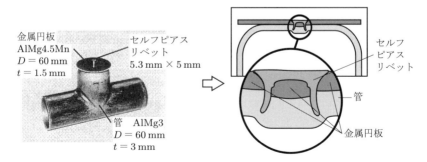

（a）円板とセルフピアスリベットの
　　セット状態

（b）枝管と円板の締結後の断面

図 6.13 セルフピアスリベットを用いたハイドロジョイニングの例 [6.6]

枝管に食い込み，円板が枝管に締結される．ハイドロフォーミング工程中に締結が完了するので，T成形後に別工程で締結する方式に比べて加工時間が短縮される．

図6.14は，ねじ付きリベット（ファスナー）を用いてハイドロピアシングし，その戻り行程で管壁にかしめ留めを行うねじ付きリベットの1工程締結法である．まず，パンチにねじ止めしたねじ付きリベットを工具として管の外側から押し込んでピアシングを行う（図(d)）．次に，パンチを逆に外向きに移動させる戻り行程でねじ付きリベットを管壁にかしめ留めする（図(f)）．その後，ねじ止めしていたパンチを緩めてねじ付きリベットから取り外す．このようにして，ほかの部材とねじ締結できる内向きねじ付きリベットを有する管ができる．

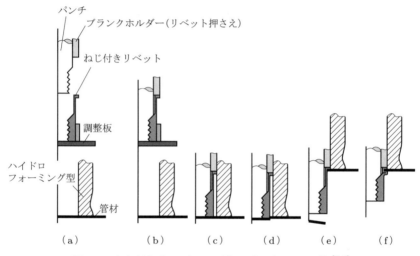

図6.14 ねじ付きリベットのハイドロジョイニング工程 [6.7]

6.2.3 ハイドロフランジング

フランジのないハイドロフォーム製品の一部に，ハイドロフォーミングの最終工程でほかの部品との接合に対処するためフランジを成形する試みがなされている．

図6.15は，ハイドロフォーム成形品の側壁面の一部にフランジを成形する方法を示したものである．まず，ハイドロフォーミングで本体部を成形するとともに膨出部を成形（図(a)）した後，内圧を下げ，金型内に設置したパンチにより膨出部をつぶし加工してフランジ部を形成する（図(b)）．その後，パンチを押し付けたまま内圧を上昇させ，本体部を再成形する（図(c)）．このようにして，管の側壁面の一部にフランジを有するハイドロフォーム成形品が得られる．図6.16(a)に壁面中央部へフランジを成形した例を，図(b)に壁面下部へフランジを成形した例を示す．このようにフラン

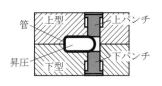 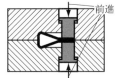 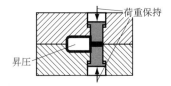

（a）1次ハイドロフォーミング　　（b）減圧後フランジ成形　　（c）2次ハイドロフォーミング

図 6.15　管壁面の一部へのハイドロフランジング工程 [6.8]

　実験結果　　　　FEM 結果　　　　　　実験結果　　　　FEM 結果
（a）壁面中央部フランジ　　　　　　　（b）壁面下部フランジ

図 6.16　ハイドロフランジングによって管壁面の一部へ形成されたフランジ [6.8]

ジを成形すると，ハイドロフォーム成形品をほかの部品との接合を容易にすることができる．このほかにも，さまざまなフランジ形態に対応したハイドロフランジングが考えられる．

6.2.4　ハイドロトリミング

　ハイドロフォーム品の生産ラインの最終工程には，通常，製品を切断したり，管端部の不要部分を切断除去したりするトリミング工程がある．このトリミング工程を，型や工具の工夫と負荷する内圧を制御することで，ハイドロフォーミング工程中に行うことも可能である．この方法を，ハイドロトリミングという．図 6.17 に，ハイドロフォーミングと切断を内圧の制御により同一型内で行った例を示す．このように，複雑形状品の同時穴あけ・切取り・切断を一つの工程で行うことも可能である．

　ハイドロフォーミング後に行われる複数取り用の分割切断やトリミングとしての管端部の切断は，従来のナイフ刃ロール押込みやプレスせん断などの塑性変形法（塑性加工）と，バイト切断やレーザー切断などの除去加工法（非塑性加工）の管用切断法が多く用いられている．詳しくは，塑性加工便覧の 13.7 節 [6.10] を参照してほしい．

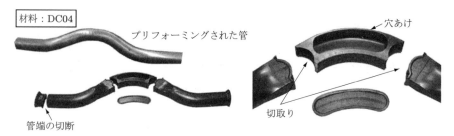

図 6.17 ハイドロフォーミング型内での高内圧による部品の同時穴あけ・切取り・切断 [6.9]

参考文献

- [6.1] 内田光俊・小嶋正康：平成 13 年度塑性加工春季講演会講演論文集，(2001)，129-130.
- [6.2] 内田光俊・小嶋正康：第 52 回塑性加工連合講演会講演論文集，(2001)，3-4.
- [6.3] 米国特許 5816089.
- [6.4] 水村正昭・栗山幸久・井口敬之助：第 56 回塑性加工連合講演会講演論文集，(2005)，189-190.
- [6.5] 水村正昭・佐藤浩一・栗山幸久：平成 20 年度塑性加工春季講演会講演論文集，(2008)，231-232.
- [6.6] Neugebauer, R., Mauermann, R. & Dietrich, S.: Proc. 7th Int. Conf. Technol. Plast. (ICTP), (2002), 1291-1296.
- [6.7] Farzin, M. & Shivpuri, R.: Proc. 8th Int. Conf. Technol. Plast. (ICTP), (2005).
- [6.8] 内田光俊・小嶋正康・富澤淳・井上三郎・菊池文彦：平成 22 年度塑性加工春季講演会講演論文集，(2010)，181-182.
- [6.9] Liewald, M. & Wagner, S.: Proc. TUBEHYDRO 2007, (2007), 19-26.
- [6.10] 日本塑性加工学会編：塑性加工便覧，(2006)，771-777，コロナ社．

第7章

加工機械・加工システム

一般に，実際のチューブハイドロフォーミングでは，その工法の特徴を最大限に生かすために，第6章までに説明した各工程以外の前後の工程も含めた一貫加工システムを構築して効率的に行われている．本章では，その加工システムにおけるプロセスの流れと，そこで用いられる代表的な加工機械について説明する．

7.1 加工システム全体の流れと特徴

◯ 7.1.1 加工システムの特徴 ◯

チューブハイドロフォーミングの加工システム全体の代表的な流れを，図7.1に示す．図に示すように，素管の準備・切断工程から始まり，プリベンディング，つぶし加工などのプリフォーミング工程ののち，ハイドロフォーミング工程に入り，同一型内でのハイドロピアシングなどのポストフォーミング工程を行い，穴あけ・切断工程に進み，必要に応じて，他部品との溶接・組立てののち，検査工程などを経て最終製品となる．

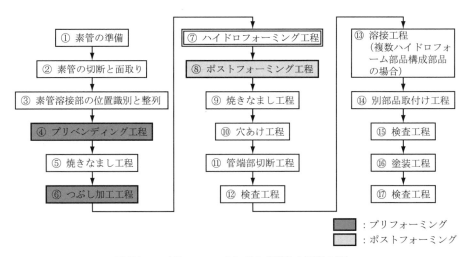

図7.1 ハイドロフォーミングの代表的な工程の流れ

その特徴は，工程ごとに使用する加工機械の加工速度が異なるため，その生産速度は異なり，生産ラインにおける半製品の搬送のムラをなくすように調整することが難しい．また，使用する素材の材質により中間焼きなまし工程が必要になる場合もある．

これらの特徴を踏まえ，工程全体の流れを見直し，場合によっては工程に区切りを設けることも必要である．一般には，工程間のスムーズな搬送を実現するために，ほかの工程に比べて加工時間を要する工程での加工機械の複数台設置，および検査工程の効率のよい配置が必要である．なお，通常のプレス加工と同様に，加工システムに対して製造環境，生産数量などからの配慮が必要である．

7.1.2 ハイドロフォーミング前後工程の説明

ここでは，図 7.1 に従ってハイドロフォーミング工程を除いたその前後の工程について説明する．

① 素管の準備：自動車の排気管の製造ラインでは板材から管材を連続的に製作する場合もあるが，チューブハイドロフォーミングでは素管長さが比較的短いため，管材購入が一般的である．

② 素管の切断と面取り：ハイドロフォーミングに用いるために，管材を必要な長さに切断する．切断面にはバリが生じるため，素管両端面の面取りを行う．この面取りが不良の場合，ハイドロフォーミング工程でのシーリングパンチおよび金型に焼き付き，かじりなどの不具合を生じるので注意が必要である．

③ 素管溶接部の位置識別と整列（図 7.2）：製品からの要求（さび対策など）および成形上の要求により素管溶接部の位置を一定方向に整列する．画像による識別システムがある．

④ プリベンディング工程（図 7.3）：加工詳細は 4.3 節で説明したとおりである．加工機械は 7.2 節で述べる．加工システムとして考慮すべきことは，プリベンディング

図 7.2 溶接部の位置識別と整列
［三恵技研工業提供］

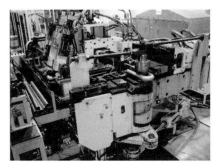

図 7.3 プリベンディング工程
［三恵技研工業提供］

工程は曲げ回数が多い製品形状の場合，ほかの工程より大幅に時間を要することである．①～⑦を連続システムとする場合は，複数台の曲げ加工機械を設置する場合もある．

⑤ 焼きなまし工程（図 7.4）：自動車の排気管系部品のようにオーステナイト系ステンレス材（SUS304）を用いる場合は，プリベンディング後に焼きなまし工程が必要な場合がある．この場合は，焼きなまし工程前に洗浄も必要である．

⑥ つぶし加工工程：加工詳細は 4.4 節で説明した．加工内容により，油圧プレスを使用する場合と，油圧治具装置を使用する場合がある．

⑦ ハイドロフォーミング（図 7.5）：加工詳細は第 5 章で説明した．加工機械は 7.3 節で述べる．

⑧ ポストフォーミング工程：第 6 章で説明したように，ハイドロフォーミング終了後，必要に応じて同一型内でハイドロピアシングなどを行う．

⑨ 焼きなまし工程：ハイドロフォーミングによる加工硬化が大きい場合には，必要に応じて焼きなましを行う．

⑩ 穴あけ工程（図 7.6）：ポストフォーミング工程でハイドロピアシングができなかった箇所（主に管端近傍）を油圧治具装置，レーザー加工装置などにより穴あけ加工する．

⑪ 管端部切断工程（図 7.7）：管端部の不要部分を，専用金型を用いて油圧装置，プレス機械などで切断する．なお，製品が複数のハイドロフォーム部品の組合せで構成される場合は，切断面を相手部品形状と合わせるため，レーザー切断する．

⑫～⑰ 検査・溶接・取付け・塗装工程：⑪までの工程を経てハイドロフォーム製品ができるが，所定の寸法，形状に仕上がっているか，各種測定器を用いて検査する．必要に応じて，ほかの部品の溶接や取付けを行ったのち，再び所定の許容範囲内に収まっているかどうかを検査する．必要なものには塗装が施され，最終検査に合格

図 7.4 焼きなまし工程［三恵技研工業提供］

図 7.5 ハイドロフォーミング工程
［三恵技研工業提供］

182　第7章　加工機械・加工システム

図7.6　穴あけ工程［三恵技研工業提供］　　図7.7　管端部切断工程［三恵技研工業提供］

したものが出荷される．

　全体加工システムのレイアウト例を，図7.8に示す．この例では，プリベンディング加工機械，プリフォーミング加工機械，ハイドロフォーミング加工機械，管端加工機械，洗浄ラインおよび搬出ステーションが直線ラインで構成されている．なお，必要に応じて，ハイドロフォーミング加工機械でハイドロピアシングなどのポストフォーミングが行われる．各加工機械の生産性を考慮して，プリベンディング加工機械およびハイドロフォーミング加工機械の複数台設置によりバランスをとっている．

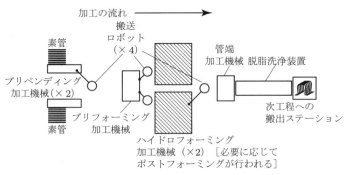

図7.8　全加工システムのレイアウト例 [7.1]

7.2　プリフォーミング用曲げ加工機械

　金属管の曲げ加工は，熟練を要するものと長い間考えられてきたが，CNC曲げ加工機械の開発によって，従来の勘や経験に基づく作業が不要になった．さらに，より複雑な仕様の製品を均質，高精度かつ高能率に生産することも可能になった．

　本節では，ハイドロフォーミングで多く適用されている引曲げと，押通し曲げ加工法に基づくCNC曲げ加工機械について説明する．

○ 7.2.1 引曲げ加工機械 ○

(1) 引曲げ加工機械

図 4.4(a) に示した引曲げ加工機械は，素管を締付けダイと曲げ型の直線部に固定し，締付けダイと曲げ型は同期して回転させ，素管を引き出しながら回転する曲げ型に巻きつける加工機械である[7.2]．曲げ半径は曲げ型の大きさに規定され，異なる曲げ半径の加工には，異なった曲げ型を使用する必要があるが，比較的小さな曲げ半径 ($R = 1.5D$) から大きな曲げ半径まで曲げることができる．また，曲げ型をスライドさせることにより，円弧以外の曲率半径の変化した曲げが可能になる．さらに，管軸まわりの回転を与えることにより，3 次元曲げも容易に行うことができる．曲げ機構が比較的簡単で，曲げ位置の設定も容易であるため，プリフォーミングの曲げ加工機械として最も多く使用されている．

4.3.1 項でも述べたようにワイパーダイは，管曲げ内側のしわの発生を防止する．マンドレルは，曲げ R 部の管断面のへん平化を防止する．プレッシャーダイは，管曲げ外側の肉厚減少，破断を防止する．通常は，油圧シリンダーなどにより駆動されて，曲げ型の動作に同期するように制御されている．また，管の後端に設けたブースターダイにより，肉厚減少の抑制や小さな曲げ半径の曲げを実現する．

マンドレルと管内面とのかじりを防止するために，マンドレル表面または管内面に潤滑油を塗布したり，マンドレル内部より潤滑油を噴霧する．また，マンドレルとプレッシャーダイ表面には，かじり防止のために，TiC コーティングなどの硬くて滑りをよくする表面処理を施すことも行われている．

(2) CNC 引曲げ加工機械

引曲げ法の加工機械として，後方加圧ブースターなしと後方加圧ブースターありの CNC 引曲げ加工機械を図 7.9 に示す．曲げ箇所が複数ある場合には，一つの曲げが終

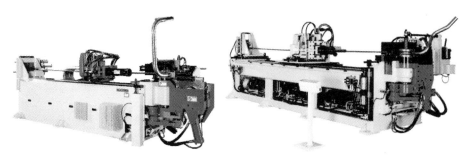

(a) 後方加圧 ブースターなし　　　　(b) 後方加圧 ブースターあり

図 7.9　CNC 引曲げ加工機械[7.3]

了した後，つかみをゆるめて必要量だけ管を送り，再び管をクランプし，次の曲げを行う．その際，管を軸まわりに任意角度回転させれば，3次元曲げ加工が可能である．また，曲げ半径の異なる回転曲げ型を上下に積層し，使用する曲げ型を換えて引曲げを行えば，異なった半径の曲げ部を有する部材をつくることができる．

一般に，CNC引曲げ加工機械は$\phi 2$程度から$\phi 200$程度までの管を曲げることができる．曲げ半径Rと管径Dの比率R/Dが1.5以上の曲げを行うには，後方加圧ブースターは不要であるが，R/Dが1.0に近い曲げ加工を行うには，後方加圧ブースターにより管後端部を曲げアームの動きに同期して加圧すると効果的である．図7.10は曲げ加工サンプルである．

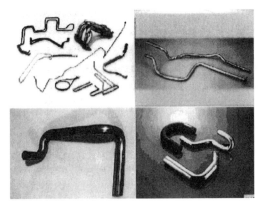

図7.10　CNC引曲げ加工機械による曲げ加工品サンプル

7.2.2　押通し曲げ加工機械

(1) CNC押通し曲げ加工機械

図4.4(f)に示したように，押通し曲げは曲げ型の中へ素管を押し通すことにより曲げる加工法である[7.4]．固定金型と可動金型を用いて，コンピューター制御に適した方式に発展させたCNC制御方式の押通し曲げ加工機械の原理は図4.7に示したとおりである．図4.7の管送り軸（X軸），曲げ軸（A軸），ひねり軸（C軸）はNC加工プログラムにより完全3軸同期制御されている．管を押通し曲げ加工するときの可動金型の動作を図7.11に示す．管は固定金型の後方より押し込まれ，可動金型により曲げられて押し出される．曲げ半径は，可動金型の位置と角度を変えるだけで，任意かつ連続的に変えることができ，3次元曲げも可能である．

CNC押通し曲げ加工機械を，図7.12に示す．CNC押通し曲げ加工機械は，高強度，薄肉鋼管の曲げ加工にも適用されている．

最近では，デザイン面や軽量化の要求のため，2, 3種類の曲げRの円弧と直線の組

7.2　プリフォーミング用曲げ加工機械　　**185**

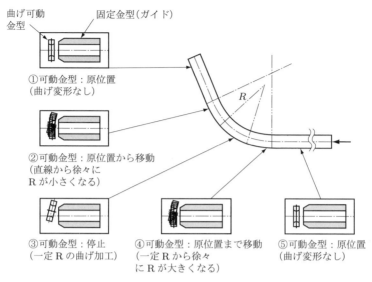

図7.11　CNC押通し曲げ加工機における曲げ可動金型の動作（一曲げの工程）

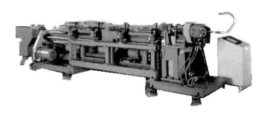

図7.12　CNC押通し曲げ加工機械 [7.3]

合せだけでは実現できない複雑な曲げ加工形状がますます多くなっている．このような曲げ加工は従来型の引曲げ加工機械では対応できないため，徐変Rも含めた自由な形状に曲げ加工できるCNC押通し曲げ加工機械の需要が増えている．

また，曲げ加工された管をハイドロフォーミングするときに，曲げR部の管の減肉のため，管が割れて成形不良が発生することがある（5.3節を参照）．押通し曲げ方式で曲げ加工すると，肉厚減少が非常に小さいため，より高い液圧によるハイドロフォーミングができる [7.5]．

本方式の特徴は以下のとおりである．図7.13に，曲げ加工例を示す．

① 曲げ半径が，自由（無段階）に設定できるので，3次元的な任意形状（デザインを重視した形状）の曲げ加工が可能である．
② 同一断面であれば，金型を交換することなく，加工データの変更のみで曲げ形状の変更ができるので，設計変更への対応や段取り換えが容易にできる．

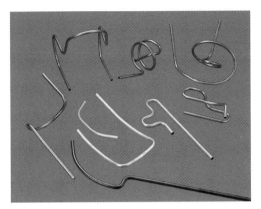

図 7.13 CNC 押通し曲げ加工機械による曲げ加工例 [7.3]

③ 曲げ部の減肉, へん平が極めて小さい.
④ 心金の使用も可能である.

(2) 異形断面対応 CNC 押通し曲げ加工機械

　CNC 押通し曲げ加工機械は, 主として円形断面の管を加工対象としている. 一方, 異形断面対応 CNC 押通し曲げ加工機械は円形断面だけではなく, 異形断面材 (異形断面管, ロール成形材, アルミニウム押出し形材など) も曲げ加工できる押通し方式の曲げ加工機械である. 異形断面形状の管を 3 次元の任意の形状に曲げ加工を行うために, 図 7.14 に示すような 6 軸同期制御方式としている. 図 7.15 は異形断面対応 CNC 押通し曲げ加工機械の外観写真の一例である.

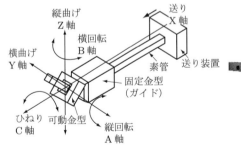

図 7.14　6 軸制御方式による異形断面対応 CNC 押通し曲げ加工機械

図 7.15　異形断面対応 CNC 押通し曲げ加工機械 [7.3]

　本方式の特徴は以下のとおりである. 図 7.16 に加工例 (ドアサッシ (SPC), シートベルトガイド (Al), ルーフラック (Al)) を示す.
① 曲げ半径が, 自由 (無段階) に設定できるので, 3 次元的な任意形状 (デザインを

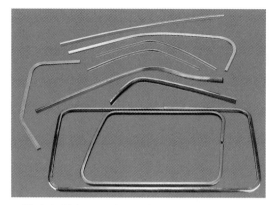

図 7.16 異形断面対応 CNC 押通し曲げ加工機械による加工品例[7.3]

重視した形状)の曲げ加工が可能である.
② 異形断面の曲げ加工が可能である.
③ 同一断面であれば,金型を交換することなく,加工データの変更のみで曲げ形状の変更ができるので,設計変更への対応や段取り換えが容易にできる.
④ 曲げ部の減肉,へん平が極めて小さい.
⑤ 心金の使用も可能である.
⑥ 6軸同期制御(送り1軸,曲げ・ひねり5軸)である.

7.3 ハイドロフォーミング加工機械

チューブハイドロフォーミング加工機械[7.1, 7.6]は,次の三つの基本的要素から構成される.
① 型の開閉および型を閉じた状態で保持するための型締め装置を含む機械本体
② 素管内に圧力を負荷するための高圧発生装置
③ 素管を軸方向に押し込むための軸押し装置
さらに,必要に応じて
④ 部分的に変形を拘束・制御するカウンタープレッシャー装置および可動金型移動装置を設けることもある.その他の装置としては,
⑤ 素管内への水供給のための給水ポンプ
⑥ 成形水の回収および循環のための水回収循環装置
⑦ ハイドロピアシングなどのポストフォーミング用油圧装置
がある.

チューブハイドロフォーミングは第5章で示したように高圧法と低圧法に分類されるが，この違いによりハイドロフォーミング加工機械の特徴も異なる．

高圧法でのハイドロフォーミング加工機械の特徴は，型締め装置は通常のプレス機と違って，プレススライド（以下スライド）の下降中には基本的には成形力を必要とせず，スライド下降端（型を閉じた状態）での停止保持時間に成形を行う点である．すなわち，射出成形機のように型締め機構を有していれば成形可能な点である．機械本体に付加されている装置として，② 高圧発生装置および ③ 軸押し装置，⑤ 給水ポンプ，⑥ 水回収循環装置，⑦ ポストフォーミング用油圧装置が装備されている．

一方，低圧法でのハイドロフォーミング加工機械の特徴は，高圧法とは異なり，プレス機と同様に，通常，スライド下降時に成形力を必要とする点である（第5章参照）．また，そのほかに装置での高圧法との違いは，次の2点である．

- 管をつぶしながら型締めを行うことによって内圧が上昇するため，リリーフ機構で適切な圧力に保持・制御することによって成形が可能であり，高圧発生装置の省略が可能である．
- 一般に，低圧法では軸押込みを必要としないことが多いため，軸押し装置を用いることなくシール動作のみを行う装置を備えていればよい．

⑤ 給水ポンプおよび ⑥ 水回収循環装置，⑦ ポストフォーミング用油圧装置を備えているのは，高圧法と同様である．

液封成形では高圧発生装置が不要で，プレス機のみで構成される簡易なハイドロフォーミング装置となる．ただし，軸押し装置を備える場合もある．

7.3.1　構成装置および要素

ハイドロフォーミング加工機械を構成する型締め装置，高圧発生装置，軸押し装置，水回収循環装置，押込み工具について述べる．

(1) 型締め装置

ここでは，型締め方式としては最も一般的な上下分割方式の場合について説明する．型締め装置は型締め方法によって，トップドライブ方式（図 7.17 (a)），アンダードライブ方式（図 (b)），メカロック方式（図 (c)）に分類される．トップドライブ方式は，通常の油圧プレスと同様であるため，普及している方式であるが，最近は成形速度向上および省エネルギー対策より大型機ではアンダードライブ方式が採用されている．また，コンパクト化への対策としてメカロック方式が存在する．各方式について簡単に説明する．

① トップドライブ方式（図 7.17 (a)）：通常の油圧プレスと同様に，スライドで金型開

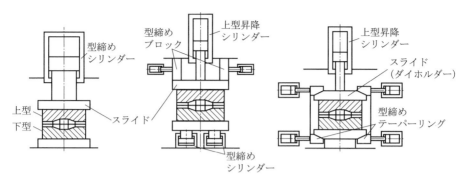

(a) トップドライブ方式　(b) アンダードライブ方式　(c) メカロック方式

図 7.17　型締め装置

閉および型締めを行う方式．
② アンダードライブ方式（図(b)）：スライドで金型開閉を行い，スライド下降後のクラウンとスライドの隙間に荷重を受けるブロック（型締めブロック）を挿入し，残った隙間をシリンダーで下から押上げ型締めする方式．
③ メカロック方式（図(c)）：スライドで金型開閉を行い，テーパーリングやテーパークランプで型締めを行う方式．

駆動方法は，一般的な油圧制御が使用される．一方，能力および速度は制限されるが，省スペース，省エネルギーなどの利点から DDV サーボポンプ方式による油圧制御（5.5 節参照）が使用されている例もある．

(2) 高圧発生装置

一般に用いられている高圧発生装置は，図 7.18(a) に示す単動式のもので，1 次側に油圧室，2 次側に水圧室を設け，面積比により高圧を発生する方式である．このほかに，図 (b) に示す複動式の高圧発生装置も存在する．

単動式は，高圧配管内にチェック弁を設ける必要がないため，圧力を下げ側にも制

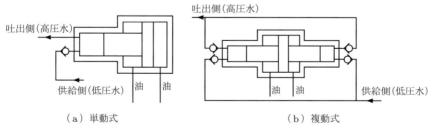

(a) 単動式　　　　　　　　　(b) 複動式

図 7.18　高圧発生装置

御できるが,吐出量に限界がある.一方,複動式は,ピストンを往復運動させるので,吐出量に制限はないが,高圧配管内にチェック弁を設けなければならないため,圧力を下げ側に制御することは不可能である.

　駆動方法は型締め装置と同様,一般的な油圧制御であるが,チューブハイドロフォーミングでは内圧と軸押し込み量の関係が成形の可否を決定するため,精度の高い圧力制御が必要である.そのため,サーボ弁を使用した制御方式となる.また,DDVによる油圧制御が使用されている例もある.

(3) 軸押し装置

　軸押し装置(図7.19)には,一般的に油圧シリンダーが使用される.駆動方法は高圧発生装置と同様である.

図 7.19　軸押し装置

(4) 水回収循環装置

　一般のハイドロフォーミングでは,圧力媒体として水が用いられる.その水を繰り返し使用するため,回収および循環装置が必要となる.その水へのごみ,鉄粉,バリなどの不純物の混入を避けるため,高圧発生装置およびその他の水圧機器を保護するフィルターが必要である.また,油,潤滑剤などの混入を避けるため,油水分離装置が必要な場合もある.そのほかに,水を長期に使用するため,水の腐敗およびバクテリアなどの発生を抑えることも必要である.

(5) 押込み工具

　軸押しパンチには,管端を押してダイキャビティ内に押し込むことのほかに,水などの圧力媒体の漏れがないようにシールすることが要求される.また,そのシール方式には耐久性があることが必要となる.そのため,量産設備には図5.78(b)で示したOリングのようなシール類は使用せず,図7.20に示すようなパンチを用い,管端の内径部分を塑性変形させてシールする方法が一般的である.これ以外に,図5.77や図5.78(a)のような簡便な方法もある.軸押しパンチは,内外部からの圧力と軸押込みの

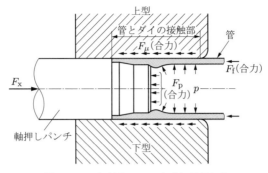

図 7.20　一般的なシール方式と軸押し力

ための反力を受けることになるので，構造および材質には注意を払う必要がある．

7.3.2　ハイドロフォーミング加工機械の主仕様決定方法

ハイドロフォーミング加工機械の仕様を決定するにあたり，目安となる仕様算出方法を次に記す．

(1) 最大負荷内圧

最大負荷内圧は，製品の形状・寸法，材質，精度によっておおよその値が求められる．直径 D，肉厚 t，引張強さ σ_B の管のハイドロフォーミングで要求される終圧は，式 (5.6) で示したように，次式で求められる．

$$p_f = K \cdot \frac{2t\sigma_B}{D}$$

ここで，K は実験定数であり，製品の形状などに依存する．

式 (5.6) から，最大負荷内圧のおおよその値は求められるが，最終的には試行錯誤で決定される．一般に，200 MPa で見積もれば，多くの場合成形可能であるが，なかには 400 MPa を必要とする例もある．

(2) 最大型締め力

型締め力は，2.3.1 項で述べたように型の分割方式に依存するが，最大型締め力は型分割面のダイキャビティ面積のみを考えればよく，次式から計算される．

　　最大型締め力 = 型分割面のダイキャビティ面積 × 最大負荷内圧

上記で示されるのが必要な最大型締め力であるが，機械剛性，金型剛性により部分的な型開きが発生することもあるので，上記の値にプラスアルファの型締め力が必要となる．

(3) 最大軸押し力

軸押し力 F_x は 2.3.1 項の加工力の理論より次式から計算される（図 7.20）．

$$F_x = F_p + F_\mu + F_f \tag{7.1}$$

ここで，F_p：内圧に関する軸押し力＝内圧が作用する軸押しパンチ端の（軸方向投影）横断面積×負荷内圧，F_μ：管とダイの間の摩擦力に関する軸押し力，F_f：管の塑性変形に関する軸押し力である．

最大軸押し力 $F_{x\max}$ は，式 (7.1) の F_p として内圧が最大となるときの値 $F_{p\max}$ を用い，F_f として管が座屈するときの値 F_b（管の座屈荷重）を用いて，次式で見積もられる．

$$F_{x\max} = F_{p\max} + F_\mu + F_b \tag{7.2}$$

(4) テーブル面積

ハイドロフォーミング加工機械は，金型のほかに軸押しシリンダーを備えるため，テーブル面積として，金型の占める面積に軸押しシリンダーを載せる面積を加えた広い面積が必要となる．必要以上に広い面積とすると，テーブル上で金型の占める面積の割合が小さくなるので，通常のプレス成形と比較して集中荷重となり，テーブルのたわみに注意が必要である．とくに，大きな型締め力が必要となる高圧法では，テーブルのたわみによる型の開きや軸押し抵抗の増大などの問題が発生する場合があるので注意を要する．

表 7.1 に，主なチューブハイドロフォーミング加工機械の仕様例をまとめて示す．

● 7.3.3　ハイドロフォーミング加工機械の動作と制御 ●

ハイドロフォーミングの工程は下記のようになる．

スライド上昇 → 素管セット → スライド急速下降 → 型締め → シーリング・給水 → 成形 → スライド上昇 → 製品取出し

7.3.1 項 (1) で述べたトップドライブ方式，アンダードライブ方式，メカロック方式は，型締めの方法が異なるだけで，一連の動作に違いはない．

図 7.21 に，ハイドロフォーミングの負荷経路例を示す．ハイドロフォーミングでは，内圧と軸押込み量の関係が成形の可否を決定する重要な要素であるが，現在一般的にはこの二つの動作は時間軸に対して設定され，それぞれ時間軸での圧力制御および位置制御が行われているのが実状である．また，別の方法としては，軸押込み位置に対して内圧を同期制御する方法もある．さらに，軸押し力制御が行われる場合もある．

型締め力の制御に関しては，トップドライブ方式とアンダードライブ方式ではその

7.3 ハイドロフォーミング加工機械

表7.1 主なチューブハイドロフォーミング加工機械の仕様例 [7.1]

加工機械メーカー	アイダエンジニアリング	アミノ	AP & T Schafer	オプトン	川崎油工	チューブフォーミング	トヨタ自動車,新日本製鐵	山本水圧工業所
型締め力 [kN]	32000	500〜25000	4000〜120000	500〜50000	1000〜50000	1000〜10000	4000〜98000	1000〜35000
最大成形圧力 [MPa]	300/50 併用	200	400	300	400	200	200〜250	420
ストローク [mm]	580	300〜800	① 500〜1100 ② 20	250〜1000	500〜1000	400〜500	450〜600	300〜1000
デーライト [mm]	1720	600〜1600	500〜2500	500〜1500	800〜2000	700〜1000	600〜900	600〜1800
テーブル面積 [mm×mm]	2500×1600	600×600〜3000×2000	1000×1000〜2500×6000	500×500〜2500×3500	700×1000〜2700×3500	〜800×1200	500×600〜700×3000	500×750〜2000×3000
軸押し力（片側）[kN]	2500	200	〜4000	100〜2000	1000〜2500	30〜700	490〜4900	500〜2000
増圧機容量 [L]	2.3 (300MPa) 9.2 (50MPa)	2	複数台可・無制限	2.5× 複数方式	無制限	1〜2	1.5〜無制限	単動:3 複動:無制限
プレス機械構造	縦型4本柱式／フレーム式	縦型4本柱式／一体フレーム式	① 積層フレーム式 ② — ③ —	縦型4本柱式／フレーム式	縦型4本柱式	縦型4本柱式	積層フレーム式（C型）	縦型4本柱式
型締め方式	アンダードライブ方式（型締めブロック）	トップドライブ方式	①,② — ③ アンダードライブ方式（メカロック）	トップドライブ方式	トップドライブ方式	トップドライブ方式	アンダードライブ方式（セルフロック）	トップドライブ方式
その他の特徴・特別仕様	・型締め力制御 ・2系統の増圧機の併用により、大容量にも対応 ・低圧法も対応可能	・DDV駆動方式またはACサーボ駆動式 ・軸押しシリンダー ・角度可変カウンターシリンダー	・4種類のプレス型式有 ・技術検討 ・ノウハウ供与 ・試作可能	・DDVサーボポンプによる省エネルギ小エリア設計 ・内圧振動付加による広い成形限界	・複動式増圧機 ・電気・油圧ハイブリッド ・量産製造向き	—	・C型積層フレームとセルフロックによる型締め ・コンパクト化と省エネルギー	・フレームレス型有り ・省エネルギー ・軸押しシリンダー搭載

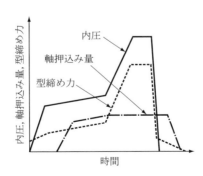

図7.21 時間軸で設定した負荷経路の例（アンダードライブ方式）

構造から制御方法が異なる．図7.21はアンダードライブ方式の負荷経路例で，内圧に応じた型締め力制御が行われている．一方，トップドライブ方式の場合，型締め力は成形が行われている時間全体にわたって最大型締め力となる．したがって，成形途中では内圧に見合う以上の大きな型締め力となり，それに伴うテーブルおよび金型の変形による軸押込み抵抗の増大を招く．その結果，軸押込み量が不足し，肉厚の減少を抑制する効果が不十分となって，製品の成形不良が発生する場合がある．

7.3.4　生産設備としてのハイドロフォーミング加工機械

　チューブハイドロフォーム製品は，通常のプレス加工製品と比べて，第1章で説明したように，数々の製品としての利点がある．しかし，生産面では通常のプレス加工とは異なり，型締め後に内圧と軸押込みによる成形時間が必要なため，時間あたりの生産数が著しく低下する．この点は，図5.3に示したように，低圧法では昇圧・降圧に要する時間が短くてすむため，低圧法が高圧法に比べて優位である．

　生産設備として高生産性・高精度・高品質の加工を実現するためにハイドロフォーミング加工機械に要求されるものは，高速動作と高い繰り返し精度である．そのためには，通常の油圧プレスより大きな油源と高度な制御システムが要求される．これによって安定生産がもたらされる．

　また，機械が全く誤差のない動作を繰り返したとしても，材料のロットによる影響，加工機械を含めたプリフォーミングの影響など，ハイドロフォーミングが行われる前のすべての要因が成形に影響する．したがって，生産設備としては，成形不良（微小割れなど）の検出機能を供えていることが必須である．

　具体的な例として，ハイドロフォーミング加工機械にセンサーを組み込み，成形中に次の成形不良の検出を行う機能を設けている場合もある．

① 前工程（プリフォーミング）の管の曲げ位置と全長の成形不良：軸押込み量と軸押込み力の自動モニタリングによる検出
② ハイドロフォーミング中の割れ，軸押しパンチのシール不良などの成形不良：成形中の内圧変動の自動モニタリングによる検出
③ ハイドロフォーミング終期の割れ：内圧と増圧シリンダー変位の自動モニタリングによる検出

　このほかに，金型交換システム，前後設備間の搬送装置，水回収循環装置などの付帯設備が必要である．とくに，金型交換では，金型単体の交換は短時間で可能であっても，管内への給水配管と高水圧配管および軸押し装置への油圧配管と電気配線，ハイドロピアシングのための油圧配管など，通常の板材のプレス加工にはない配管系の処理に時間がかかるので，プレス加工のような短時間での作業は困難である．そのた

め，多品種少量生産には向いていない．なお，搬送装置については次節で述べる．

7.4 搬送装置および検査

　チューブハイドロフォーミングの加工システムにおける搬送装置は，各工程での成形形状が多種多様であるため，次の工程への搬送には種々の形状にも対応できる汎用性が要求される．また，各工程の装置の配置によっては，送り方向が必ずしも同一方向とは限らないため，このような場合にも柔軟に対応することが求められる．このため，図7.22のような多関節ロボットにより構成されるのが一般的である．

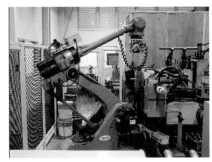 

図 7.22　多関節ロボット［三恵技研工業提供］　　図 7.23　検査治具［三恵技研工業提供］

　製品の検査は検査治具による検査と目視検査が一般的である．例として，図7.23に製品形状に対する検査治具を示す．また，プリベンディングとハイドロフォーミングのそれぞれの完了品に対する抜取り法による肉厚測定を実施している例もある．
　このほかに，7.3.4項で述べたように，ハイドロフォーミング中にハイドロフォーミング加工機械側に組み込まれたセンサーを用いた自動モニタリングによる成形不良検出機能によって，成形不良品を後工程に流さないための検査も行われている．
　モニタリングで異常が検出された場合は，ラインをストップさせて成形不良品を取り出し，後工程への混入を防止する．とくに，微小割れに対しての検査方法が重要であり，目視のみでは成形不良品混入の危険が伴う点に十分な配慮が必要である．

7.5 加工システム構成における注意点

　チューブハイドロフォーミングは，7.3節で述べたように，型締め後に内圧と軸押し負荷による成形時間が必要なため，時間あたりの生産数が著しく少ない．この時間あたりの生産数はコスト面で重要であり，部品点数の低減効果がコスト面で失われる結

果となる場合があるので，十分に検討しなければならない．具体的には，自動化率の向上，成形異常の自動検出による作業者数の低減，各工程間の無駄時間の省略，各機械装置のコンパクトなエリアへの効率的配置による搬送時間の低減を図り，加工システムの単位面積あたりの売上額向上を配慮した加工システムを構築することが望ましい．

また，各工程での加工時間は製品形状や製品サイズで異なるが，最も設備コストが高く成形の難易度が高いハイドロフォーミング工程を基準に加工システムを構築すべきである．すなわち，ハイドロフォーミング工程より加工時間がかかる工程の加工機械は複数台設置し，すべての工程の加工時間がハイドロフォーミング工程の加工時間より短いシステムが合理的である．これが達成できない場合は，工程間の連続性に区切りを設けることが必要である．

以上のように，ハイドロフォーミングの加工システムは，通常の機械プレスによる加工システムとは異なる面が多々あるが，品質の安定と加工コストの低減という思想は同じであり，安定した良品をいかに効率よく加工するかに十分配慮した加工システムでなければならない．

参考文献

[7.1] 阿部英夫：塑性と加工，45-525 (2004), 809-813.
[7.2] 日本塑性加工学会編：チューブフォーミング，(1992), 39, コロナ社.
[7.3] （株）オプトン 製品カタログ.
[7.4] 日本塑性加工学会編：チューブフォーミング，(1992), 40, コロナ社.
[7.5] 野村拓三：軽金属，51-12 (2001), 678-685.
[7.6] 福村卓巳：塑性と加工，53-614 (2012), 199-203.

第8章
加工シミュレーションと最適化

　これまで述べてきたように，チューブハイドロフォーミングにおいては管材の変形に影響を及ぼす因子は極めて多く，しかもそれらは互いに複雑に関連しているので，これを実験によって確かめるには膨大な時間と労力と費用を要する．

　しかし，コンピューターを用いたシミュレーションでは，それらの因子の影響を仮想的に独立して調べることができるだけでなく，かなりの精度で実際の加工をコンピューター上で再現することができる．製品設計，金型設計や工程の最適化などにシミュレーションは不可欠であり，その活用により，試作の削減，製品開発期間の大幅な短縮，コスト削減がもたらされる．

　本章では，チューブハイドロフォーミングの加工シミュレーションと最適化について説明する．

8.1　加工シミュレーションの必要性と種類

8.1.1　加工シミュレーションの必要性

　チューブハイドロフォーミングは，従来のプレス加工技術などでは成形困難な複雑形状部品を加工でき，複数部品を統合できるという利点をもつ．一方，内圧と軸押しの加工条件（負荷経路）を任意の履歴で与えることができるという自由度をもつため，最適条件の探索に多大な時間と技能を要するという欠点がある．さらに，素管の特性としてどのようなものが加工性に優れるかについても知見が少ないので，先に述べた加工条件と材料特性が複雑に絡みあっている状態のなかから成形性の可否を経験から判断している現状である[8.1]．そのため，ハイドロフォーミングに工法転換したい部品があっても，加工できるかどうかを検証するためには，実際に試作をしてみるしかなかった．ハイドロフォーミングの適用可否を検討するために，少なくとも表8.1に示す項目について事前に検討しなければならないが，実際に試作でこれらの条件を決定するためには多大な費用と労力が必要であり，これがハイドロフォーミングの適用を制限する一因にもなっていた．

　近年，塑性加工分野で実用的に使われている有限要素法(FEM)シミュレーションは，板材成形や鍛造分野で相当の成果を上げている．有限要素法は物体を多数の要素

表 8.1 ハイドロフォーミング適用可否検討項目

製品形状	拡管率，コーナー R，張出し部高さ，許容肉厚減少量
素　材	材料特性，素管寸法（外径，肉厚，長さ）
成形条件	破裂や座屈をおこさない適正負荷経路，摩擦条件
設備仕様	最大負荷内圧，最大軸押込み量および最大軸押し力，最大型締め力，最大金型寸法

に分割して計算する方法であり，複雑な形状や境界条件を表現しやすいため，非常に実用的な数値解析手法である．最近では，計算機能力の急速な進歩と，非線形問題にも対応可能な計算アルゴリズムの着実な発展の両者に支えられ，板材成形や鍛造の分野では，部品試作や金型製作に欠かせないツールになっている．チューブハイドロフォーミングにおいても，適用例は他分野ほど多くないものの，盛んに行われるようになっている[8.2]．図 8.1 に，チューブハイドロフォーミングのシミュレーションの流れを示す．そのシミュレーションでは，内圧と軸力などの加工条件を任意の履歴で与えることができ，その場合の破裂，座屈などの成形不良を含めた加工結果を事前に予測することが可能である．実加工への適用の歴史が浅く，ノウハウの蓄積が十分でないハイドロフォーミングでは，入力条件を自由に変えられるシミュレーションは，今後，製品開発や工期短縮のために必須のツールになっていくであろう．

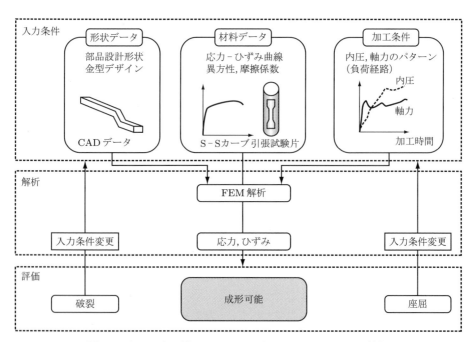

図 8.1 チューブハイドロフォーミングのシミュレーションの流れ

8.1.2 加工シミュレーションの種類と特徴

チューブハイドロフォーミングとプレス加工などの板材成形は，素材の形状は違うものの，"素材が薄い"という点で似通っているため，チューブハイドロフォーミングのシミュレーションでは，板材成形用に使われているシミュレーションソフトウェアを利用する場合が多い．しかし，最近では，専用のソフトウェアも開発されている[8.3~8.5]．ハイドロフォーミング用として使われているシミュレーションソフトウェアの代表的なものを，表8.2に示す．これらのソフトウェアはいずれも有限要素法という数値解法で，成形工程を力学的な方程式に展開して解くものであるが，解法の違いごとに分類してある．表8.3に文献[8.6]をもとに各解法の特徴と評価をまとめた一覧を示す．現状では，どの解法が優れるというものではなく，精度や計算時間の短さなど必要に応じて使い分けられている．たとえば，製品設計段階における加工性の粗検討を行うにはワンステップ解法などの計算時間の短い解法を使用し，試作における内圧や軸力

表8.2 チューブハイドロフォーミングのシミュレーションに使用されているソフトウェア例

解　法		ソフトフェア
動的陽解法		LS-DYNA（LSTC，アメリカ） PAM-STAMP（ESI，フランス）
静的陽解法		ASU/H-FORM（ASTOM R&D，日本）
静的陰解法	微小増分法	MARC（MSC，アメリカ） ABAQUS*1（ABAQUS，アメリカ）
	大増分法	AUTOFORM-HYDRO（Autoform Engineering，スイス）
	逆解法（ワンステップ解法）	FAST FORM3D（FTI，カナダ） HYDROMEX*2（SIMTECH，フランス）

*1 動的陽解法による解析も可能
*2 ワンステップ解法をもとにした多段階解析

表8.3 有限要素解法の特徴と評価（板成形の場合）

解　法	動的陽解法	静的陽解法	静的陰解法		
時間増分		増分解法		大増分解法	ワンステップ解法
解くべき方程式	節点ごとの運動方程式	力のつりあい式 （全体剛性マトリックス） （節点自由度小）			逆解法
解の収束性	安定	安定	不安定	（安定）	安定
時間増分サイズ	極小	小	大	かなり大	1ステップ
しわ発生の予測	○	○	○	△	△
板厚の解析・われの予測	○	○	○	○	○（△）
面ひずみの解析	×	×	×	×	×
スプリングバック後の形状の解析または予測	△（×）	△	○	△（×）	×

* ○：可（適），△：一部可，×：不可（不適）

の加工条件を検討するためには増分解法などの比較的精度の高い解法を用いることが多い[8.7].

8.1.3 形状モデリング手法

ここでは,FEM によるシミュレーションを行う際に必要となる形状モデリング手法[8.7]の種類について説明する.

図 8.2 は,チューブハイドロフォーミングのシミュレーションモデルを示したものである.金型および工具(以降,金型と略す)のモデリングでは,その表面のみを膜要素(またはシェル要素)でメッシュ分割し,その幾何形状を三角形や四角形の単純形状の集合体として表現する場合が多い.この場合の金型は剛体と仮定して計算し,内圧や加工反力による金型の変形は無視する.また,メッシュのサイズが金型と材料との接触判定に大きく影響するため,特徴形状やR部などはメッシュを細かくしておく必要がある.また,金型全体をソリッド要素で分割すれば,材料の変形と同時に反力による金型の弾性変形を考慮した解析を行うことも可能である.

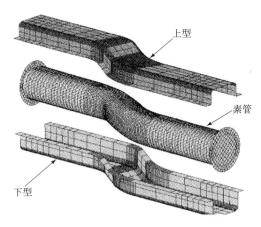

図 8.2　ハイドロフォーミングのシミュレーションモデル[8.8]

図 8.3 は,板材成形用の金型をソリッド要素で分割して解析した例[8.9]である.成形工程中に反力を受け,金型が微小変形している様子がわかる.ソリッド要素を用いたモデルでは,金型の変形の考慮以外にも金型質量の計算や強度解析が容易にできるなどの利点があるが,加工工程を解くには計算時間が膨大にかかるという欠点もある.

素管のモデリングに対しても,シェル要素とソリッド要素を選択することができる.一般に,シェル要素では厚さ方向の応力を考慮していないため,要素分割が同レベルである場合はソリッド要素のほうが精度の高い解析が可能である.図 8.4 は,円管を長

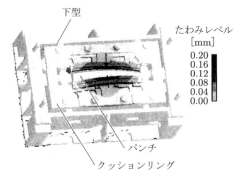

図 8.3 ソリッド要素を用いた金型たわみのシミュレーション [8.9]

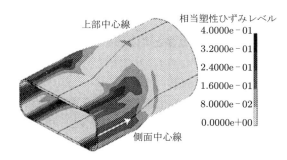

図 8.4 ソリッド要素を用いたハイドロフォーミングのシミュレーション [8.10]

方形断面にハイドロフォーミングする工程を，変形体にソリッド要素を用いてシミュレーションした例[8.10]である．シェル要素に比べ，ソリッド要素を用いた場合に実験結果に近い結果が得られた．ただし，計算時間はソリッド要素のほうが10倍近くかかるため，現状では実用的な解析に対してはシェル要素を用いる場合が多い．

8.1.4 材料モデル・材料評価

ハイドロフォーミングのシミュレーションでは，金型内で起こる局部的な二軸張出し変形やせん断変形などの多様な変形状態を解析しているが，その基準となる材料特性値は一軸引張試験で得たものを用いている．シミュレーションで必要となる主な材料データは，
① 弾性係数
② 降伏応力
③ 加工硬化特性
④ 異方性特性
である．この①～④のデータは，一軸引張試験で得られた真応力–対数ひずみ関係

を 2 次元または 3 次元の問題に拡張して使用するために必要なものであり，それらを使って応力とひずみの関係を定義したものを材料の構成式とよんでいる．以下に，①～④のデータの基礎的な考え方について述べる．

(1) 弾性係数

板材成形やハイドロフォーミングでは，曲げにおけるスプリングバックや，複雑な接触問題のため，加工中に除荷が生じる場合などでは，材料の弾性変形を無視できない．そのため，シミュレーションでは弾塑性体として取り扱われる場合が多い．弾性係数には，ヤング率やポアソン比などがあり，一般にこれらの二つが用いられる．材料の主たる元素が同じであれば，それらはそれぞれほぼ同じ値となるので，材料ごとに測定せずに代表的な値が使われる場合が多い．各種の金属材料のヤング率は，鉄 206，アルミニウム 71，チタン 116，オーステナイト系ステンレス鋼 189（単位はいずれもGPa）などである[8.11]．ポアソン比は，多くの金属材料で 0.3～0.33 の値を用いる．

(2) 降伏応力

降伏応力は材料が塑性変形を起こすときの応力であり，この初期降伏応力 σ_y は一軸引張試験で求められる引張降伏応力 σ_0 を用いる．

一般に，材料が塑性変形をはじめる応力条件を降伏条件とよび，数多くの降伏条件が提案されているが，ミーゼスの降伏条件が多く用いられている．等方性材料の降伏条件は次のようになり，2 次元主応力空間での降伏曲線は図 8.5 のように楕円となる．

$$\sigma_{\mathrm{eq}} = \sqrt{\frac{(\sigma_x - \sigma_y)^2 + (\sigma_y - \sigma_z)^2 + (\sigma_z - \sigma_x)^2 + 6(\tau_{xy}^2 + \tau_{yz}^2 + \tau_{zx}^2)}{2}}$$
$$= \sigma_y \, (= \sigma_0) \tag{8.1}$$

式 (8.1) の相当応力 σ_{eq} が降伏応力 σ_y に達すると，材料は塑性変形を起こす．

塑性変形が進むにつれ，降伏応力 σ_y は材料の加工硬化により大きくなっていく．これにより降伏曲線も拡大していくが，通常用いられる等方硬化の場合は降伏曲線が均

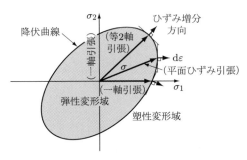

図 8.5　降伏曲線と流れ理論

等に膨らんでいく．また，降伏条件式は塑性変形の開始を決めるだけではなく，塑性ひずみの方向も降伏曲線に垂直となるように規定している．これを流れ理論（ポテンシャル理論）とよぶ．

(3) 加工硬化特性

変形の進行に伴う加工硬化特性を表現する加工硬化モデル（式）にはいろいろなタイプがあり，図8.6に示す．

① 線形硬化：$\sigma = K\varepsilon$
② n乗硬化：$\sigma = C\varepsilon^n$
③ スウィフト型n乗硬化：$\sigma = C(\varepsilon + \varepsilon_0)^n$
④ 多直線近似

がよく用いられる．それぞれの加工硬化に関する係数K，C，nは，一軸引張試験において材料が受ける応力と塑性ひずみの関係から決定される．

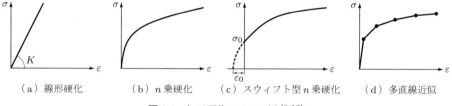

図8.6　加工硬化モデルの例[8.12]

(4) 異方性特性

実際の材料は完全な等方性ではなく，塑性変形を起こしやすい方向と起こしにくい方向をもっており，これを塑性異方性とよぶ．ランクフォードによって提唱されたr値は，塑性異方性を表すパラメーターの一種であり，引張試験で一様伸び以下のひずみを与えたときの板幅ひずみε_wと板厚ひずみε_t（管材の場合は円周ひずみと肉厚ひずみ）の比である．

$$r = \frac{\varepsilon_w}{\varepsilon_t}$$

r値は加工性に大きな影響をもつことが知られており，とくに鋼管では周方向と軸方向のr値の違いについても注意する必要がある．塑性異方性を表現できるさまざまな降伏条件式が提案されているが，ヒルの2次異方性降伏条件式[8.13]が最も一般的であり，多くのシミュレーションソフトウェアにも導入されている．

異方性を考慮した相当応力σ_{eq}は次式となる．

$$\sigma_{\text{eq}} = \sqrt{\frac{3}{2} \cdot \frac{F\sigma_y{}^2 + G\sigma_x{}^2 + H(\sigma_x - \sigma_y)^2 + 2N\tau_{xy}{}^2}{F + G + H}} \tag{8.2}$$

ここで，F, G, H, N は異方性パラメーターで軸方向，周方向，45°方向の r 値から決定できる．

8.2 加工シミュレーション事例

8.1 節で，ハイドロフォーミングのシミュレーション手法の概略について述べたが，本節では，各種の加工シミュレーション事例について紹介する．各事例においては，それぞれ工夫された特色のある解析方法が用いられている．使用されているソフトウェアや形状モデリング手法など，個々の詳細については参考文献を参照してほしい．

● 8.2.1　自由バルジ成形のシミュレーション ●

自由バルジ成形は，管材のハイドロフォーミング加工性の評価法として最も一般的に行われている．前に示した図 5.8 は，銅管に内圧と軸押込み量を比例的に負荷した場合の変形挙動をシミュレーションと実験で比較したものである[8.14]．成形初期には変形部両端近傍の 2 箇所が張り出しはじめ，途中から中央部が張り出し，最終的には座屈せず，うまく張り出した様子がよく一致している．また，自由バルジ成形における r 値の影響をシミュレーションした結果[8.15]が図 8.7 で，r 値の方向性によって管の張り出し方が大きく影響を受ける様子がわかる．このほか，自由バルジ成形における管の変形に及ぼす初期偏肉の影響などもシミュレーションで検討されている[8.16]．

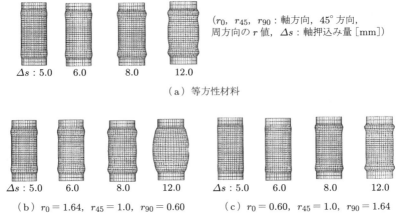

(r_0, r_{45}, r_{90}：軸方向，45°方向，周方向の r 値，Δs：軸押込み量 [mm])

Δs : 5.0　6.0　8.0　12.0

(a) 等方性材料

Δs : 5.0　6.0　8.0　12.0　　Δs : 5.0　6.0　8.0　12.0

(b) $r_0 = 1.64$, $r_{45} = 1.0$, $r_{90} = 0.60$　　(c) $r_0 = 0.60$, $r_{45} = 1.0$, $r_{90} = 1.64$

図 8.7　自由バルジ成形における管の変形形状に及ぼす r 値の影響（シミュレーション）[8.15]

8.2.2 T成形のシミュレーション

枝管部にカウンターパンチを用いない T 成形のシミュレーション結果[8.17]を，図 8.8 に示す．枝管部の側面が純粋せん断状態に近い大きな変形を生じており，枝管の張出しを促していることがよくわかる．また，図 8.9 に示すように，材料特性の影響として，軸方向の r 値 (r_ϕ) が大きいほうが大きな枝管高さが得られる[8.17, 8.18]．また，図 8.10 に示すように，簡便なワンステップ解法を利用した T 成形のシミュレーションも行われている[8.19]．

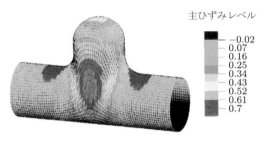

図 8.8 T 成形における管の主ひずみ分布シミュレーション[8.17]

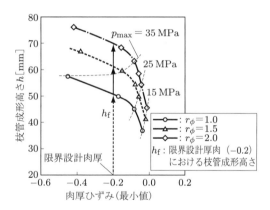

図 8.9 T 成形の枝管張出し高さに及ぼす r_ϕ 値の影響[8.17]

8.2.3 長方形拡管のシミュレーション

実際のハイドロフォーミングでは，管材と金型の接触状況を把握することが重要であるが，シミュレーションでは成形過程の接触状況を確認できる．図 8.11 は円管を拡管率 50％の長方形断面の型を用いてハイドロフォーミングした場合のシミュレーション結果である[8.20]．長方形拡管における成形過程の断面形状の変化をよく理解することができる．前に示した図 2.9 は，円管を正方形断面の管にハイドロフォーミングし

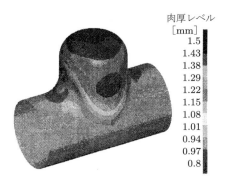

図 8.10　T 成形における管の肉厚分布（ワンステップ解法シミュレーション）[8.19]

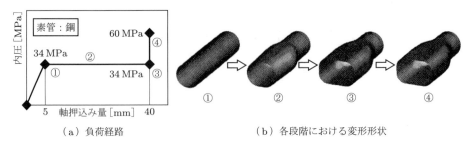

（a）負荷経路　　　　　　　　　　（b）各段階における変形形状

図 8.11　長方形拡管の各段階における変形形状（シミュレーション）[8.20]

たときの摩擦係数の影響を，シミュレーションで調べたものである[8.21]．成形後の肉厚分布に及ぼす摩擦係数の影響は大きく，各種潤滑剤の摩擦係数を測定しておけば，潤滑剤を選択する際の有用な情報となる．また，アルミニウム押出し管を正方形断面の型でハイドロフォーミングした場合の解析も行われている．図 8.12 はアルミニウム押出し正方形管をハイドロフォーミングで正方形拡管した場合の例[8.22]で，軸押込み量により応力状態や変形形状が大きく変化することがわかる．

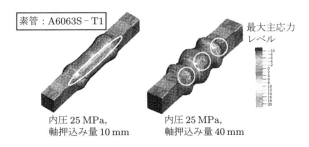

図 8.12　アルミニウム合金押出し正方形管のハイドロフォーミングシミュレーションによる変形形状と最大主応力分布[8.22]

8.2.4 プリフォーミングを伴う加工シミュレーション

実加工ではハイドロフォーミング工程の前にプリフォーミングが行われる場合が多く,ハイドロフォーミングのシミュレーションにプリフォーミングの影響を考慮することが重要である.プリフォーミングとして多く行われるのは曲げ加工（プリベンディング）である.図8.13は多工程のチューブハイドロフォーミングの解析例[8.8]を示したもので,プリベンディングとしてのプレス曲げ工程における肉厚変化や応力分布を考慮したハイドロフォーミングシミュレーションが可能である.また,プリベンディングとして多く用いられる引曲げのシミュレーションも図8.14に示すように行われており,へん平やしわを防止するために管内に挿入されるマンドレルも含めた解析を行い,実験に近い主ひずみ分布や肉厚分布が得られる[8.23].図8.15はプリベンディング後のハイドロフォーミングを実験と解析で検討した例[8.24]で,曲げ形状がハイドロフォーミングの金型との接触状態に大きく影響し,成形可能領域が変化する.また,プリベンディング後,およびハイドロフォーミング後のそれぞれの肉厚分布は,実験とFEMシミュレーションでよく一致している.

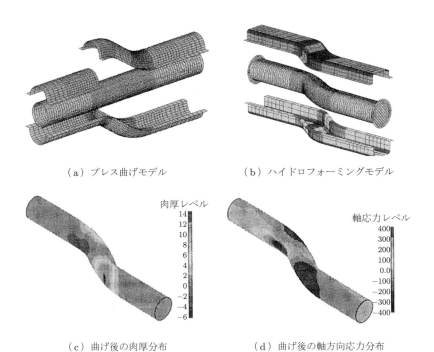

(a) プレス曲げモデル　　　　(b) ハイドロフォーミングモデル

(c) 曲げ後の肉厚分布　　　　(d) 曲げ後の軸方向応力分布

図8.13　多工程のチューブハイドロフォーミングシミュレーションモデルと結果[8.8]

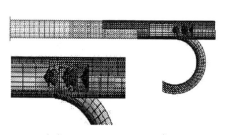
（a）シミュレーションモデル

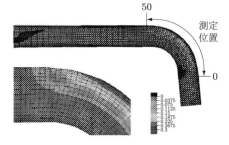
（b）変形および最大主ひずみのシミュレーション結果

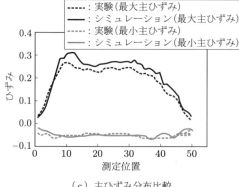
（c）主ひずみ分布比較

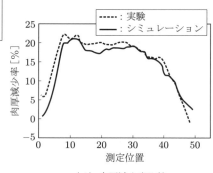
（d）肉厚減少率比較

図 8.14 引曲げのシミュレーション [8.23]

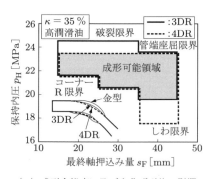
（a）成形余裕度に及ぼす曲げ形状の影響

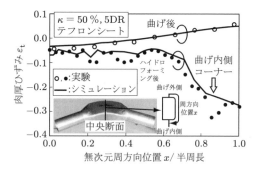
（b）肉厚分布における実験結果とシミュレーション結果の比較

図 8.15 プリベンディング後のハイドロフォーミング [8.24]

● 8.2.5 実部品加工のシミュレーション ●

1999 年頃より，ハイドロフォーミングの自動車部品への適用が盛んに行われるようになってきた．自動車部品は複雑断面形状となる場合が多く，実適用にあたり，加

工シミュレーションが大きな役割を果たしている．図8.16，8.17および前に示した図5.44はセンターピラー補強材の加工工程をシミュレーションしたものである[8.25]．図8.16から，型締め後の断面の変形形状が十分予測されていることがわかる．また，実際に破裂を起こす位置（図8.17）や断面の肉厚ひずみ分布（図5.44）もよく一致しており，破裂危険部の予測が周方向の位置まで含めて可能である．また，図8.18は，エンジンクレードルのハイドロフォーミング工程後の断面形状を，シミュレーションしたものと実験結果を比較したものである[8.26]．両者は比較的よく一致している．

世界18箇国35の鉄鋼会社がコンソーシアムをつくって行ったULSAB (ultra light

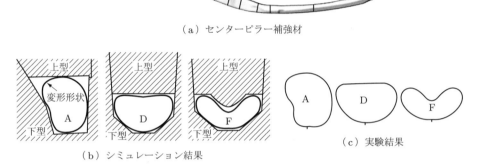

図8.16 センターピラー補強材の型締め後の断面変形形状 [8.25]

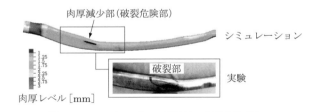

図8.17 センターピラー補強材の破裂危険部と
シミュレーションによる肉厚分布 [8.25]

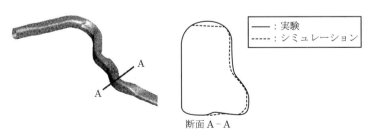

図8.18 エンジンクレードルのハイドロフォーミング工程後の断面形状 [8.26]

steel auto body) プロジェクトは自動車の車体性能・衝突安全性を確保し，しかもコスト増なしで軽量な鋼製車体実現が可能であり，チューブハイドロフォーミングが軽量化に大きく寄与することを実証した[8.27]．そのなかで，シミュレーションが成形不良の評価や成形プロセスの最適設計に大いに活用された．図 8.19 に，自動車外板の軽量化提案を行った ULSAC(ultra light steel auto closure) プロジェクトにおける，ドアフレーム部材のシミュレーション結果と成形不良対策を示す．シミュレーションにより予測された成形不良箇所では，実際の試作でも破裂が生じており，妥当な解析結果が得られた．この解析結果をもとに，加工条件の変更（軸押込み量増加）を行うか，軸押しが効かない部位ではコーナー R 拡大などの形状変更を行い，破裂を防止した．また，ULSAB プロジェクトに引き続き検討された ULSAB-AVC (advanced vehicle concept) プロジェクトでは，フロントサイドメンバーの素管にテーラードチューブが適用されているが，良加工品を得るための成形条件が一層複雑となる．これに対し，テーラードチューブのハイドロフォーミングをしやすくする一般的な条件をシミュレーションで明らかにし，フロントサイドメンバーの試作を実施した例[8.28]も報告されている．

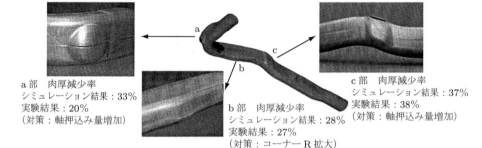

a 部　肉厚減少率
シミュレーション結果：33%
実験結果：20%
（対策：軸押込み量増加）

b 部　肉厚減少率
シミュレーション結果：28%
実験結果：27%
（対策：コーナー R 拡大）

c 部　肉厚減少率
シミュレーション結果：37%
実験結果：38%
（対策：軸押込み量増加）

図 8.19　ULSAC プロジェクトのドアフレーム部材のシミュレーション結果と成形不良対策[8.27]

図 8.20 は自動車のサスペンション部品について内圧振動ハイドロフォーミングのシミュレーションを行った例[8.29]である．内圧に振動を付加しない通常のハイドロフォーミングでは管端部に見られた増肉が，内圧に振動を付加した場合にはほとんど見られず，軸押込みによる材料流動が管端部に集中せず，全体に行き渡るようになることが確認された．

自動車のアクスルハウジング（デファレンシャルギヤケース）は差動歯車を収納する中央部のみ膨らんだ形状となっており，ハイドロフォーミングで加工する場合は大拡管率となる難しい成形部品である．図 8.21 に，最終肉厚分布に及ぼす負荷経路の影響をシミュレーションで調べた結果を示す．肉厚分布が一様な良加工品を得るためには

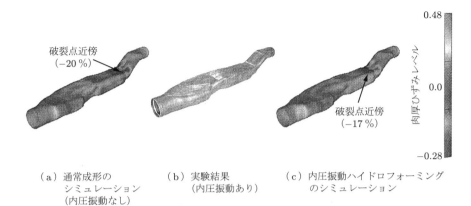

(a) 通常成形の
シミュレーション
（内圧振動なし）

(b) 実験結果
（内圧振動あり）

(c) 内圧振動ハイドロフォーミング
のシミュレーション

図 8.20　サスペンション部品の内圧振動ハイドロフォーミングの
シミュレーション結果（肉厚分布）[8.29]

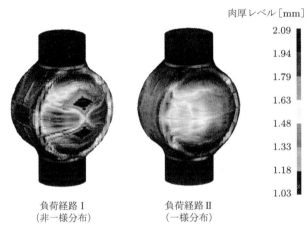

負荷経路 I
（非一様分布）

負荷経路 II
（一様分布）

図 8.21　アクスルハウジング（デファレンシャルギヤケース）のシミュレーション（肉厚分布）[8.15]

適切な負荷経路を選定しなければならないが，最適負荷経路の決定にシミュレーションの利用が非常に有効である[8.15, 8.30]．

8.3　負荷経路の最適化とその手法

　チューブハイドロフォーミングの成形性は内圧および軸押込み量（または軸押し力）の負荷経路にも強く依存するため，その最適負荷経路に対する検討が必要となる．本節では，非線形構造解析ソフトウェア LS-DYNA[8.31] を用いた数値シミュレーションによりチューブハイドロフォーミングの成形性を検討し，応答曲面法を利用した負荷経路の最適化設計の応用事例について説明する．

8.3.1 最適化の設計方法

ひと昔前までは，最適化計算といえば感度解析と数理計画法を組み合わせた手法を指し，線形解析分野での用途が大半であったが，近年は塑性加工や自動車衝突解析などの非線形解析分野においても，最適化に対するニーズや期待が高まっている．

非線形問題を扱う場合，応答曲面近似法 RSA (response surface approximation)[8.32] に代表される近似モデルを用いた最適化計算を行うことが一般的である．これは設計変数の値の組合せを変えた複数のモデルについて，その解析結果や実験結果を履歴にまとめ，次式に示すような近似モデルを作成したうえで最適化計算を行うものである．

$$G = a_0 + \sum a_i x_i + \sum a_{ii} x_i^2 + \sum\sum a_{ij} x_i x_j \tag{8.3}$$

ここで，G は最適化設計の目的関数，x_i, x_j は i 番目と j 番目の設計変数，a_0, a_i, a_{ii}, a_{ij} は応答曲面の定数である．

このような近似モデルを用いる最適設計支援ソフトウェアとしては，LS-OPT[8.33] や AMDESS[8.34] をはじめとしていくつか存在する．これらのソフトウェアは，一つの最適解を提示するだけでなく，一つの近似モデルに対してさまざまな検討を加えることにより，設計者に数多くの改善，改良設計のための情報を与える．たとえば，最適化計算により，設計可能領域と不可能領域のパレート境界曲線が求められるのもその一つである[8.34]．

8.3.2 最適負荷経路のモデル化

チューブハイドロフォーミングにおける負荷経路の最適化設計を行うためには，その前提として成形限界（破裂としわ）を定量評価しなければならない．破裂の定量評価については，最大肉厚減少率 ε_t[%] や主ひずみの成形限界線図 FLD がよく使われる．しわについては，実用上で定量的に数値評価するために，さらなる検討が必要と考えられるが，現状の評価方法としては，JSTAMP-Works[8.35] などのプリポスト処理システム上での形状の目視評価や，曲率分布および臨界座屈条件などがあげられる．

負荷経路の最適化計算を行うためには，負荷経路のモデル化が必要である．チューブハイドロフォーミングにおける内圧と軸押込み量の負荷経路モデルとしては，図 8.22 (a) に示すような直線経路モデル，図 (b) の内圧→軸押込み量の垂直折線経路モデル，図 (c) の一般的な折線経路モデル，図 (d) の初圧→軸押込み→高圧の三段階経路モデルなどがあげられる．また，最近では，内圧振動ハイドロフォーミングの負荷経路についても検討されている．以下では，このような負荷経路モデルをもとにして，負荷経路を決める内圧と軸押込み量を設計変数として，最適化問題を設定し，FEM シミュレーションと最適化計算を行ったチューブハイドロフォーミングの成形例につい

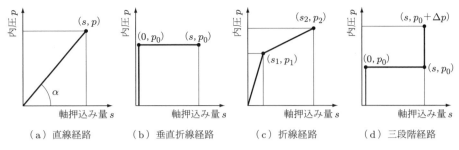

(a) 直線経路　　(b) 垂直折線経路　　(c) 折線経路　　(d) 三段階経路

図 8.22　負荷経路モデル

て説明する．

8.3.3　負荷経路の最適化計算例

ハイドロフォーミングにおける成形性に及ぼす負荷外力（内圧や軸押込み量）に関しては，図 8.23 に示すように，内圧 p が低く軸押込み量 s が大きい場合には，素管は座屈してしまう．逆に，内圧が高く軸押込み量が小さい場合には，破裂してしまう．つまり，破裂としわに及ぼす内圧と軸押込み量の影響は相反するため，そこには何らかの最適な成形条件（内圧と軸押込み量）が存在する．このような問題についても，最適化計算手法が適用されつつある．図 8.24(a)～(c) には，それぞれ自由バルジ成形モデル，多工程 S 字チューブハイドロフォーミングモデル，多工程 U 字チューブハイドロフォーミングモデルを示す．

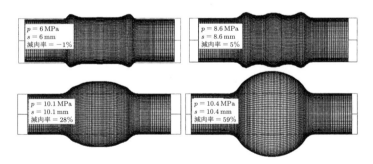

図 8.23　変形形状に及ぼす内圧と軸押込み量の影響（自由バルジ成形シミュレーション）[8.36]

(1) 自由バルジ成形の負荷経路の最適化計算

解析対象モデルの寸法を，図 8.25 に示す．管材はアルミニウム合金押出し材 A6063-O とする．また，図 8.26 にしわを定量的に評価するための傾き角度 θ と曲率 κ のシミュレーション結果を示す．ここで，θ あるいは κ の値がゼロより大きい場合には，

 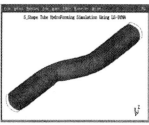 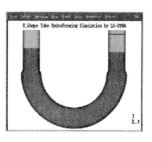

（a）自由バルジ成形モデル　（b）多工程S字チューブハイドロ　（c）多工程U字チューブハイドロ
　　　　　　　　　　　　　　　　　フォーミングモデル　　　　　　　　フォーミングモデル

図 8.24　最適化設計のシミュレーションモデル [8.36]

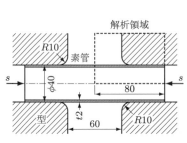 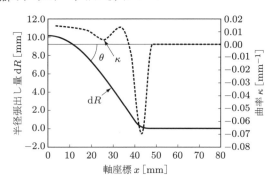

図 8.25　自由バルジ成形モデル [8.37]　　　図 8.26　自由バルジ成形におけるしわ評価

しわが存在しない．最適設計問題の設定としては，破裂もしわも生じない制約条件のもとで，自由バルジ成形による半径張出し量 dR を最大化する問題を考えることにする．破裂が生じない場合の最大半径張出し量 dR は，最大肉厚減少率が限界肉厚減少率に達する直前の半径張出し量である．ここでは，限界肉厚減少率を 30% と仮定し，図 8.22(a), (b) に示す直線負荷経路と垂直折線負荷経路をもとに下記のような負荷経路の最適化問題を設定した．

■ **直線負荷経路**（図 8.22(a)）
- 目的関数：半径張出し量 dR を最大化
- 設計変数：軸押込み量 s と内圧 p の比 s/p
- 制約条件：
  ① $0.0 \leqq s/p \leqq 1.0\,\mathrm{mm/MPa}$
  ② 限界肉厚減少率 $\varepsilon_\mathrm{t} = 30\%$
  ③ 最大肉厚減少率 $\varepsilon_\mathrm{t} = 30\%$ 時の曲率 $\kappa \geqq 0$

図 8.27 に示す最適化設計の履歴と最適成形条件より，少ない回数で最適解が得られることがわかる．

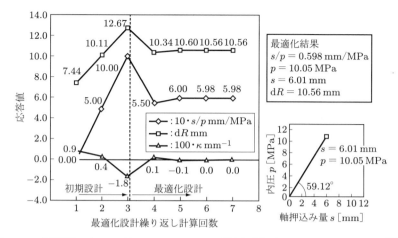

図 8.27 直線経路によるハイドロフォーミングの最適負荷経路シミュレーション結果 [8.37]

■ 垂直折線負荷経路（図 8.22 (b)）

- 目的関数：半径張出し量 dR を最大化
- 設計変数：初圧（保持内圧）p_0
- 制約条件：
  ① $6.0 \leqq p_0 \leqq 10.0\,\mathrm{MPa}$
  ② 限界肉厚減少率 $\varepsilon_\mathrm{t} = 30\%$
  ③ 最大肉厚減少率 $\varepsilon_\mathrm{t} = 30\%$ 時の曲率 $\kappa \geqq 0$
  ④ 破裂する前に座屈してしまう場合，傾き角度 $\theta \geqq 0$

図 8.28 に，半径張出し量 dR に及ぼす初圧 p_0 の影響を示す．初圧が約 $7.5\,\mathrm{MPa}$ のとき，dR は最も大きく，その値は $10.8\,\mathrm{mm}$ である．

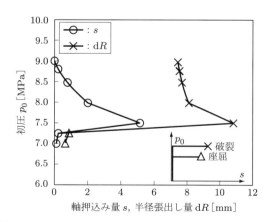

図 8.28 垂直折線経路によるハイドロフォーミングの最適負荷経路シミュレーション結果 [8.36]

(2) 多工程 S 字チューブハイドロフォーミングの最適化計算

ここでは，曲げ，スプリングバック，プリフォーミングの解析後の結果をハイドロフォーミングの初期条件として，成形シミュレーションと最適化設計を行った多工程 S 字モデル[8.8]を図 8.13 (a)，(b) に示す．管の初期寸法として外径 $D = 42\,\mathrm{mm}$，肉厚 $t_0 = 2\,\mathrm{mm}$ とする．材料特性値としては，降伏応力 $\sigma_\mathrm{y} = 278\,\mathrm{MPa}$，引張強さ $\sigma_\mathrm{B} = 330\,\mathrm{MPa}$，伸び $\delta = 45\,\%$，ランクフォード値 $r = 1.12$，強度係数 $C = 489\,\mathrm{MPa}$，加工硬化指数 $n = 0.14$，降伏ひずみ $\varepsilon_0 = 0.0157$ とする．ここでは，最適化設計問題を下記のように設定する．

■ 折線負荷経路（図 8.22 (c)）

- 目的関数：成形後の長方形断面形状寸法（型との接触長さ）W を最大化（図 8.29 (b) 参照）
- 設計変数：内圧 p_1，p_2 と軸押込み量 s_1，s_2 の計四つ
- 制約条件：
  ① $10 \leqq p_1 \leqq p_2 \leqq 40\,\mathrm{MPa}$
  ② $0.0 \leqq s_1 \leqq s_2 \leqq 40\,\mathrm{mm}$
  ③ 成形後の断面形状寸法 $W \geqq 15\,\mathrm{mm}$
  ④ 破裂も座屈も生じない複合条件：$\varepsilon_\mathrm{t}(1+b) < 25\,\%$

ここで，破裂しない条件を最大肉厚減少率 $\varepsilon_\mathrm{t} < 25\,\%$ とし，座屈しない条件を座屈パラメーター b で評価することにする．成形途中で座屈しない場合は $b = 0$，座屈した場合は $b = 1.0$ とし，プリフォーミングによる最大肉厚減少率は約 $12.5\,\%$ であるので，座屈した場合には上記の複合制約条件を破ることになる．

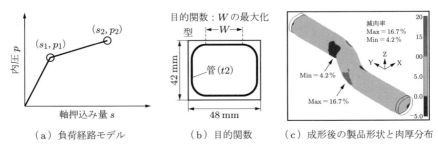

（a）負荷経路モデル　　（b）目的関数　　（c）成形後の製品形状と肉厚分布

図 8.29 S 字ハイドロフォーミングの最適化計算における負荷経路モデルと目的関数 [8.8, 8.36]

各設計変数をランダムに変化させ，計 12 回の初期計算を実施した．初期計算の結果は，成形領域内に 3 回，破裂は 1 回，座屈は 8 回であった．これらの結果を利用して応答曲面近似を行い，3 回繰り返し計算することにより，成形領域に入った．これらの結果を図 8.30 (a) に示す．さらに，成形条件と成形可能領域，破裂領域，座屈領域の関係

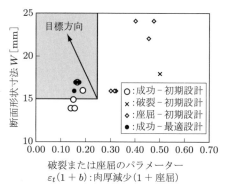
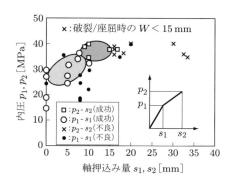

(a) 最適化計算結果　　　　　　　(b) 成形可能領域

図 8.30　S字ハイドロフォーミングの最適負荷経路シミュレーション結果 [8.36]

を整理することにより，図 (b) に示す成形可能領域を推定した．すなわち，成形可能領域は，$p_1 \fallingdotseq 20 \sim 35\,\mathrm{MPa}$, $p_2 \fallingdotseq 35 \sim 40\,\mathrm{MPa}$, $s_1 \fallingdotseq 2 \sim 10\,\mathrm{mm}$, $s_2 \fallingdotseq 7.5 \sim 15\,\mathrm{mm}$ である．

(3) 多工程U字チューブハイドロフォーミングの最適化計算

多工程U字チューブハイドロフォーミングモデル [8.36, 8.38] を図 8.31 に示す．管材料はアルミニウム合金 A6063 で，r 値は 1.0 と仮定した．ハイドロフォーミング工程の負荷経路として，図 8.22 (c) に示す折線経路を仮定した．ただし，s_1 を 0, s_2 を軸押込み量 s に，p_1 を初圧 p_0 に，p_2 を $p_0 + \Delta p$ に置き換え，最適化計算問題を下記のように設定した．

■ 折線負荷経路（図 8.22 (c)）
- 目的関数：最大肉厚減少率 ε_t を最小化
- 設計変数：初圧 p_0，圧力増加 Δp，最大軸押込み量 s
- 制約条件：
  ① $10.0 \leq p_0 \leq 25.0\,\mathrm{MPa}$
  ② $10.0 \leq \Delta p \leq 20.0\,\mathrm{MPa}$ ($20.0 \leq p \leq 45.0\,\mathrm{MPa}$)

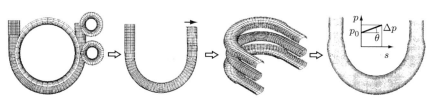

(a) 軸押しを伴う引曲げ (b) スプリングバック (c) プリフォーミング (d) ハイドロフォーミング

図 8.31　U字ハイドロフォーミングシミュレーションモデル [8.36, 8.38]

③ $10.0 \leqq s \leqq 30.0$ mm
④ $15.0 \leqq \varepsilon_t \leqq 25.0 \%$
⑤ $0.00 \leqq \Delta\delta \leqq 0.50$ mm

ここで，$\Delta\delta$ は管表面と金型面の隙間を表し，しわ評価のパラメーターとして用いた．

最適化計算による設計変数と応答（肉厚減少率 ε_t，しわ評価のパラメーター $\Delta\delta$）の履歴をそれぞれ図8.32 に示す．まず，経験により決めた設計変数を用い，計8回の初期計算を行った．これらの8回の初期計算の結果を整理すると，破裂は1回，しわは5回，制約条件を満たす設計は4回目と6回目の計2回のみであった．また，初期設計のうち，4回目の最大肉厚減少率が最も小さく，約18%であった．8回目以後の設計は，応答曲面近似モデルにより推測した成形条件を用いてシミュレーションを行った結果である．負荷経路の最適解は16回目で，最大肉厚減少率は14.8%まで減った．

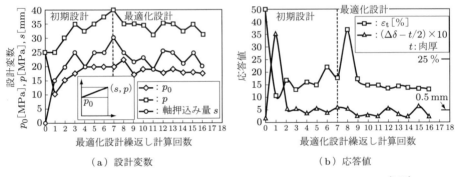

(a) 設計変数　　(b) 応答値

図 8.32　U字ハイドロフォーミングの最適負荷経路シミュレーション結果 [8.36]

さらに，成形条件（初圧 p_0 と折線の傾き角度 θ）と成形可能領域，破裂領域，座屈領域の関係を整理することにより，図8.33 に示すような成形可能なパラメーターの値を推定した．この多工程U字ハイドロフォーミングモデルに対しては，成形可能領域における初圧 p_0 と折線の傾き角度 θ は，それぞれ，$p_0 \fallingdotseq 17 \sim 20$ MPa, $\theta \fallingdotseq 32 \sim 40°$ となる．

ここで，いくつかのチューブハイドロフォーミングにおける負荷経路の最適化計算例を述べたが，今後はより精度の高い最適解を得るためには，新たな負荷経路モデルを編み出し，それらについての最適化設計法を検討する必要がある．さらに，設計者がシミュレーションと最適化ソフトウェアをうまく組み合わせて効率よく最適値が求められるようにするとともに，実加工で経験豊富な熟練者のノウハウをデータベース化し，それを最適化ソフトウェアと統合・融合させることも期待される．

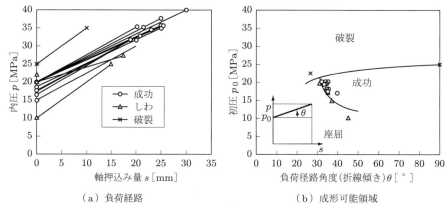

(a) 負荷経路 (b) 成形可能領域

図 8.33 U字ハイドロフォーミングの最適負荷経路シミュレーション結果 [8.36]

8.4 最適プロセス制御

　チューブハイドロフォーミングの負荷経路や金型寸法諸元の最適化は，加工の成否を左右する重要な課題である．8.3 節で述べたように，その手法は多く考案され，とくに加工シミュレーション技術の発達とともに著しい進歩を示している．しかし，たとえ金型寸法諸元が最適化され，内圧や軸押込みの最適負荷経路が得られたとしても，安定した良好な加工が保証できるものではない．設定した加工条件は加工中に一定でなく，とくに金型と管との摩擦・潤滑状態は時々刻々変化するものであり，また素管の寸法や材料特性値のばらつきも存在する．さらに，その材料特性値の評価試験法もまだ確立していない状況であり，十分に信頼できる材料特性値が得られているとは限らない．これを用いた加工シミュレーション技術も進歩しているとはいえ，解析精度や信頼性の面で必ずしも十分とはいえない．

　この対策には，制御技術面からのアプローチが必要であり，加工プロセスの最適制御が有力である．近年，制御に必須な油圧機器，計測・制御機器は精度，信頼性，応答性の面で進歩が著しく，高性能化し，制御理論も高度化している．

　上述のような加工条件の変化にも柔軟に対応できるようにするために，チューブハイドロフォーミングの最適プロセス制御には，加工条件を時々刻々最適に制御する知的制御が適している．その具体的な事例を以下に説明する．

◯ 8.4.1　T 成形 ◯

　図 8.34 に，最適プロセス制御に用いた薄肉管の T 成形モデル [8.39] を示す．図 8.35 は，SUS304 の外径 42.7 mm, 肉厚 0.8 mm の薄肉管の T 成形における内圧の変化に

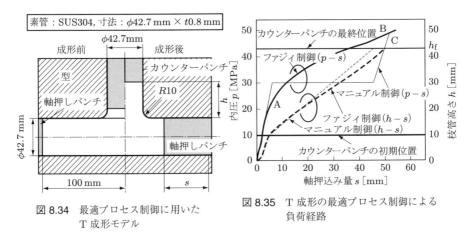

図 8.34　最適プロセス制御に用いた T 成形モデル

図 8.35　T 成形の最適プロセス制御による負荷経路

伴う軸押込み量と枝管頭部のカウンターパンチ変位の最適プロセス制御を，ファジィモデルを用いてコンピューター上で実施して得た負荷経路である[8.39]．この負荷経路は，従来は経験と勘によって，図 8.35 の階段状の経路を設定していたが，本システムによるファジィ制御アルゴリズムによって，時々刻々の内圧に対応して適切な軸押込みとカウンターパンチ変位が制御され，曲線のような負荷経路が一義的に得られる．アルミニウム合金 6063-T1 材を用いた仮想ファジィハイドロフォーミングシステムで成形して得られた適正加工負荷経路を用いたクローズドループ制御実験から，ファジィ制御の有効性が示された[8.40]．成形品の肉厚分布は図 8.36 に示すようにマニュアル制御よりもファジィ制御のほうが一様化されている[8.41]．また，延性破壊条件から求められる成形余裕度に関しても，ファジィ制御で成形したほうが成形余裕度は大きく，

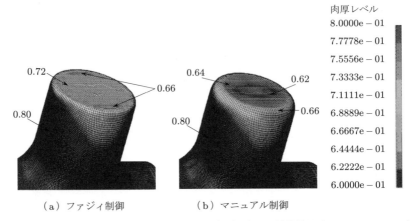

(a) ファジィ制御　　　　(b) マニュアル制御

図 8.36　ファジィ制御による T 成形における肉厚分布の一様化効果（シミュレーション）

成形性が向上することが予測されている[8.39]．本ファジィ制御システムは，基本的に加工中の潤滑状態の変化だけでなく，肉厚・材料特性の変更やばらつきにも柔軟に対応できる知的制御システムの一つであり，今後はより複雑な部品形状や異なる材料にも対応できる最適プロセス制御システムの開発が要望される．

○ 8.4.2 クロス成形 ○

クロス成形のシミュレーションは，T成形と同様に，多くの解析事例が報告されている[8.42, 8.43]．その最適負荷経路に関しては，FEMシミュレーション上でしわ危険度を表す評価関数のひずみ増分 $\Delta \varepsilon$ と要素の法線速度 V_n をもとに，ファジィ制御アルゴリズムによって内圧増分 Δp と軸押込み量増分 Δs を求める負荷経路最適化法の提案も行われている[8.44]．

参考文献

[8.1] 吉富雄二・蒲原秀明・島口崇・浅尾宏・野村浩：塑性と加工，28-316 (1987), 432-437.
[8.2] 淵澤定克：プレス技術，39-1 (2001), 70-74.
[8.3] 荒木浩：プレス技術，41-11 (2003), 58-63.
[8.4] 吹春寛：プレス技術，41-11 (2003), 64-67.
[8.5] 生田芳子：プレス技術，41-11 (2003), 82-85.
[8.6] 牧野内昭武：塑性と加工，40-460 (1999), 414-423.
[8.7] Ma, N., Umezu, Y. & Watanabe, Y.: NUMIFORM 2007, (2007), 1471-1476.
[8.8] 麻寧緒・梅津康義・原田匡人：平成12年度塑性加工春季講演会講演論文集，(2000), 431-432.
[8.9] 蔦森秀夫・吉田総仁：第54回塑性加工連合講演会講演論文集，(2003), 19-20.
[8.10] 福村勝・鈴木孝司・吉武明英・小笠原永久・于強・白鳥正樹：平成12年度塑性加工春季講演会講演論文集，(2000), 429-430.
[8.11] 東京天文台編：理科年表（机上版），(1986)，丸善．
[8.12] 吉田亨：プレス技術，39-1 (2001), 26-29.
[8.13] Hill, R.: The Mathematical Theory of Plasticity (1950), Oxford Univ. Press, London, (1950).
[8.14] 石榑治寿・折居茂夫・淵澤定克・白寄篤：平成11年度塑性加工春季講演会講演論文集，(1999), 227-228.
[8.15] Xing, H. L. & Makinouchi, A.: Proc. NUMISHEET'99, (1999), 479-484.
[8.16] 白寄篤・淵澤定克・石榑治寿・奈良崎道治：平成12年度塑性加工春季講演会講演論文集，(2000), 439-440.
[8.17] 吉田亨・栗山幸久：第49回塑性加工連合講演会講演論文集，(1998), 321-322.
[8.18] 吉田亨・栗山幸久：第50回塑性加工連合講演会講演論文集，(1999), 447-448.
[8.19] 石榑治寿：日本塑性加工学会シミュレーション統合システム分科会第22回FEMセミナーテキスト，(1999), 31-37.
[8.20] 水村正昭・栗山幸久・吉田亨：平成12年度塑性加工春季講演会講演論文集，(2000), 433-434.

[8.21] Manabe, K. & Amino, M.: J. Mater. Process. Technol., 123 (2002), 285-291.
[8.22] 近藤清人・中嶋勝司・井関博之：第 52 回塑性加工連合講演会講演論文集，(2001), 13-14.
[8.23] 矢野裕司・明石忠雄・石倉洋・吉田康幸：平成 11 年度塑性加工春季講演会講演論文集，(1999), 233-234.
[8.24] 水村正昭・栗山幸久：平成 16 年度塑性加工春季講演会講演論文集，(2004), 289-290.
[8.25] 吉田亨・栗山幸久・住本大吾・寺田耕輔・高橋進・真嶋聡・杉山隆司：平成 12 年度塑性加工春季講演会講演論文集，(2000), 425-426.
[8.26] 小川孝行：日本塑性加工学会シミュレーション統合システム分科会第 27 回 FEM セミナーテキスト，(2000), 23-29.
[8.27] 栗山幸久・橋本浩二・吉田亨・滝田道夫：第 195 回塑性加工シンポジウムテキスト，(2000), 151-157.
[8.28] Iguchi, K., Akutsu, O., Mizumura, M., Niwa, T. & Kuriyama, Y.: Proc. IBEC2003, (2003), 187-192.
[8.29] 浜孝之・浅川基男・吹春寛・牧野内昭武：第 53 回塑性加工連合講演会講演論文集，(2002), 223-224.
[8.30] 井口敬之助・吉田亨・水村正昭・栗山幸久・桑田尚・金子秀彦：第 54 回塑性加工連合講演会講演論文集，(2003), 347-348.
[8.31] LSTC：LS-DYNA ユーザーマニュアル，(2000).
[8.32] Myers, R. H. & Montgomery, D. C.: Response Surface Methodology, John Wiley & Sons, NewYork, (1995).
[8.33] LSTC：LS-OPT ユーザーマニュアル，(2000).
[8.34] （株）くいんと：AMDESS ユーザーマニュアル，(2000).
[8.35] （株）日本総合研究所：JSTAMP-Works ユーザーマニュアル，(2000).
[8.36] 麻寧緒：日本塑性加工学会シミュレーション統合システム分科会第 27 回 FEM セミナーテキスト，(2000), 31-40.
[8.37] 麻寧緒・野口哲司・原田匡人：第 51 回塑性加工連合講演会講演論文集，(2000), 363-364.
[8.38] Ma, N., Sugitomo, T., Noguchi, T. & Kano, T.: Proc. NUMIFORM 2001, (2001), 909-914.
[8.39] 真鍋健一・宮本俊介・小山寛：平成 14 年度塑性加工春季講演会講演論文集，(2002), 259-260.
[8.40] Manabe, K., Suetake, M., Koyama, H. & Yang, M.: Int. J. Mach. Tool Manuf., 46-11(2006), 1207-1211.
[8.41] 宮本俊介：東京都立大学修士学位論文，(2002), 87.
[8.42] Mac Donald, B. J. & Hashmi, M. S. J.: J. Mater. Process Technol., 103 (2000), 333-342.
[8.43] Chenot, J. L. & Massoni, E.: Int. J. Mach. Tool Manuf., 46-11 (2006), 1194-1200.
[8.44] Ray, P. & Mac Donald, B. J.: Finite Elements in Analysis and Design, 41 (2004), 173-192.

第9章
加工事例

> ハイドロフォーミングによって管材からつくられた製品は，軽量で高剛性であるという特徴をもっている．このような特徴を有する製品は，とくに軽量化を要求される輸送機器に使用されている．
> 　コンピューター技術が高度化し，コンピューターを搭載した知能化機械が高精度の加工を可能にし，コンピューターシミュレーションも実用域に達した1990年代から自動車の大型部品がチューブハイドロフォーミングによってつくられるようになった．現在では，チューブハイドロフォーミングを適用し，実用化した事例は自動車部品が最も多くなっているが，そのほかに，航空機や自転車などにおいても実用化の事例がある．また，軽量化以外の特徴を活かしたハイドロフォーミング技術の適用事例もある．
> 　本章では，チューブハイドロフォーミング技術を適用し，実際に商品化した事例および開発事例を紹介する．なお，詳細な加工工程などは第4～6章に記載した事例を参照されたい．

9.1　自動車

　近年自動車は，使用の利便性の追及から，窓ガラスの上げ下げ，リアビューミラーの角度調整，座席の高さや背もたれ角度の調節，ドアの開け閉めなどを電動で行うようになり，多くのモーターが使われるために，年々重くなってきている．また，衝突安全のためのドアビームの装着，エアバッグの装備など，車両重量の増加傾向が続いている．さらに，動力源に電池を併用し，ガソリンの使用量と排出ガスを抑えたハイブリッド車が増え，搭載する電池の重量が自動車の重量を押し上げている．電池のみを動力源とする電気自動車（EV車）では，走行距離を伸ばすために大容量の電池を必要とするので，ますます車両重量が増加している．

　自動車の利便性を損なわずに，地球温暖化抑制のためのCO_2削減，省資源のための燃量消費率向上を実現するには，さらなる軽量化が必要であり，それを可能とする技術として，チューブハイドロフォーミングが活用されている．

　チューブハイドロフォーミング技術が適用されている自動車用部材または部品としては，次のようなものがある．

① プラットフォーム・サスペンション部材／部品

② 車体構造部品
③ 吸排気系部品
④ その他

ハイドロフォーミング技術の適用の主な目的は，それぞれの部材／部品の軽量化である．

なお，自動車を構成している各部の名称にはいろいろないわれ方があり，また，自動車メーカーや部品加工メーカーによっても異なった名称が使われる場合もある．ここでは，一般的と思われる名称を使用する．

9.1.1 プラットフォーム・サスペンション部材／部品

プラットフォームは，図 9.1 (a) に示すように，自動車の車体（ボディー）やエンジンなどを乗せ，サスペンションなどを取り付けるフレームで，車台（シャシー）ともいわれる．

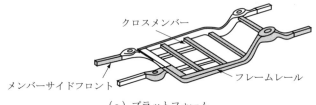

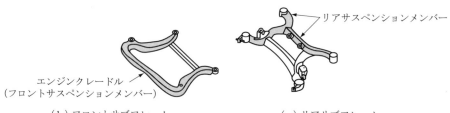

図 9.1 自動車構造部品（プラットフォーム・サブフレーム）へのハイドロフォーミングの適用部位 [9.1]

(1) サブフレーム

サブフレーム（図 9.1 (b), (c)）は，プラットフォームの前後部分に載せられ，エンジンやサスペンションを取り付ける部材であり，プラットフォームとともに自動車の車体を支える重要な役割をもっている．このサブフレームの部材に，管材のハイドロフォーミング工法が適用されている．一般に，図 9.1 (b) のフロントサブフレーム（エンジンクレードル）は，図 9.2 に示すように，1 本の円管を用いて，プリフォーミング（曲げ）→プリフォーミング（つぶし）→ハイドロフォーミング（ハイドロピア

9.1 自動車　225

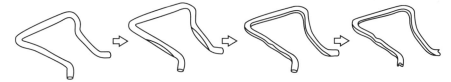

（a）プリフォーミング　（b）プリフォーミング　（c）ハイドロフォーミ　（d）管端部切断：
　　（曲げ）：CNC 曲げ　　　（つぶし）：専用プ　　　ング：（ハイドロ　　　　プラズマ切断機
　　加工機械　　　　　　　　レス機　　　　　　　　ピアシング込み）

図 9.2　エンジンクレードル部材の製造工程 [9.2]

シング込み）→管端部切断の製造工程で成形される．図 9.3 (a) はフォードのモンデオの例で，板金プレスによる 6 部品を 1 部品としている．図 (b) は，1993 年にハイドロフォーミングを適用して量産された最初のエンジンクレードル（フロントサスペンションメンバー）で，年間 60 万本が製造された実績をもつ．図 9.4 は，1999 年にわが国ではじめて大型自動車部品として開発され，日産のセドリックやグロリアに搭載

板金プレス品　　ハイドロフォーム品
（部品数：6）　　（部品数：1）

（a）工法の比較　　　　　　　　　　（b）エンジンクレードルの完成品

図 9.3　エンジンクレードル [9.3]

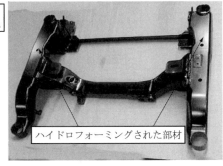

図 9.4　エンジンクレードル（フロントサスペンションメンバー）[9.4]

されたハイドロフォーミングでつくられた鋼管製エンジンクレードル（フロントサスペンションメンバー）である．左右2本の部材が，外径63.5 mm，肉厚2.3 mm，長さ1020 mm の円管からハイドロフォーミングされたものであるが，比較的単純な断面形状である．また，2000年につくられた富士重工業のインプレッサのフロントサブフレーム（エンジンクレードル）に直径68 mm，肉厚1.8 mm の2本の鋼管のハイドロフォーム品が使われている．エンジンルーム内の狭い空間にほかの部品との干渉を避けながら設置するため，断面形状を複雑に変化させており，また精度の必要のない穴はハイドロピアシングであけている[9.5]．ハイドロフォーミングの特徴がうまく活かされている．

さらなる軽量化を図るため，鋼管より軽量なアルミニウム合金管が適用されているものもある．図9.5はハイドロフォーミングされたアルミニウム合金管製リアサブフレーム（リアサスペンション）[9.6]で，日産のアルティマに搭載されたものである．その構成部材の一部は素管径76.3 mm から長方形断面へのプリフォーミング工程を経て最大拡管率15%でハイドロフォーミングされている．

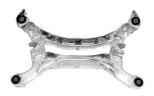

図9.5 アルミニウム合金製リアサブフレーム（リアサスペンション）[9.6]

アルミニウム合金は，常温では鋼管に比べて十分な成形性が期待できない．そこで，より大きな拡管率でより複雑な断面形状の部材に適用するために，高温での高延性を利用した熱間バルジ加工法が実用化されている．素管として新たに開発されたAl-Mg系合金管を用い，直接通電加熱で高速予備加熱をして加熱時間の短縮を図り，約600 ℃の加工温度で，図5.34に示すように一部は70%を超える最大拡管率（周長変化率）の複雑断面形状をもつフロントおよびリアサブフレーム（サスペンションメンバー）の成形を実現している[9.7]．2004年のホンダのレジェンドに搭載されたサブフレームにこの技術が適用されている．圧力媒体は空気で，室温での成形圧力の1/100程度の低圧力（約3 MPa）で成形可能である．これに伴い，型締め力も室温の場合の1/10程度ですみ，成形設備も小型化された．この開発技術により，製品の剛性向上，部品点数・溶接工程の削減が実現し，軽量化とコストダウンが達成された．

エンジンルームの狭い空間に置かれるフロントサブフレームは，ほかの部品との干渉を避けなければならない．ハイドロフォーミングによる製品は，溶接のためのフラ

ンジがないことや製品形状の自由度が高くとれることから，板金プレスと溶接によるものに比べて，エンジンルームの狭い空間を有効に使うことができる．とくに，常温加工に比べて高拡管率の成形や複雑形状の成形が可能となる熱間バルジ工法において，上述の効果は顕著である．

このような製品の実現を可能とするチューブハイドロフォーミングの特長が，サブフレームへの適用を多くしている理由である．

(2) プラットフォーム部材

トラックのプラットフォーム（シャシー）フレーム両側のサイドレールの一部が，チューブハイドロフォーミングでつくられている．溶接の削減，軽量化，剛性の向上とともに，組み立て後のひずみ修正が大幅に削減され，コスト低減が図られた[9.8]．

図 9.6 に，トラック（フォードのピックアップトラック）のプラットフォームを示す．フレームの一部にハイドロフォーミングが適用されている．

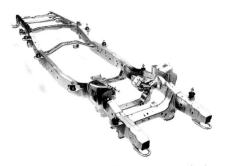

図 9.6　トラックのプラットフォーム[9.9]

2007 年 9 月にトヨタのランドクルーザーのリアクロスメンバー 3 本の成形に管材のハイドロフォーミングが採用され，フレームの耐久性向上をもたらしている[9.10]．

フォードのトーラスにおいては，横からの衝撃を受けるため，床下を通って左右のドア枠同士を結んでいるビームにハイドロフォーミングが適用されている[9.11]．

(3) サスペンションアーム

フロントサスペンションのロアアームは，タイヤからの衝撃に耐える強度と，ばね下荷重軽減のための軽量化が要求されている．鋼やアルミニウムの鍛造・鋳造，鋼板のプレス加工などに加え，最近は鋼管の液圧成形技術を駆使した加工など，多くの技術が試みられている[9.12]．トヨタは，大豊精機と共同開発した鋼管のハイドロフォーミング（液封成形）によるフロントサスペンションのロアアームをクラウン，マーク X に採用した[9.13]（図 9.7）．

図9.7 ハイドロフォーミング（液封成形）によるフロントロアアーム

図9.8に示すサスペンションアームは，薄肉の780 MPa級高強度電縫鋼管を外径絞りを伴う特殊な曲げ加工法（プッシュロータリー曲げ（PRB法））で曲げ加工した後，ハイドロフォーミング（液封成形）で成形している[9.14]．大幅な工程数削減と，軽量化，コスト削減が達成された．トヨタの乗用車へ搭載されている．

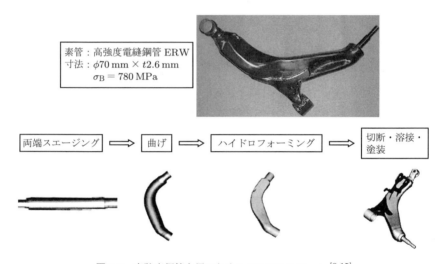

図9.8 高強度鋼管を用いたサスペンションアーム[9.15]

(4) リアサスペンショントレーリングアーム

図9.9はULSAB-AVCプロジェクトで検討されたトレーリングアームである．直径76 mmで肉厚2.2 mmと3.0 mmのDP（二相組織）鋼のテーラードチューブをハイドロフォーミングしてつくっている．ショックアブソーバーのスリーブ取付けのための穴は，ハイドロピアシングであけている．

(5) ツイストビーム（リアサスペンション）

ULSAB-AVCプロジェクトのリアサスペンションのツイストビーム（図9.10）は，

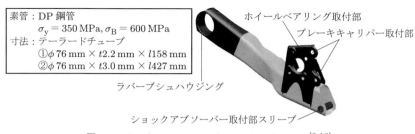

図 9.9　リアサスペンショントレーリングアーム [9.16]

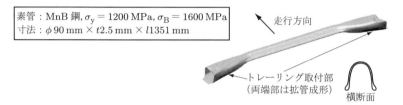

図 9.10　リアサスペンションツイストビーム [9.17]

肉厚 2.5 mm のマンガンボロン（MnB）鋼管を，第 1 ステージで絞り加工を行い，第 2 ステージで両端をハイドロフォーミングで拡管してつくられている．ハイドロフォーミングの際には，拡管による薄肉化を避け，なるべく均一な肉厚となるように軸押込みを行っている．

9.1.2　ボディー部材／部品

自動車のボディーに，チューブハイドロフォーミングによって製造された軽量構造部材／部品が用いられている（図 9.11）．以下にそのいくつかの事例を紹介する．

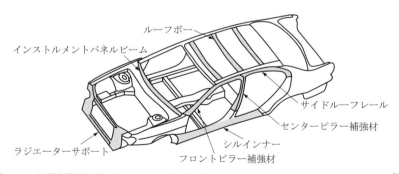

図 9.11　自動車構造部品（ボディー部材／部品）へのハイドロフォーミングの適用部位 [9.1]

(1) サイドルーフレール

ULSAB プロジェクトでは，図 9.12 に示すサイドルーフレールにチューブハイドロ

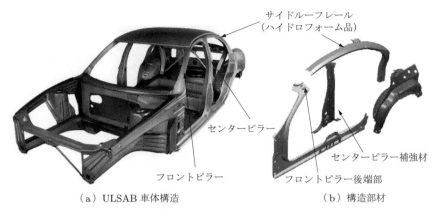

(a) ULSAB 車体構造　　　　　　　　　　　(b) 構造部材

図 9.12　サイドルーフレール

フォーミングが適用された．フロントピラーの後端からセンターピラーの上を通り，車両後部にいたる長い部材である．用いられた管は，外径 96 mm，肉厚 1.0 mm，長さ 2700 mm の薄肉鋼管（肉厚/外径比 1%）である．

フェイズ 1 の設計段階での断面形状を図 9.13 に示す．場所によって断面形状が異なる長い中空部材の成形が 1 本の管をハイドロフォーミングすることによって可能となった．管材のハイドロフォーミングが自動車ボディー構造部材にはじめて採用された事例で，ハイドロフォーミングの有効性を広く認識させ，世界的にも注目を集めるきっかけとなったものである[9.18, 9.19]．

図 9.14 は，ULSAB-AVC プロジェクトのサイドルーフレールで，高強度の DP 鋼管のハイドロフォーム品が用いられている．

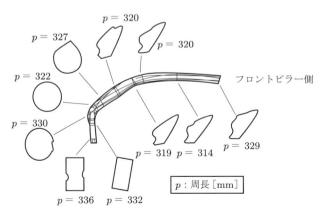

図 9.13　ULSAB プロジェクト・フェイズ 1 のサイドルーフレールとその断面形状[9.18]

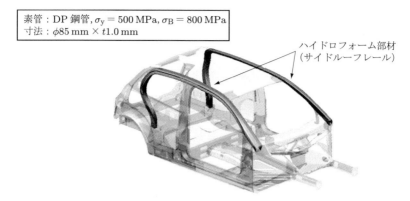

図 9.14 ULSAB-AVC プロジェクトのサイドルーフレール [9.16, 9.20]

(2) フロントレール

図 9.15 は，エンジンルームの両側を前後に走る構造部材であるフロントレール（図 1.11 参照）で，衝突エネルギー吸収部材である．肉厚の異なる 2 本の DP 鋼管を溶接したテーラードチューブがハイドロフォーミングされている．

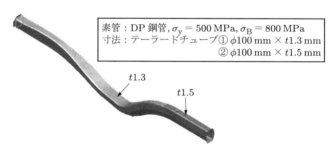

図 9.15 ULSAB-AVC プロジェクトのフロントレール [9.20]

(3) センターピラー補強材

図 9.16 は側面衝突変形低減部材であるセンターピラーの補強材（図 9.11 参照）の断面を示したものである．中実の丸棒を使用していた従来のものを鋼管のハイドロフォーム品に換え，軽量化と高剛性化を図っている．外径 42.6 mm の素管をハイドロフォーミング（最大拡管率 28%）で成形している [9.21]．従来品に比べて 23% の軽量化と 1.6 倍の耐衝撃強度を実現した．9.1.1 項で説明したエンジンクレードル（図 9.4）とともに，国内ではじめてハイドロフォーミングが自動車の構造部材に採用されたものの一つである．

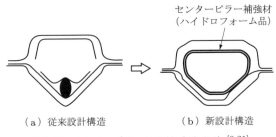

図 9.16　センターピラー補強材（断面図）[9.21]

(4) フロントピラー補強材

2008年10月に全面改良されたホンダのオデッセイのフロントピラーは，斜め前方の視界を改善するため，非常に細く（従来のものよりも約30%細く）つくられている．そのフロントピラー補強材（図9.11参照）は980 MPaの超高強度鋼管（肉厚 2 mm）をハイドロフォーミングにより高精度に成形している（図9.17）．

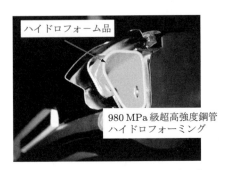

図 9.17　フロントピラー補強材 [9.22]

(5) インストルメントパネルビーム

インストルメントパネルビーム（図9.11参照）は，従来は径と肉厚が異なる管を溶接してつくられていたが，これを1本の管のハイドロフォーミングによってつくることにより，部品数と溶接工程を削減している．また，車体の剛性を向上させるメリットもある[9.8]．

複雑な形状のインストルメントパネルビームに管材のハイドロフォーミングが適用された例がある．アルミニウム合金管を熱間でハイドロフォーミングするもので，5.2.3項 (4) で述べたもの（図5.34）と基本的には同じ工法である[9.23]．図9.18に，エフテックで試作されたものを示す．

図9.18　インストルメントパネルビーム

(6) ラジエーターサポート

　ラジエーターサポート（図9.11参照）は，国内外でも，ハイドロフォーミングが多く採用されている部材の一つである．図9.19に示したものは，クライスラーのダッジのラジエーターサポートで，従来の板金プレス品を管材のハイドロフォーム品に変更することによって，部品数の削減と軽量化を実現している．

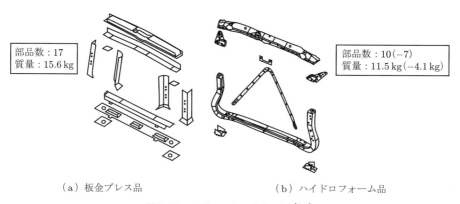

部品数：17
質量：15.6 kg

部品数：10(−7)
質量：11.5 kg(−4.1 kg)

（a）板金プレス品　　　　　　（b）ハイドロフォーム品

図9.19　ラジエーターサポート [9.3]

9.1.3　吸排気系部品

(1) エキゾーストマニホールド

　従来，排気系部品であるエキゾーストマニホールドは鋳物でつくられることが多かったが，薄肉につくることは難しく，重いものとなっていた．これを管のハイドロフォーム品に換えることによって，軽量化が達成された．また，鋳物に比べて内面が滑らかなため，排気ガスの流れもスムーズになるなど，性能の向上も達成されている．

　図9.20は，チューブハイドロフォーミングによる4気筒エンジン用のエキゾーストマニホールドである．曲げ加工した2本の管の中央部を，ハイドロフォーミングによって張出し成形し，分岐管としている．鋳物製のものを100として比較すると，図

加工法 項目	鋳造	チューブハイドロ フォーミング
部品点数	100	50
寿命	100	250
生産コスト	100	85
加工時間	100	38
重量	100	85

(a) チューブハイドロフォーム品　　　(b) 鋳造との比較

図 9.20　エキゾーストマニホールド [9.24]

(b) に示すような利点がある．

　図 9.21 は，二重構造の素管を用いたエキゾーストマニホールドのハイドロフォーミング加工事例である．外管は肉厚 1.5 mm，内管は肉厚 1.0 mm である．この二重管を曲げ加工した後，型内で内圧を負荷してキャリブレーションし，その後，内管と外管の間に高圧を負荷して外管を 6 mm 拡管し，内管との間に 3 mm のギャップを得ている．また，図 9.22 に示す事例では，ハイドロフォーミングによって枝管成形された

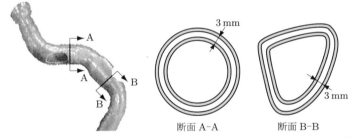

図 9.21　二重管を用いたエキゾーストマニホールドのハイドロフォーム部品 [9.25]

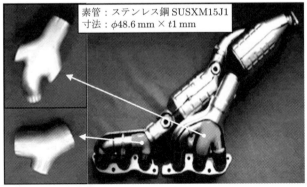

図 9.22　エキゾーストマニホールド [9.26]

薄肉のステンレス鋼鋼管が内管部分の2箇所で使われている．この二重管の曲げでは，外管と内管の間に砂を入れてつぶれないようにして，その精度確保を実現している．

(2) ベローズ

振動からの衝撃を吸収し，触媒コンバーターを保護することを目的とした二層管薄肉ステンレス鋼製排気管用ベローズ（フレキシブル管）を，ハイドロフォーミングで成形した例を，図9.23に示す．ここでは，単管ベローズよりもフレキシブル性を高めるため，二層構造の管を用いている．

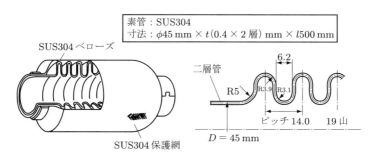

図 9.23 二層管薄肉ステンレス鋼製排気管用ベローズ [9.27]

(3) エアインテークマニホールド

エンジンへの空気取り入れに用いられる吸気系部品のエアインテークマニホールドを，図9.24 (a)に示す．そのサージタンクは，図(b)のように，アルミニウム合金管A6063をハイドロフォーミングしてつくられている．この図は4気筒エンジン用のもので4箇所を内圧により膨出させるが，その際，素材を軸方向に押込むことによって形状と肉厚を確保している[9.29]．チューブフォーミング社や昭和アルミニウム（現 昭和電工）で実用化され，フォードやスズキなどの乗用車に搭載された．

9.1.4 その他

(1) ステアリングコラム

6.1節で述べたように，チューブハイドロフォーミングの特徴の一つに，成形後同じ型内で高内圧を利用して穴あけ加工ができるハイドロピアシングがある．このハイドロピアシング技術を駆使したものに，図9.25に示すハイドロフォーミングによって一体成形されたステアリングコラムがある．複数個の異形穴を，外向きピアシングにより高精度であけている．従来の板金プレスによる主要3部品の溶接構造を，管材のハイドロフォーミングによる一体成形構造として溶接をなくし，摺動部の高い精度を実

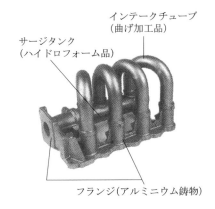

（a）完成品　　　　　　　　　　（b）サージタンク

図 9.24　エアインテークマニホールド [9.28]

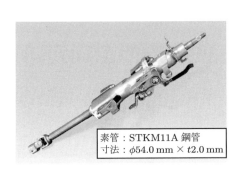

図 9.25　ステアリングコラム [9.30]

現している．部品点数が削減され，軽量化と高剛性化が達成された．日本精工で実用化され，マツダのアテンザに搭載された．

(2) コラプシブルハンドル用ベローズ

衝突時に運転者がハンドルにぶつかる衝撃をやわらげ，安全を確保するため，圧潰変形によって衝突エネルギーを吸収するベローズをステアリングコラムとロアジョイントの間に装着する場合がある．図 9.26 に示すコラプシブルハンドル用ベローズの成形に，管材のハイドロフォーミングが適用されている．

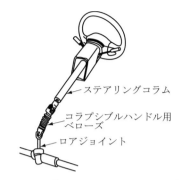

図 9.26　コラプシブルハンドル用ベローズ [9.29]

(3) 中空カムシャフト

　従来，カムシャフトは棒材にドリルによって穴あけ加工を行い，機械加工，研磨，焼入れをして製造していた．これに対して，ハイドロフォーミングによる場合（図 9.27）は，カムと軸受を別途つくり，これに管（シャフト）を挿入し，内圧により管を膨出させてカムと軸受を固着させる．これにより，製品が軽量化（約 30％）され，工程数が削減された．詳細については，文献 [9.29] を参照してほしい．

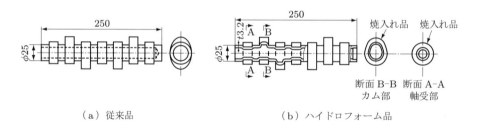

図 9.27　中空カムシャフト [9.31]

(4) バンパー

　鋼板のロールフォーミングによるバンパーに比べると，管材のハイドロフォーミングでつくられたバンパーは，閉断面であるため，衝突時の吸収エネルギーが大きい．また，ロールフォーミングでは困難な，各部位での形状と曲率を自由につくることができる．図 9.28 は，エフテックで試作されたバンパーである．

(5) フィラーチューブ

　自動車の燃料給油口とガソリンタンクを結ぶフィラーチューブの一端（給油口）は，給油ノズルを入れるために，径の大きい別部品を溶接してつくられている．これを 1 本の管でつくることによって，軽量化と溶接の削減を図ることができる．ハイドロフォー

図 9.28　バンパー [9.32]

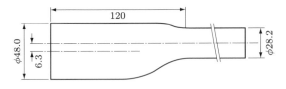

（a）形状・寸法　　　　　　　　　（b）ハイドロフォーム品

図 9.29　フィラーチューブ [9.33]

ミグを適用してフィラーチューブの一端を拡管した例を，図 9.29 に示す．

(6) トラック用ミラーアーム

図 9.30 は，トラックのサイドミラー取付用のアームである．従来は，鍛造品を削り出

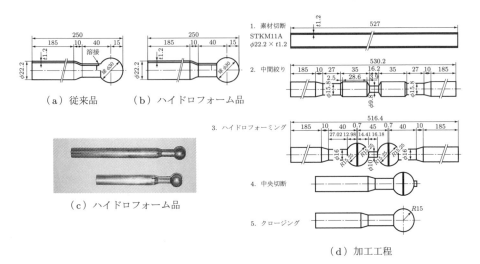

図 9.30　トラック用ミラーアーム [9.34]

した球状の部品を，口絞り加工した管の先端に溶接していたが，先端が重いため，ミラーが振動しやすく，見にくかった．また，振動による根元部分の破損が多く見られた．

これに対して，管材のハイドロフォーミングによる製品は一体成形品である．図9.30に示すように，鋼管の絞り加工とハイドロフォーミングにより，球体とアームを一体成形し，中央で切断後，クロージング加工して製品をつくる．このように，2本取り（2個同時につくる）すると，効率的である．約77％の軽量化とコストダウンを実現した．また，先端の球体部が軽くなったことにより，サイドミラーの振動が抑制され，さらに溶接部がないので振動による球体部の脱落の危険性がなくなり，破損もなくなった．

もともと，わが国における自動車部品のハイドロフォーミングは1960年代から行われ，上記のとおり，ベローズや中空カムシャフトなどの小物の自動車部品に数多く適用されていた[9.35]．

1990年代に入ると，コンピューター技術や制御技術の発達により，成形加工機械の知能化・高度化が進み，多様で複雑な成形加工が可能となった．また，コンピューターを利用したシミュレーション技術が進展し，FEMによる構造解析，成形シミュレーション，衝突安全解析などに威力を発揮するようになってきた．最近は成形シミュレーションの信頼性が格段に向上し，試行錯誤を繰り返すことが難しかった大型部品のコンピューター上での加工実験ができるようになった．それに伴って，大型自動車部品へのチューブハイドロフォーミングの適用が進んできている．

数々の利点を有するチューブハイドロフォーミングは，とくに軽量化の要求される自動車の各種構造材，部品の製造に適する加工法として広く採用され，ハイドロフォーミングされた部材，部品の搭載が確実に増えてきている．

9.2　航空・宇宙機器

航空・宇宙機器には，燃料，油圧，空調などの流体配管や，操縦・制御系コントロールロッドなどの多数の中空部品が使用されているが，ハイドロフォーミングが適用される部品は，異形断面化や周長変化を要する場合が主となる．

◯ 9.2.1　航空エンジン冷却管 ◯

航空エンジンのタービン部は燃焼ガスを受けて高温となり，熱膨張によって生じるブレード先端とケーシング間の隙間増大が，エンジン性能の低下を招く．これを防止するため，ケーシングの外側にステンレス鋼製角管を配置し，ケーシング側にあけられた多数の小穴から空気を吹き付ける冷却方式が採用される．

この冷却管は狭い空間に設置されるため，局所的に急激な曲げ部やコンパクトな長方形断面化が要求される．冷却管を角管から加工する場合，破裂（割れ），屈服，へん平などの現象が生じやすいため，円管を出発材料として，図9.31 (a) の②に示すようにプリベンディングに引き続いて，図 (b) のようにハイドロフォーミングによる断面成形が行われている [9.36, 9.37]．

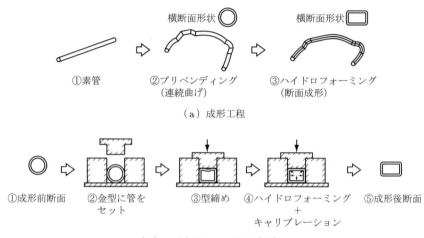

図 9.31 航空エンジン冷却用角管の成形工程およびハイドロフォーミング工程 [9.36, 9.37]

また，各冷却管を接続して冷却空気を分配するコレクターも，複雑な形状が要求されていることから，図9.32に示すようにプリフォーミングの後，断面のハイドロフォーミングが行われる．とくに，冷却管との接続用ボス部は加工度が高いため，中間焼きなましを含む多工程ハイドロフォーミングが採用されている．

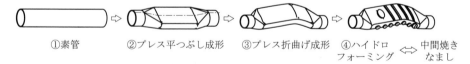

図 9.32 冷却管集結用コレクターの成形工程

これらの断面成形において留意すべき点は，最終製品の周長が素管周長より減少する場合やプリフォーミングで肉余りが生じた場合，ハイドロフォーミング時に必ずしわを生じて製品欠陥を引き起こす点である．それを防止するためには，プリフォーミング形状や素管径（または部品寸法）を適切に設定することが極めて重要である．また，使用する割型には分割した面からダイキャビティ内面がすべて見えるように，死

角が生じない分割面設定はもちろん，とくに薄肉部品における割れ防止のため，分割ラインでの表面性状にくい違いが生じる目違いや段差を極力小さくすることなどが，ハイドロフォーミングを採用するにあたって重要である．

9.2.2 ロケットエンジンノズルスカート

図 9.33 に，液体燃料ロケットエンジン (LE-5) を示す．これは H-I ロケットの第 2 段に使用されたものである．燃焼室部には配管類が集中しており，ノズルスカート部にも自身の冷却と液体燃料のガス化のため，多数の耐熱薄肉テーパーチューブがろう付けされており，ロケットエンジン全体が管構造体となっている．

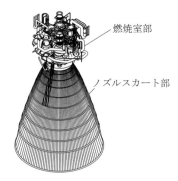

図 9.33　H-I ロケット用液体燃料エンジン (LE-5)

図 9.34 は，ノズルスカートを構成する個々の管形状を示したもので[9.37]，組立後の形状がつり鐘形となるように，個々の管は長手方向に直径が変化したテーパーチューブとなっている．また，その数百本の集積体に均一なろう付けクリアランスを与えるために，図 9.31 (b) と同様，ハイドロフォーミングにより各断面の高精度成形が行わ

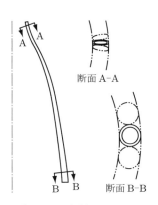

図 9.34　ノズルスカート用テーパーチューブ [9.37]

れている．ハイドロフォーミングでは，金型接触部は変形が拘束され，接触していない自由部のみに変形が集中する特質をもっている．そのため，それらを考慮したハイドロフォーミングの工程設計や条件設定が重要で，変形量の偏りに伴う破裂（割れ）を防止するため，とくに型内での素管配置の対称性確保に留意すべきである．

9.3 自転車部品

1960年代に工業技術院名古屋工業技術試験所において増圧機を用いた液圧バルジ加工法が開発されて以来，自転車用のフレーム継手の製造には液圧バルジ加工法が活用されてきた [9.38]．その後，ハイドロフォーミングによりフレームパイプ自体を複雑形状に加工したものも，スポーツ車やマウンテンバイクに適用されるようになった．

9.3.1 フレーム継手

ヘッドラッグ，ハンガーラッグなどのフレームパイプ同士を接合するフレーム継手の成形に，ハイドロフォーミングが利用されてきている．

図 9.35 にフレーム継手の例を示す．フレーム継手は通常 1～4 個の枝管を有し，なかには枝管の直径が素管より大きいもの，枝管が 2 個近接しているものなどがある．

ヘッドラッグのなかには，素管と枝管の角度が鋭角側で 50° 程度という小さいものがある．枝管の鋭角側は図 9.36 のように金型面から離れる不整変形が生じやすいため，鈍角側の押込み量を多くするなどの工夫がなされる [9.39]．また，素管内に心金を挿入して，素管のしわの発生を抑える方法が取られることもある．

また，図 9.35 中央のヘッドラッグのように，枝管の成形と同時にデザイン上の要求から段差を付ける加工をする場合もある．

図 9.35 左のヘッドラッグや，右のハンガーラッグの後部など，近接した枝管が 2 個

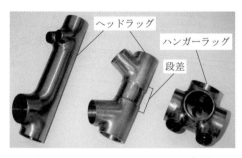

図 9.35 自転車フレーム継手の例 [9.39]

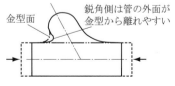

図 9.36 枝管の鋭角側に発生しやすい不整変形 [9.39]

ある場合，枝管の中間部には素管からの材料供給が難しく，十分な膨出高さが得られないことがある．成形初期の内圧を低めにして管端部を押し込むことにより，枝管中間部の厚さを増しながら膨出加工するなどの工夫をする必要がある．

枝管高さが高いもの，枝角度の小さいものの成形には内圧と軸押込み量を制御できるハイドロフォーミングが有利である．しかし，低コスト化の要求が強まったため，現在ではフレーム継手の製法はほとんどがゴムバルジ加工（5.1.6項(3)参照）へ移行した．

9.3.2 フレームパイプ

1990年代には，ハイドロフォーミングにより継手を一体的に成形したフレームパイプが開発された[9.40]．

素管の一端あるいは両端に継手となる枝管を一体成形することにより，軽量化，組立寸法精度の向上，加工工数の削減が図れる．

継手部のハイドロフォーミングと同時に，それ以外の部分も拡管成形して非円形あるいは非対称形の断面形状を得ることもでき，走行中にフレーム各部に加わる応力に応じた無駄のない形状設計とすることも可能である．

また，ハイドロフォーミングの前に，プリフォーミングとして素管をプレス成形して曲げ加工あるいはつぶし加工を施したり，軽量化のためにフレームパイプの中間部を薄くするバテッド加工を行うなどの，さまざまな複合加工も考案されている．

図9.37 (a) のように，フレームパイプの左右の継手直径や枝角度が異なる場合，素管の軸押込み量を左右別々に制御することが必要である．このように，左右に継手部がある場合の負荷経路の例を図 (b) に示す．図9.38は，このような管を用いたスポーツ車用のフレームの一例である．

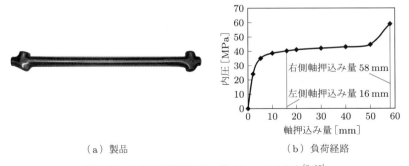

(a) 製品　　　　　　　　　(b) 負荷経路

図 9.37　左右に継手がある一体フレームパイプ [9.40]

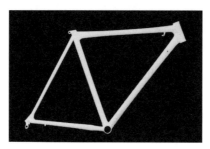

図 9.38 継手を一体成形したフレームパイプの使用例

フレームパイプの材料は，主に機械構造用鋼管や高強度鋼管であるが，伸びが大きい特殊なクロムモリブデン鋼管が使われる場合もある．これらの鋼管をハイドロフォーミングするときは，金型との摩擦を低下させるため，鋼管の表面に金属石鹸皮膜を施しておくことが一般的である．

1990年代後半には，TIG溶接によるアルミニウムフレームが世界的な主流となり，継手を一体成形したフレームパイプを使うフレームは減少した．

最近では，自動車用部品に適用されるハイドロフォーミングの技術や設備を利用して，図 9.39のようにアルミニウム管に拡管成形，段付き成形，文字の浮き出し加工などを加えた自転車フレームパイプが開発され，主にマウンテンバイクのフレームに採用されている．

図 9.39 アルミニウムフレームパイプの加工例 [9.39]

従来のアルミニウムフレームは，高い応力がかかる部位には補強のための板が追加溶接されていたが，ハイドロフォーミングの応用により，このような補強板を省くことができ，すっきりした外観が得られるようになった．

図 9.40はワイヤー類を管内部に挿入し，外観を向上するための挿入口の突起を一体成形したフレームパイプの例である．

素材は6000系アルミニウム合金管が多いが，7000系も使用される．素管は，外径25 mmから50 mmの円管のほか，押出し成形による異形管も多く，肉厚は2 mm前後である．

図 9.40 ワイヤー挿入口のあるフレームパイプ [9.39]

9.4 管楽器

　管楽器，とくに金管楽器は音程や音色などの音楽的な要請から製品に高精度が要求され，また，外観としては滑らかさや美麗さも要求される．

　管楽器に用いられるハイドロフォーミングは，トランペットなどのテーパー状曲がり管部品を成形するときに用いられている．この工法は現代のハイドロフォーミングの原型ともいえるもので，1.2.3 項でも紹介した古くから用いられている加工技術[9.41, 9.42]である．これは管楽器の薄肉テーパーチューブなどを直接曲げるのでなく，横断面形状を高精度で円形に保ち，しわのない高い形状精度の部品を製造するときの特殊な曲げ加工法である．そのため，まず図 9.41 のようにテーパーチューブを曲げる際に，管の曲げ外側をつぶして，軸方向に引張力を加えながら曲げ内側の金型になじませ，断面形状が U 字状になるように管内面同士を密着させて曲げる．このようにして曲げられた管は，次の工程のハイドロフォーミングで，40～50 MPa の内圧を加えられ，つぶされた横断面をもとの円形に戻す．ハイドロフォーミングは金型を用いた転写工程であり，高圧付与のキャリブレーションによって高い外形精度を得ることができる．一度横断面の形状をつぶしておいて，次の工程で再び横断面の形状の精度出しを行うこの工法は，展延性の高い薄肉管材料でなければ適用は困難であるが，通常の曲げ加工限界を超えた加工が可能である．

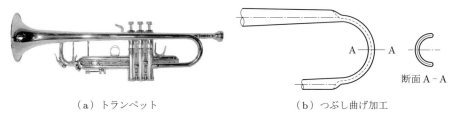

（a）トランペット　　　　　（b）つぶし曲げ加工

図 9.41 管楽器のハイドロフォーミングにおけるプリフォーミングのつぶし曲げ加工 [9.42]

図 9.42 はホルンの朝顔管に対する上述のキャリブレーション工程の事例[9.42]であり，図 (b) はキャリブレーション用の管が金型にセットされているところである．この事例では，高性能・高品質の楽器をつくるために高精度で滑らかな金型面の転写が重要であり，そのために高圧のハイドロフォーミングによるキャリブレーションが行われている．一般に，金管楽器は素材が薄肉のため，製造過程でゆがみや曲がりが生じやすい．とくに，ろう付け部分に生じる不整変形が問題となる．そこで，より高い寸法・形状精度を出すために，キャリブレーションが最終製造工程で適用されている．

(a) ホルン　　　　　　　(b) キャリブレーション工程

図 9.42　ホルンの朝顔管のキャリブレーション工程[9.42]

9.5　その他

9.1～9.4 節で紹介した以外のその他の事例としては，配管部品やサニタリー部品が多い．ここでは，それらのハイドロフォーミングとほかの工法を組み合わせた加工例を説明する．

9.5.1　吐水口

通常，吐水口は黄銅鋳物でつくり，切削加工，荒バフ，中バフ，仕上げバフをかけ，クロムメッキ仕上げをしている．これを黄銅管から図 9.43 のようにつくると，仕上げバフのみで製品となる．製品重量および素材費の軽減と加工費の削減ができる[9.43]．

9.5.2　クーラーコンプレッサー用マフラー

従来，2 個の板材プレス部品をろう付けしてクーラーコンプレッサー用のマフラーを製造していたが，要求精度（±0.1 mm）が出せなかった．これを引抜き管を使用したハイドロフォーミングを適用することで，要求精度を達成できた（図 9.44）．

このマフラーは極めて小さい曲げ半径を有しており，引曲げでは加工できない．このような管部品の成形には，内圧と軸押しによるハイドロフォーミングが適している．

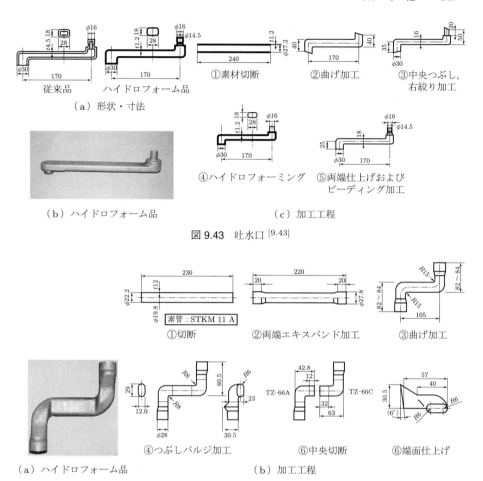

図 9.43 吐水口 [9.43]

図 9.44 クーラーコンプレッサー用マフラー [9.44]

ハイドロフォーミングで，小さい曲げ半径を有する部品を 1 個つくるときには，曲げ外側の肉厚が薄くなるか，または破断するので，素管に十分な押込みを与えることが必要である．2 本取りでは，図 9.45 の A → B，A′ → B′ の長さが同じであるから，その心配はない．そのため，できるだけ 2 本取りにし，ハイドロフォーミング後，中央部を切断するとよい．断面が円形ではなく，曲げ半径が小さな部品をつくる場合は，円管で小さな半径の曲げ加工をした後，ハイドロフォーミングで異形にするのがよい．

9.5.3 窒素ガスチャンバー

　従来，窒素ガスチャンバーは上下に分け，板材をプレス加工して中央で溶接していたが，溶接が不十分であるとガス漏れのおそれがあるため，時間をかけて検査する必

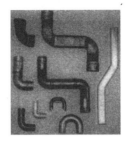 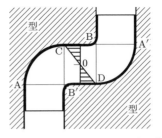

図 9.45 小さい曲げ半径を有する部品の成形（2本取り）[9.45]

要があった．これを図 9.46 のように 1 枚の鋼板よりプレス加工（深絞り）し，ハイドロフォーミングで製造すると，溶接工程がなくなり，ガス漏れに対する信頼性が向上した．これは管材を用いたハイドロフォーミングではないが，深絞りした筒状容器を利用した，チューブハイドロフォーミングと類似のものと位置づけられる．

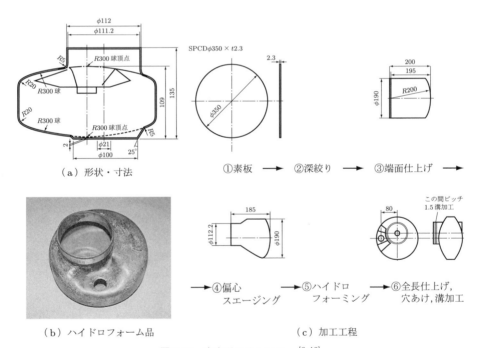

図 9.46 窒素ガスチャンバー [9.46]

9.5.4　X 線発生器ボディー

X 線発生器ボディーは，従来は SUS304 のリング 2 個を鋳込んだアルミニウム鋳物を切削した後，ガス漏れ防止用の塗装をし，内側に鉛板をハンマーで打ちつけて張り

付けていた．これをアルミニウム管のなかに外周に接着剤を塗布した鉛管を挿入し，ハイドロフォーミングで張付けを行ったものである（図 9.47）．

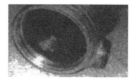

図 9.47　X 線発生器ボディー [9.47]

加工法は，次のとおりである．

① 外径 300 mm × 肉厚 5 mm のアルミニウム合金管 A6061 に，次の工程のハイドロフォーミングで膨らませる 3 箇所に直径 3 mm の穴をあける．
② 外径 289.5 mm，肉厚 4.5 mm の鉛管の外周に接着剤を塗り，アルミニウム合金管に挿入する．
③ 両端を拡管しながらシールし，ハイドロフォーミングを行う．
④ 張出し部に穴をあけ，機械加工する．

9.5.5　コピー機ヒートローラー

コピー機のヒートローラーを予熱なしで即使用可能にするためには，ローラーの肉厚をできるだけ薄くする必要がある．従来は肉厚 3～5 mm のアルミニウム合金管を切削加工後，研磨加工していたが，肉厚が 0.6 mm 程度の鋼管に変更し，ハイドロフォーミングで製作した例を図 9.48 (a) に示す．切削加工，研磨加工ではびびりや変形が生じるため，ここまで薄くすることはできない．ヒートローラーは両端部よりも胴部がわずかに細い逆クラウン形状（図 (b)）になっているが，ハイドロフォーミングで金型形状を転写させ，0.6 mm の薄肉ローラーの無切削精密成形を実現した．これにより，研磨加工も不要となった．このヒートローラーを用いることで，予熱の必要がなくなり，無駄な待機電力と駆動電力の大幅な削減を実現した．

加工法は，次のとおりである．

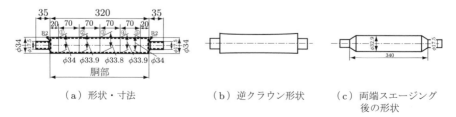

（a）形状・寸法　　　（b）逆クラウン形状　　　（c）両端スエージング後の形状

図 9.48　コピー機ヒートローラー

① 両端をスエージングして径を小さくする（図 9.48 (c)）．肉厚が薄いので，工数を増やすか，あるいはスピニングマシンで行う．
② 内圧と軸押しによるハイドロフォーミングで両端の直角を出すとともに，ローラー胴部を逆クラウン形状に成形する．
③ ② を行うときに，チャック圧力，成形内圧および圧力保持時間を細かく調整することで精度を出すことができる．

9.5.6 バルブボディー

真空機器用のバルブボディーは，従来は切削による 4 部品を溶接し，機械仕上げしてつくられていたが，材質がアルミニウムのため，溶接が難しく，ピンホール（ブローホール）が出やすい．ピンホールがあると，真空時にそこからガスが放出され，真空度を悪化させる．これに対し，図 9.49 に示す製品は溶接をせず，ハイドロフォーミングで成形したものであるので，溶接部のピンホールによる真空度の悪化の心配はない．ハイドロフォーミングに工法転換したことにより，切削による材料の無駄がなくなり，一体成形で材料費が削減され，素材および溶接の費用が大幅に削減された．

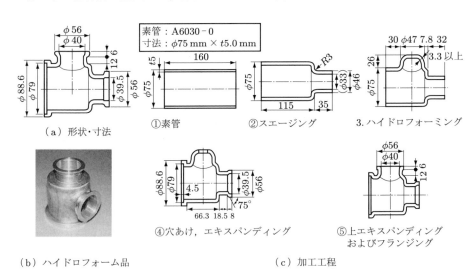

図 9.49　バルブボディー [9.48]

9.5.7　大型コンテナクレーンの管継手

大型コンテナクレーンの軽量化を図るために，パイプトラス構造を採用し，その継手部にチューブハイドロフォーミングで成形した継手が使われている（図 9.50）．こ

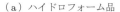

素管：鋼管
$\sigma_y = 327\,\mathrm{MPa},\ \sigma_B = 446.9\,\mathrm{MPa},\ \delta = 20\,\%$
寸法：$\phi 430\,\mathrm{mm} \times t14\,\mathrm{mm} \times l1100\,\mathrm{mm}$

（a）ハイドロフォーム品　　　　　　　　　（b）使用例

図 9.50　大型コンテナクレーンの管継手 [9.49, 9.50]

の継手を用いることにより，主管と支管との組立て，溶接が容易になり，かつ接合部の強度と信頼性が従来に比べて著しく向上した．

参考文献

- [9.1] 真嶋聡・中川成幸：プレス技術，41-7 (2003), 39-41.
- [9.2] 清水雄二：第 79 回塑性加工学講座テキスト，(2000), 181-192.
- [9.3] Mason, M.: Proc. Int. Seminar on Recent Status & Trend of Tube Hydroforming, (1999), 80-98.
- [9.4] Shao, J. & Shimizu, Y.: Proc. Int. Seminar on Recent Status & Trend of Tube Hydroforming, (1999), 73-79.
- [9.5] 日経ものづくり Tech-On (2000-8-24).
- [9.6] 那須興太郎：プレス技術，41-3 (2003), 38-41.
- [9.7] 木山啓・北野秦彦・中尾敬一郎：軽金属，56 (2006), 63-67.
- [9.8] 那須興太郎：塑性と加工，46-531 (2005), 321-325.
- [9.9] 日経メカニカル，594 (2004-3), 95.
- [9.10] 日経 Automotive Technology 2008 年 1 月号.
- [9.11] 日経 Automotive Technology (2009-01-13).
- [9.12] 石原貞男：第 205 回塑性加工シンポジウムテキスト，(2001), 1-6.
- [9.13] 日経ものづくり Tech-On (2005-05-20).
- [9.14] 鈴木孝司・上井清史・佐藤昭夫・上野行一・岸本篤典・岡田正雄・弓納持猛：第 56 回塑性加工連合講演会講演論文集，(2005), 191-192.
- [9.15] 上野行一・岸本篤典・岡田正雄・弓納持猛・上井清史・鈴木孝司：塑性と加工，48-563 (2007), 1055-1059.
- [9.16] ULSAB-AVC Consortium: ULSAB-AVC Overview Report, (2002).
- [9.17] ULSAB-AVC Consortium: ULSAB-AVC Engineering Report & Appendix, (2002).
- [9.18] 橋本浩二・栗山幸久・滝田道夫：自動車技術会 1998 材料フォーラムテキスト，(1998), 1-9.

[9.19] 栗山幸久・ULSAB 日本委員会：第 183 回塑性加工シンポジウムテキスト，(1998), 9-16.
[9.20] 栗山幸久：塑性と加工, 45-525 (2004), 804-808.
[9.21] 真嶋聡・杉山隆司・寺田耕輔・高橋進・住本大吾・吉田亨・栗山幸久：平成 12 年度塑性加工春季講演会講演論文集，(2000), 427-428.
[9.22] 日経 Automotive Technology (2008-10-16).
[9.23] 日経 Automotive Technology (2007-10-25).
[9.24] Leitloff, F. U. & Geisweid, S.: 塑性と加工, 39-453 (1998), 1045-1049.
[9.25] 中嶋勝司・井関博進：第 205 回塑性加工シンポジウムテキスト，(2001), 31-36.
[9.26] 浜西洋一・加藤和明：第 205 回塑性加工シンポジウムテキスト，(2001), 37-43.
[9.27] 野田直樹：第 106 回塑性加工シンポジウムテキスト，(1986), 5-16.
[9.28] 昭和アルミニウム（現 昭和電工）(株) リーフレット
[9.29] 中村正信・久保田昌之・南山秀夫・大木康豊：塑性と加工, 35-398 (1994), 187-195.
[9.30] 渡辺靖・阿部正一・下飯和美・富澤淳・内田光俊・小嶋正康・菊池文彦：平成 19 年度塑性加工春季講演会講演論文集，(2007), 255-256.
[9.31] 中村正信：パイプ加工法, (1982), 169, 日刊工業新聞社.
[9.32] 日経 Automotive Technology, 日経ものづくり 共同編集：自動車材料・加工技術のすべて 2007, (2006), 170-171, 日経 BP 社.
[9.33] 力丸徳仁・伊藤道郎：プレス技術, 39-7 (2001), 58-65.
[9.34] 中村正信・丸山清美・久保田晶之・中村友信・大木康豊：パイプ加工法 第 2 版, (1998), 320-321, 日刊工業新聞社.
[9.35] 日本塑性加工学会編：チューブフォーミング，(1992), コロナ社.
[9.36] 丹羽高興：第 23 回飛行機シンポジウム講演集, (1985), 266-269.
[9.37] 高橋明男：第 106 回塑性加工シンポジウムテキスト，(1986), 17-26.
[9.38] 高木六弥：塑性と加工, 12-120 (1971), 59-66.
[9.39] 轟寛：塑性と加工, 47-549 (2006), 909-912.
[9.40] 轟寛：塑性と加工, 40-459 (1999), 300-304.
[9.41] 日本塑性加工学会編：チューブフォーミング，(1992), 214-215, コロナ社.
[9.42] 大内隆：塑性と加工, 19-210 (1978), 573-578.
[9.43] 中村正信・丸山清美・久保田晶之・中村友信・大木康豊：パイプ加工法 第 2 版, (1998)，313, 日刊工業新聞社.
[9.44] 中村正信・丸山清美・久保田晶之・中村友信・大木康豊：パイプ加工法 第 2 版, (1998), 380, 日刊工業新聞社.
[9.45] 中村正信・丸山清美・久保田晶之・中村友信・大木康豊：パイプ加工法 第 2 版, (1998), 222, 日刊工業新聞社.
[9.46] 中村正信・丸山清美・久保田晶之・中村友信・大木康豊：パイプ加工法 第 2 版, (1998), 374-375, 日刊工業新聞社.
[9.47] 中村正信：塑性と加工, 47-549 (2006), 913-915.
[9.48] 中村正信・丸山清美・久保田晶之・中村友信・大木康豊：パイプ加工法 第 2 版, (1998), 302, 日刊工業新聞社.
[9.49] 蒲原秀明・吉富雄二・松村隆夫・野村浩：昭和 58 年度塑性加工春季講演会講演論文集, (1983), 133-136.
[9.50] (株) 日立製作所 機械研究所パンフレット, (1984).

第10章
今後の開発研究の動向と課題

　チューブハイドロフォーミングは，複雑形状の中空部品の一体成形が可能であり，その製品は軽量かつ高剛性であるという特徴を有する．また，一体成形の場合には溶接部がないことから強度も高く，成形精度も高い．さらに，衝突エネルギーの吸収部材としても優れた特性を有し，コストダウンも可能である．このため，チューブハイドロフォーミングは，とくに自動車部品の製造に適した成形技術として注目され，発展してきた．その製品は多くの自動車に搭載されてその軽量化に貢献し，燃料消費率の向上と CO_2 の排出量の削減を実現し，省資源や地球温暖化防止に大きな役割を果たしてきている．

　チューブハイドロフォーミングは，自動車産業のみならず，軽量化が要求される製品や中空の複雑形状の製品の製造が要求される分野においても大いに適用されてしかるべき技術である．

　ここでは，チューブハイドロフォーミングのさらなる発展のために要求される研究開発や解決すべき課題などについて述べる．

10.1　ハイドロフォーミングの現状ならびに最近の市場動向と研究開発

　図 10.1 は，ローランド・ベルガー&パートナー・コンサルト社が自動車におけるハイドロフォーム部品の市場動向調査結果を示したものである．その市場規模は年々拡大成長し，2015 年には，2000 年の約 8 倍に成長すると予測した．そのなかでも，ハ

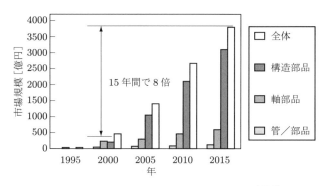

図 10.1　拡大するハイドロフォーミング市場 [10.1]

イドロフォーミングが構造部品に多用され，全体の8割余りを占めている．

この市場予測を補強する周辺情勢として，近年の地球環境保全の世界動向がある．産業革命以降，地球温暖化は徐々に進行してきたが，近年はその影響が急速に深刻度を増し，気候・自然・生活環境などに悪影響が現れてきている．この地球温暖化を食い止めるために，その原因となっている CO_2 などの温室効果ガスの削減にむけての取り組みが世界規模でなされている．CO_2 排出量全体の約20%は自動車からの排出であり，自動車からの CO_2 排出量を削減することは極めて大きな効果がある．第1章でも述べたように，自動車の軽量化は燃料消費率を改善する（図1.15参照）とともに，CO_2 の排出量も削減する．

これらの情勢により，自動車の軽量化への要求はますます加速し，その解決の有力工法としてチューブハイドロフォーミング技術への転換が増大するものと予想される．この問題は自動車業界だけでなく，ほかの業界への波及効果が大きく，さらに高度化したハイドロフォーミングの開発研究へと発展するものと期待される．具体的にそれは「素形材技術戦略」[10.2] のなかに取り上げられ，設計／製造プロセスの高度化を可能にする革新的加工技術の一つとして認められている．さらに，2006年6月には経済産業省の「特定ものづくり基盤技術高度化指針」[10.3] における，達成すべき高度化目標や高度化・高付加価値化に対応した技術開発の方向性のなかで，チューブハイドロフォーミングは鍵を握る重要な要素技術として取り上げられている．

図10.2は，管のハイドロフォーミングだけでなく，曲げ，端末加工なども含むチューブフォーミング全分野の研究開発活動の推移を見るために，「塑性と加工」誌の年間展

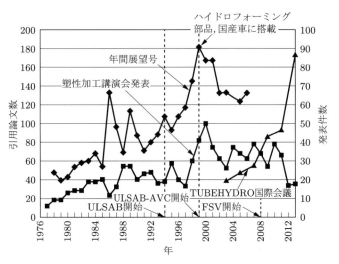

図10.2　チューブフォーミング関係の引用文献数，合計発表件数の推移

望号におけるチューブフォーミング関係引用文献数と，毎年2回行われる日本塑性加工学会の塑性加工春季講演会と連合講演会におけるチューブフォーミング関係の合計発表件数の推移を示したものである[10.4]．両者の傾向はほぼ一致していることがわかる．年間展望号での文献数は，2000年頃から年々，掲載ページ数の制限や編集方針の変更により，技術動向を的確につかむ指標にならなくなっていた．

そこで，もう一つの日本塑性加工学会の講演会発表件数の推移もあわせて見ると，2000年にピークを迎え，それ以降はほぼ35件程度と一定に推移している．これらの二つのグラフからわかる最初のピーク（1986年）あたりまでの変化は，1982年がピークのガソリン価格高騰や，1980年代後半にかけてのアメリカのCAFÉ規制法案の影響を受けて，より一層の省エネルギー，軽量化，コストダウンが求められた結果である．これらの要求に対応できる基盤加工技術として，ハイドロフォーミングがはじめて注目された時代がそのころである．その後の第2のピークに向けての発展は，1990年代半ばから欧米で火が点いたチューブハイドロフォーミングのブームであり，より積極的に自動車構造部品までの適用がはじまった時代で世界的な大きな潮流となっていた．年間展望号の引用文献数は1980年代の第一次ピーク時の133件と比べて，1.4倍近い180件を超えていた．国際鉄鋼協会（現世界鋼鉄協会）が火付け役となり，1994年より開始したULSAB（超軽量鋼製自動車車体），ULSAC（外板），ULSAS（サスペンション），ULSAB-AVC（先進車両設計）プロジェクトが牽引し，現在ではFSV（次世代鋼製環境対応車）プログラムへと展開してきているものである．現在でもなお，チューブフォーミングは地球温暖化防止策につながる基盤技術として注目されているものの2000年以降は日本塑性加工学会の講演発表件数もほぼ一定である．以上から，チューブフォーミング技術が研究開発を積極的に進める発展期から進展・成熟し，加工基盤技術として実用期に入って成熟してきたものと見ることができる．

図10.2には，日本が中心となり，韓国，中国，台湾が協力して2003年からはじまったTUBEHYDRO国際会議における発表件数の変化をあわせて示している．これまで発表件数は毎回増加しており，国内的にはチューブフォーミングは成熟した技術になりつつあるが，アジアではまだまだ成長する要素基盤技術の一つといえる．

図10.2を図10.1の市場規模予測の傾向と比較すると，2000年以降は，チューブフォーミング技術の研究開発結果が徐々に商品化されて市場を拡大しつつある時期に入ってきたため，必ずしも両者の動向が一致しているとはいえない．

これら近年のチューブハイドロフォーミング技術に関する活発な研究・開発によって，チューブフォーミング工法および管材料に関する技術が著しく進歩し，加工特性全般の解明が進展している．その一方で，チューブハイドロフォーミングを軽量化成形加工技術としてさらに発展・普及するために解明／解決していかなければならない

課題も多い.

　考えられる課題を，10.2節以下に列挙する．なお，チューブハイドロフォーミングに関する展望・解説記事は技術課題を理解するうえで参考になる．参考文献［10.5〜10.12］を参照してほしい．

10.2　新しいハイドロフォーミング用管材料

　チューブハイドロフォーミングは，複雑形状の中空部材を溶接することなく一体成形することのできる優れた加工法であるが，その工法の利点を十分に活かすためには良好な成形性を有する管材料が必要である．軽量化の要請に応えるために，今後は，アルミニウム合金管，マグネシウム合金管などの軽量材料の管材や，高強度の薄肉鋼管の使用が増えることが見込まれるが，これらの管は延性が少ない難成形性材料であり，ハイドロフォーミングは難しくなる．

　一般に，金属材料は高温下では延性が増加するので難成形性材料や複雑形状品のハイドロフォーミングは高温下で行われるが，高温下では材料酸化，耐熱設備，温度管理などの種々の技術的課題が発生する．これを避けるため，望まれるのは常温下で成形性のよい材料である．しかし，現在でも成形性に優れたハイドロフォーミング用管材料は十分には開発されていない．常温延性を改善したアルミニウム管，マグネシウム管，高強度鋼管の開発への期待は大きい．

　鋼管では，一部，高い r 値を有する高延性の鋼管[10.13]や，溶接管の溶接部硬さ分布の均一化を図った鋼管が開発されている程度であるが，最近，成形性に優れた自動車骨格部材用の980 MPa級の超高強度鋼管が開発され，これにハイドロフォーミングを適用した報告[10.14]も見られる．今後，さらに高強度でかつ高延性の鋼管が開発されることを期待したい．

10.3　新しいハイドロフォーミング工法

　自動車をはじめとして，各種製品の軽量化が，今後，より一層進められることは確実であり，これに対応するためには，新しいハイドロフォーミング用管材料の開発だけでなく，従来の材料を活用する新たなハイドロフォーミング工法の開発も望まれる．

● 10.3.1　型移動によるハイドロフォーミングの活用 ●

　5.2.3項(1)で述べたように，型移動によるハイドロフォーミングは，分割した金型を管の成形に合わせて移動させることによって，管材料と金型との間の摩擦を減少さ

せ，管の成形を容易にする工法であり，プリフォーミング自体が一つのハイドロフォーミングになっている．装置が複雑になり，型移動の正確な制御も必要となるが，複雑形状の断面成形や拡管率の大幅な向上を可能とする高度な技術である[10.15〜10.17]．型を移動させながら成形を行うチューブハイドロフォーミングは，経済産業省調査報告書「素形材技術戦略2008」[10.18]においても，高度な生産を可能とする技術として取り上げられ，「高精度・高機能な多軸成形機と複動成形技術」の一つとして位置づけられている．最近では，自動車のアクスルハウジングを，可動金型を用いたハイドロフォーミングにより1本の鋼管から中間焼きなましなしで3倍に拡管して製造する技術[10.19〜10.21]が開発された．

型移動によるハイドロフォーミングは，10.3.4項で述べる難成形性材料のハイドロフォーミングにも活用が期待されるだけでなく，工程数の削減も可能でサイクルタイム短縮にもつながる工法でもあるため，今後さらに技術開発が進むものと思われる．

10.3.2 管と型の間の摩擦・潤滑の利用開発

ハイドロフォーミングにおいて，成形される管材料と型との間の潤滑は，両者の相対滑りを支配する重要な加工因子である．5.1.4項で述べたように，潤滑がよい場合は，型なじみがよくなり，成形性が向上することもあるが，条件によっては薄肉化を促進して破裂を生じることもある．一方，潤滑がよくない場合は，材料と型との間の摩擦が大きくなり，材料の流動が妨げられる．この潤滑条件と材料の流動挙動の関係を上手に利用し，潤滑を工夫することにより，局所的に滑りを抑制あるいは促進させ，成形性を向上させることも考えられる．この部分潤滑法あるいは域差潤滑法は今後の開発が期待される技術である．

5.2.3項(5)で述べた内圧振動ハイドロフォーミングは，管に負荷する内圧を振動させることにより，管材料と型との間の摩擦力を軽減する効果があることが知られており，この工法に関してもさらなる技術開発が望まれる．

10.3.3 テーラードチューブ，テーパーチューブのハイドロフォーミング

製品の各部位に要求される特性（強度・肉厚）に応じて，材料強度や肉厚を適材適所化した板材（テーラードブランク）を用いて軽量化を図る技術は，プレス加工などでは従来から用いられているが，この技術を管材に応用した例は多くはない．5.2.2項で示した実験例のほかに，ULSAB-AVCプロジェクトにおいても，骨格部材であり，かつ衝突エネルギー吸収部材でもあるフロントレール（図1.11，9.15参照）が，強度と肉厚の違う管材を溶接したテーラードチューブをハイドロフォーミングしてつくら

れている．テーラードチューブのハイドロフォーミングには，技術的な難しさや溶接部の信頼性，コストなどの問題点がある．しかし，不必要な肉厚（駄肉）の除去や場所により異なる強度を要求される場合に対応する，適材適所化による軽量化を達成するには有効であり，今後の開発が望まれる技術である．

軸方向に肉厚を変化させた管に，バテッドチューブと呼ばれるものがあり，軽量化のために競走用自転車のフレームに使われているが，最近では自動車部品にも使われている[10.22]．この管は，プラグの位置制御を伴う引抜き加工により，溶接なしでつくられることが多い．また，差厚圧延（テーラー圧延）によりつくられた板をロールフォーミングしてつくる変肉厚管も最近開発された[10.23]．これらの管のハイドロフォーミングも，軽量化を図るために，活用されることが期待される．

また，軸方向に断面の大きさが変化する製品などの場合には，直管を用いたハイドロフォーミングでは場所により拡管率が異なるため，成形が難しくなる．このように場所により異なる拡管率が要求される場合には，製品の形状に見合ったテーパーチューブを用いてハイドロフォーミングすることが合理的である．そうすれば，場所による拡管率の大きな相違が解消され，ハイドロフォーミングが容易になる．テーパーチューブのハイドロフォーミングはコスト高になる欠点もあるが，有効な技術として発展が期待される．

10.3.4　難成形性材料のハイドロフォーミング技術開発

軽量化に有力なアルミニウムやマグネシウムなどの軽量金属材料は，延性が乏しいうえ，剛性および強度が低く，しわや座屈を生じやすいので，ハイドロフォーミングが困難な難成形性材料である．これらの欠点を克服するため，10.3.3項で述べたテーラードチューブ・バテッドチューブやテーパーチューブを活用した製品形状の工夫や新たな工法の開発などが期待される．また，押出し性の優れるアルミニウム合金では，管軸方向に断面形状と肉厚を変化させた管の押出しが可能であるので，それを活用したハイドロフォーミングの工法開発などが期待される．

一方，軽量化のため，より高強度で薄肉の鋼材開発が近年ますます増加しており，軽量化を実現する大きな流れの中心となりつつある．ダッカーワールドワイド社は，自動車用材料として高強度鋼材全体の需要は2009年から2020年までにボロン鋼，マルテンサイト鋼，TRIP鋼，CP（複相組織）鋼，DP鋼なども含めてそれぞれ3倍以上になると予測している[10.24]．

上記の状況のなか，超軽量鋼製車体のULSABプロジェクトを遂行した世界鉄鋼協会（旧 国際鉄鋼協会）は，2008年に，地球環境問題に対応する超軽量自動車（FSV：次世代鋼製環境対応車）プログラムを立ち上げている[10.25]．そこでは，2015～2020

10.3 新しいハイドロフォーミング工法

年に想定される次世代車を念頭に，高強度鋼材を多用する超軽量自動車の取組みがなされており，ホワイトボディー全体質量の97.4%が高強度鋼(AHSS)で，その半分は引張強さが500 MPa以上の超高強度鋼（UHSS）である[10.26]．これにより，ホワイトボディーを35%軽量化できるとしている[10.26, 10.27]．

また，さらなる軽量化を目指して，高強度鋼材を最適配置したテーラードチューブや管軸方向および横断面を形状最適化した管の開発とそれらのハイドロフォーミング技術開発も計画されている[10.28]．高強度の薄肉鋼管はしわや座屈を生じやすいので，ハイドロフォーミングの適用にあたっては，アルミニウム管やマグネシウム管などと同様，テーラードチューブやテーパーチューブの併用なども考慮に入れた，新たな高度の技術開発が求められる．

難成形性材料の多くは常温での成形性が低くても，高温下では高延性を示すようになる．この性質を利用した高温ハイドロフォーミングはすでに実用化されており，この要求は今後もさらに高まるものと予想される．高温では，材料の酸化，型や工具の耐熱性，温度の制御，圧力媒体，圧力のシール，潤滑，設備，コストなど，さまざまな技術的課題がある．これらを解決する新たな技術開発を期待したい．

また一般に，高温になれば材料にはひずみ速度依存性が現れ，いくつかの材料では，超塑性が発現する．小型無人飛行機の胴体構造にマグネシウム合金AZ61押出し中空形材を用いた超塑性一体成形技術も，その代表事例の一つである[10.29]．ひずみ速度依存性や超塑性特性を利用した工法の開発も期待される．

さらに進んだ段階として，特定の部位だけを加熱して，その部分の延性を高めて成形する，局部加熱ハイドロフォーミングの開発も考えられる．

ところで，板成形分野では成形品の高強度化と高精度化の手法として，熱間プレスやダイクエンチ（die quench）およびプレスクエンチ（press quench）と称して，低強度と高延性のオーステナイト相で高精度に成形すると同時に，オーステナイト相から熱処理（焼き入れ・焼き戻し）で急冷プロセスによってマルテンサイト変態させ，高強度化を実現する技術が進歩している．高強度鋼管のハイドロフォーミングにおいても，同様の発想で成形と同時に急冷し，より高強度化を図る可能性がある．3次元熱間曲げ焼き入れ（3DQ）プロセス[10.30]もその一つの試みであり，ハイドロフォーミングにおいても適用が期待される．

以上に述べた今後期待される工法以外にも，新たな発想による工法として，従来のハイドロフォーミングでの成形不良の一つとしてあげられているしわや座屈を，成形中に消去したり，さらに成形限界の向上を図る手段として利用したりすることが行われている．これがuseful wrinkleの活用である．これらに関しては，5.2.1項(3)およ

び参考文献［5.23〜5.25］を参照してほしい．このような工法開発も今後の大きな技術課題の一つである．

10.4　新しいハイドロフォーミング設計

　これまでの研究開発は，特定の条件下での個別の事例が多く，普遍性を与える基本的加工特性も十分に整理されておらず，設計指針すら確立されていない．そのうえ，成形に必要な加工情報はほとんど公表されていない．より合理的な設計・開発をするため，多くの加工・材料特性データ，資料の蓄積（データベース化）が急務である．それによって金型・工程設計の指針を確立することが，今後ますます必要となる．

◎ 10.4.1　最適プロセス設計，制御技術の確立 ◎

　近年，チューブハイドロフォーミングの最適プロセス（負荷経路）の解明とプロセス制御法の開発を目指した研究は徐々に進められているが，高度複合加工技術であるチューブハイドロフォーミングには特殊なノウハウも多く，また，歴史も浅いため，板材成形などに比べると，まだ遅れている．プリフォーミング，ハイドロフォーミング，ポストフォーミングの各段階における加工条件や，管材の変形状態およびそれらを連係した全工程を通しての最適工程設計ならびにそのプロセス制御の課題は多い．これらはコストダウン，高精度・高品質化，高能率化を図るために極めて重要である．

　これらの課題の解決のため，プレス成形や鍛造分野と同様に，チューブハイドロフォーミングにおいても CAE の重要性が今後ますます大きくなる．シミュレーション技術にも，多工程にも対応し，プリフォーミング，ポストフォーミングの各種加工問題を連成したチューブハイドロフォーミングに特化した CAE が要求される．また，最終工程時の加工成否や加工特性が実用精度で予測できるワンステップ解法などの簡便なソフトウェアの実用化が課題である．そのソフトウェアは利便性が高く，ユーザーフレンドリーでなければならない．プロセス制御や CAD への統合・展開，さらに知能化も重要な課題である．

◎ 10.4.2　製品・金型設計法および材料選択指針の確立 ◎

　チューブハイドロフォーミングでは，金型形状・寸法ならびに摩擦・潤滑は極めて重要な因子である．材料流動を支配して，ハイドロフォーム製品の寸法精度，品質に影響を及ぼすだけでなく，金型への素管の挿入・製品取出しのしやすさも左右するため，生産性にも影響する．したがって，適正な抜き勾配にも配慮した良好な成形を達成するための製品・金型設計法の確立が要望される．

また，ハイドロフォーム製品の設計においては，製品や金型の設計と並んで，工法や使用する材料の選択が重要である．材料の選択にあたっては，目標とする製品の形状・寸法，強度，使用目的や使用環境などを十分に考慮する必要がある．また，選択する材料によって加工方法や加工機械も変わるので，材料選択は慎重にしなければならない．さらに，材料選択の要因としてコストも重要である．

ハイドロフォーミングを成功させるためには，使用する管材の肉厚/直径比および材料特性とハイドロフォーミング性の関係をより詳細に明らかにし，材料を選択する際の技術指針を確立しなければならない．

10.4.3　成形限界の予測と評価試験法の確立

ハイドロフォーミングにおいては，管材は内圧と軸押しの多軸（2軸）負荷のもとで成形され，その成形性には経路依存性が見られる．成形される管材の応力状態は，加工条件や加工履歴に依存して複雑に変化し，管材は破裂，座屈，しわなど，異なった形態で最終的に成形限界に達する．このため，成形性の評価は難しく，従来の成形限界理論や延性破壊理論では不十分である．単純な負荷経路のハイドロフォーミングでもその成形性の評価法は確立していないのが現状であり，可動金型を用いるさらに高度化したハイドロフォーミングなどではその加工履歴が一層複雑になるため，早急に，成形限界を高精度に予測するツールの開発と成形性の評価試験法の確立が望まれる．

10.5　新しい加工機械

ハイドロフォーミング加工機械は，液体を柔軟工具として用いて加工する機械であるため，液体の加圧装置が必要で，加工に時間を要するなど，プレス成形機械などにはない特徴がある．チューブハイドロフォーミングの普及の鍵の一つは加工機械にある．

10.5.1　サイクルタイムの大幅短縮

設備面から見たハイドロフォーミングの課題としては，薄板プレス成形に比べて加工速度が6～10倍遅いことが挙げられる．管材の型へのセット，管内部への注水，型締め，加圧・軸押し，排水，製品取出しのそれぞれの工程に対して時間の短縮を図る多くの工夫やアイデアを取り込んだ装置が考案され，開発実用化されているが，まだまだ不十分である．さらにサイクルタイムを短縮して，プレス機械と競合可能なレベルに到達することが要望される．

10.5.2 設備のコンパクト化

ハイドロフォーミングの設備の課題として，サイクルタイムが遅いことのほかに，大きな加工力を必要とする高圧法では加工機械が巨大になり，設備費用も高額になることが挙げられる．加工機械が大型化すると既設の加工ラインに導入することが容易でなくなり，生産システムが柔軟性を失ってしまう．近年，高圧法のもつ利点を生かしながらコンパクト化して加工ラインに組み入れられるようにして生産性を高め，コストダウンも実現した加工機械[10.31]が一部開発されている．一方，低圧法では，加工機械は比較的コンパクトで低コストであるが，加工機械の開発は少ない．

ハイドロフォーミングの加工ラインを柔軟化して生産性を高めるためにも，またハイドロフォーミング技術の普及を図るためにも，より一層コンパクトで安価な加工装置の開発が望まれる．

これ以外にも，加圧装置を必要とせず，古くから用いられている安価で特徴のある液封成形法[10.4]の活用も今後重要である．

10.6 その他

10.6.1 ほかの部品との接合技術の開発

チューブハイドロフォーム製品はフランジがないので，ほかの部品との接合が難しい．6.2節で述べたように，ほかの部品と接合するために，種々の工夫がなされているが，ハイドロフォーミングの普及のためには，板成形分野で近年急速に技術進歩している異種材料も含めたクリンチングおよびセルフピアスリベットなどによる接合を含め，さらなる技術開発が要求される．

10.6.2 意匠性を生かした成形品への適用

肉厚や断面形状を自在に変化させた滑らかで美しい外観をもつ管は，成形自由度の高いハイドロフォーミングによって溶接なしで成形することができる．しかも，その製品は軽量で高剛性である．アルミニウム合金やチタン合金でつくられたそれらの管は，デザインが重視される高級自転車やマウンテンバイクのフレームパイプに使用されている．同様の例は，競技用自動二輪車（スポーツバイク）のフレームなどにも見られ，軽量構造部材に，形状や外観の美しさを加えて商品価値を高めている．このようなハイドロフォーミングならではの意匠性の高い製品への適用も，チューブハイドロフォーミングの将来の一つのあり方である．

参考文献

- [10.1] http://www.hforming.com
- [10.2] （財）素形材センター：http://www.sokeizai.or.jp
- [10.3] 経済産業省中小企業庁：特定ものづくり基盤技術高度化指針について，(2006).
- [10.4] 真鍋健一・淵澤定克：塑性と加工, 52-600 (2011), 36-41.
- [10.5] 真鍋健一：塑性と加工, 39-453 (1998), 999-1003.
- [10.6] Fuchizawa, S. & Shirayori, A.: Proc. Int. Seminar on Recent Status & Trend of Tube Hydroforming, (1999), 40-53.
- [10.7] 淵澤定克：塑性と加工, 41-478 (2000), 1075-1081.
- [10.8] 西村尚・真鍋健一：第 201 回塑性加工シンポジウムテキスト, (2001), 26-33.
- [10.9] 阿部英夫：自動車技術会 2001 材料フォーラムテキスト, (2001), 16-22.
- [10.10] 淵澤定克：日本鉄鋼協会 第 175・176 回西山記念技術講座テキスト, (2001), 55-77.
- [10.11] 淵澤定克：鉄と鋼, 90-7 (2004), 451-461.
- [10.12] 淵澤定克：金属, 76-10 (2006), 1183-1188.
- [10.13] 依藤章・河端良和・大西寿雄・板谷元晶・森岡信彦・豊岡高明：塑性と加工, 47-551 (2006), 1141-1145.
- [10.14] 荒谷昌利・石黒康英・園部治・郡司牧男・佐藤昭夫：まてりあ, 49-3 (2010), 110-112.
- [10.15] ULSAB 日本委員会：ULSAB Final Report パンフレット, (1995).
- [10.16] Lee, M. Y., Sohn, S. M., Kang, C. Y. & Lee, S. Y.: J. Mater. Process. Technol., 130-131 (2002), 115-120.
- [10.17] 佐藤浩一・弘重逸朗・平松浩一・真野恭一：平成 18 年度塑性加工春季講演会講演論文集, (2006), 1-2.
- [10.18] 経済産業省：平成 20 年度中小企業実態・対策調査報告書「素形材技術戦略 2008」, (2009), 31-32, 146, 167.
- [10.19] 和田学・井口敬之助・水村正昭・金田裕光：第 62 回塑性加工連合講演会講演論文集, (2011), 173-174.
- [10.20] 和田学・水村正昭・金田裕光：平成 24 年度塑性加工春季講演会講演論文集, (2012), 251-252.
- [10.21] 和田学・水村正昭・金田裕光：平成 25 年度塑性加工春季講演会講演論文集, (2013), 147-148.
- [10.22] （株）三五 カタログ．
- [10.23] Hirt, G. & Heppner, S.: Proc. 13th Int. Conf. Metal Forming (2010), 17-24.
- [10.24] Ducker Worldwide: http://www.ducker.com
- [10.25] 栗山幸久・稲積透・渡辺憲一・福井清之：自動車技術会 2011 材料フォーラムテキスト, (2011), 7-12.
- [10.26] 渡辺憲一・栗山幸久・稲積透・福井清之：自動車技術会 2011 材料フォーラムテキスト, (2011), 19-24.
- [10.27] 稲積透・栗山幸久・渡辺憲一・福井清之：自動車技術会 2011 材料フォーラムテキスト, (2011), 13-18.
- [10.28] Shaw, J.: California ARB Lightweighting Workshop, (2010).
- [10.29] 地西徹・長沼年之・高橋泰・村井勉：平成 22 年度塑性加工春季講演会講演論文集, (2010), 189-190.
- [10.30] 富澤淳・嶋田直明・井上三郎・菊池文彦・桑山真二郎：平成 22 年度塑性加工春季講演会講演論文集, (2010), 207-208.

[10.31] 平松浩一・石原貞男・門間義明・波江野勉・本多修・佐藤浩一：塑性と加工, 46-539 (2005), 1147-1150.

索 引

●英数字

1000 系アルミニウム　55
2 本取り　9, 96, 247
3000 系アルミニウム　55
3DQ プロセス　259
3 次元熱間曲げ焼き入れプロセス　259
5000 系アルミニウム　55
6000 系アルミニウム　56
7000 系アルミニウム　57
AZ31　120, 127
AZ61　120
CAD　260
CAE　260
CO_2 削減　1
CO_2 排出　16, 254
CP 鋼　258
DDV サーボポンプ　149, 150
DP 鋼　112, 229, 231
FEM　197
FLD　68, 134, 212
FSV　7, 255, 258
HAZ　112, 131
HISTORY 鋼管　7, 50, 67, 112
HMGF　126
IF 鋼　112, 114
n 乗硬化　22, 203
n 値　22, 60, 145, 146, 148
PSH　42, 104
r_ϕ　29, 60
r_θ　29, 60, 75
r 値　28, 60, 69, 71, 75, 76, 145, 146, 148
R 止り部　131
SP-700　58, 128
TRIP 鋼　112, 113
T 成形　33, 75, 113, 123, 137, 205
T 成形プロセス　36
T 成形理論　33
T 継手　5, 6
ULSAB　6, 14, 255
ULSAB-AVC　7, 14, 255
ULSAC　7, 255
ULSAS　7, 255
useful wrinkle　111, 259
X 線発生器ボディー　248
Zn22Al　128

●あ 行

アクスルハウジング　6, 8, 211, 257
圧力媒体　101, 107
穴あけ工程　179
アルミニウム合金　47, 54, 116
合せ管　49
アンダーカット　113
アンダードライブ方式　188, 189
安定生産　194
域差潤滑法　104, 257
意匠性　262
一様伸び　59
一体成形　3, 8, 120, 126
異方性　28, 203
インストルメントパネルビーム　232
内向きピアシング　168, 171, 172
エアインテークマニホールド　235
液圧バルジ加工　1, 3
液圧バルジ試験　66
エキスパンド加工　83
エキゾーストマニホールド　96, 233
液中放電成形　101, 130
液封成形　101, 124, 228
枝管　33
枝管成形　33
円周方向一軸引張　118

エンジンクレードル　94, 224
円筒型　31
黄銅　46, 57
応力−ひずみ関係　66
応力−ひずみ線図　40
応力履歴　141
大型コンテナクレーン　250
押込み工具　153, 156, 190
押出し形材　116
押付け曲げ　84
押通し曲げ　84, 86
押通し曲げ加工機械　86, 184
押広げ試験　60, 61
折れ込み　93
折れ線経路　140
オレンジピール　101
温間縮径圧延　112

○か　行

階段状経路　140
カウンターパンチ　35, 76, 151
拡管　83
拡管加工　82
拡管限界　71
拡管限界円周ひずみ　71
拡管試験　60, 61
拡管率　83, 157
殻理論　39
加工機械　179, 180
加工限界　130
加工硬化　203
加工硬化指数　22, 60
加工システム　179, 195
加工シミュレーション　197
加工精度　171
加工力　35
型移動　121, 256
型締め　125
型締め装置　188
型締め方法　139
型締め力　160
型バルジ　21, 101
型バルジ試験　66

型バルジ成形理論　30
肩部の曲率半径　154
可動金型　102, 121
金型形状　154
金型寸法　154
金型設計　152, 172, 260
金型の分割方式　36, 153
かみ込み　81, 92
管楽器　245
管端部切断工程　179, 182
管継手　3, 5, 6, 250
機械構造用炭素鋼鋼管　46, 50
キャリブレーション　109, 160, 246
矯正　92
強度係数　22, 60
局部加熱ハイドロフォーミング　259
局部加熱曲げ　84
局部伸び　59
口絞り　83
口広げ　83
クーラーコンプレッサー用マフラー　246
クラッド管　57
繰り返し精度　194
クロス成形　221
形状モデリング　200
軽量化　11, 13, 254, 255
軽量効果　11
限界拡管率　65, 74, 77
限界減肉率　135
限界張出し半径　29, 63, 74
検査　195
検査工程　179
高圧発生装置　189
高圧法　42, 104
高温 T 成形　127
高温ハイドロフォーミング　126, 259
高温バルジ　101
高強度化　12
高強度鋼　112, 228, 259
航空エンジン冷却管　239
高速動作　194
高速ハイドロフォーミング　130
工程設計方案　158

高内圧成形　100
降伏応力　202
降伏開始圧力　140
降伏曲線　202
降伏点　58
降伏比　59
固定金型　102
コーナー R 限界　67, 144, 208
コーナー半径　94, 95, 142
コーナー部成形　106, 123
コニカルチューブ　48
コピー機ヒートローラー　249
ゴムバルジ　101, 108, 243
固溶強化鋼　112
コラプシブルハンドル用ベローズ　236

◉さ　行

サイクルタイム　261
最小曲げ半径　84, 85
最大型締め力　191
最大軸押込み量　37
最大軸押し力　192
最大内圧　24, 29, 30, 37
最大内圧時の円周ひずみ　24, 30
最大パンチ荷重　169
最大負荷内圧　191
最適化　197, 211, 212
最適工程設計　260
最適負荷経路　212
最適プロセス制御　219
サイドルーフレール　229
材料選択指針　260
材料評価　201
材料モデル　201
材料流動　157
座屈　75, 110, 136
サスペンション　224
サスペンションアーム　227
サブフレーム　126, 224
左右分割型　36
残留オーステナイト　113
残留しわ　82, 95
シェル要素　200

軸押し　34
軸押込み　102, 117
軸押込み量　34, 159
軸押し装置　190
軸押しパンチ　35, 36, 151, 156
軸押し変位　34, 41
軸押し量　34
軸押し力　34, 41, 192
次世代鋼製環境対応車　7, 255, 258
自動車構造用電気抵抗溶接炭素鋼鋼管　46, 50
シミュレーションソフトウェア　199
シミュレーションモデル　200
終圧　110, 140, 143, 159, 160
周長変化率　132, 138
自由バルジ　21, 100, 101, 131, 204
自由バルジ試験　62
自由バルジ成形理論　21
縮管　83
縮管加工　82
潤滑　101, 116, 145, 146, 161
初圧　110, 140, 159
上下分割型　36
衝突安全性　13
初期偏肉　39, 78
徐変 R 曲げ　87
シール　156, 190
しわ　110, 136
しわ限界　139
しわ限界無次元曲げ曲率　69
しわの急峻度　75
垂直異方性　60
ステアリングコラム　235
スプリングバック　54, 92, 109
制御方式　149
成形可能範囲　147
成形可能領域　111, 159
成形限界　68, 70, 75, 110, 261
成形限界線図　68, 134, 212
成形性　68
成形性試験法　58
成形内圧　158
成形不良　110, 194, 198

成形余裕度　　66, 144
製品設計　　152, 260
正方形拡管　　145, 146, 206
正方形型　　32
正方形管　　120, 206
接合技術　　262
セルフピアスリベット　　175
先進車両設計　　255
センターピラー補強材　　131, 146, 209, 231
せん断曲げ　　8, 88, 90
全伸び　　59
相当応力　　23, 202
相当ひずみ　　23
増分解法　　199, 200
塑性屈服　　70
塑性ひずみ比　　60
外向きピアシング　　170, 173, 235
ソリッド要素　　200

●た　行
ダイキャビティ　　91
タクトタイム　　54
多工程　　207
多工程 S 字チューブハイドロフォーミング　　216
多工程 U 字チューブハイドロフォーミング　　217
だれ　　171
弾性係数　　202
段付絞り　　83
地球温暖化　　1, 15, 254
チタン合金　　48, 57, 121, 128
窒素ガスチャンバー　　247
中空カムシャフト　　237
中空構造化　　11
チューブハイドロフォーミング　　2
チューブハイドロフォーミング用材料　　45
チューブバルジテスト　　66
超軽量鋼製自動車車体　　14, 255
超高強度鋼　　232, 256
超塑性　　120, 128
超塑性バルジ成形　　128
長方形拡管　　137, 140, 144, 147, 205

直角エルボ　　124
ツイストビーム　　228
つば出し試験　　60, 61
つぶし加工　　90, 179
つぶし形状　　93
つぶし曲げ加工　　5, 245
低圧法　　42, 104
低ひずみ造管技術　　50
低融点合金　　108
テーパー拡管　　83
テーパー絞り　　83
テーパーチューブ　　48, 114, 257
デファレンシャルギヤケース　　6, 8, 211
テーブル面積　　192
テーラードチューブ　　48, 114, 257
電気抵抗溶接　　45, 112
電磁成形　　101
電縫鋼管　　49
電縫鋼管溶接部　　112
ドアフレーム　　210
銅合金　　46, 57
等二軸引張　　118
吐水口　　246
突起成形　　33
トップドライブ方式　　188
トラック用ミラーアーム　　238

●な　行
内圧振動　　101, 129, 151
内圧振動ハイドロフォーミング　　128, 210
内圧負荷方式　　101, 102
中子　　92
軟質金属　　101
肉厚偏差　　78
肉余り　　138
二軸応力試験機　　134
二重管　　234
二相組織鋼　　112
抜曲げ　　170, 172
熱影響部　　112, 131
熱間ガスバルジ　　128
熱間バルジ　　126, 127, 226
燃料消費率　　10, 17, 254

●は 行

ハイドロジョイニング　175
ハイドロトリミング　177
ハイドロバーリング　173
ハイドロパンチ　101, 130
ハイドロピアシング　168, 235
ハイドロフォーミング　100, 179
ハイドロフォーミング加工機械　187, 193
ハイドロフォーミング性　70, 139, 148
ハイドロフランジング　125, 176
爆発成形　101, 130
破断伸び　59
バテッド加工　243
バテッドチューブ　258
バルジ試験　62
バルブボディー　250
破裂　70, 110, 131
破裂限界　134
破裂の予測　134
ハンガーラッグ　242
搬送装置　195
半抜き　171
バンパー　237
ハンブルグ曲げ　84
ハンマリング法　128
引曲げ　84, 85, 208
引曲げ加工機械　85, 183
ひずみ経路依存性　134
ひずみ速度依存性　259
ひずみの適合条件式　28
引張試験　58
引張強さ　58
非鉄金属管　52, 115
評価試験法　261
表面きず　78, 116
比例負荷　68
ファジィ制御　220
フィラーチューブ　237
負荷経路　63, 109, 119, 140, 160, 193, 211
複相組織鋼　258
ブースターダイ　85
不整変形　81, 110
部分潤滑法　104, 257

フラットシール　125
プラットフォーム　224, 227
フランジ付きアルミニウム合金押出し材　126
プリフォーミング　81, 95, 161, 179
プリベンディング　83, 94, 96, 97, 179, 207
プリベンド品　133, 137
プレス曲げ　84, 86, 207
フレーム継手　242
フレームパイプ　243
フレーム部品　97
プロセス制御　260
プロセスパラメーター　148
フロントサブフレーム　126
フロントピラー補強材　232
フロントレール　231
分割心金　89
平面ひずみ引張　118
へこみ　81, 90, 93
ヘッドラッグ　122, 242
ベローズ　121, 235
変態誘起塑性鋼　112
偏肉　116
へん平　70
へん平試験　61
保持内圧　117, 141
ポストフォーミング　161, 162, 168, 173, 179
ボディー　229
ポートホール押出し　39, 53, 78

●ま 行

曲がり管　113
マグネシウム合金　47, 57, 120, 127
膜理論　22, 39
曲げ加工性　69
曲げ加工法　84
曲げ試験　62
摩擦係数　145, 147
マルチ圧法　104
マンドレル押出し　40, 53
水回収循環装置　190
無限長円管　22
メカロック方式　188

面内異方性　147

● や　行

焼きなまし工程　179
有限長円管　27
有限要素法　197
溶接工程　179
溶融金属　107

● ら　行

ラジエーターサポート　233

ランクフォード値　60
リアサスペンショントレーリングアーム　228
リアサブフレーム　126, 226
両端閉じ　22
リング押広げ試験　60, 61
ロケットエンジンノズルスカート　241

● わ　行

割型　8, 88
ワンステップ解法　199, 205

```
編集担当  二宮  惇(森北出版)
編集責任  石田昇司(森北出版)
組　　版  藤原印刷
印　　刷  同
製　　本  同
```

チューブハイドロフォーミング
―軽量化のための成形加工技術―　　　　　　　Ⓒ日本塑性加工学会　*2015*

2015 年 5 月 15 日　第 1 版第 1 刷発行　【本書の無断転載を禁ず】

```
編  　者  一般社団法人　日本塑性加工学会
発 行 者  森北博巳
発 行 所  森北出版株式会社
          東京都千代田区富士見 1-4-11（〒 102-0071）
          電話 03-3265-8341 ／ FAX 03-3264-8709
          http://www.morikita.co.jp/
          日本書籍出版協会・自然科学書協会　会員
          JCOPY <（社）出版者著作権管理機構　委託出版物>
```

落丁・乱丁本はお取替えいたします．

Printed in Japan ／ ISBN978-4-627-61421-5

図書案内 森北出版

超音波応用加工

日本塑性加工学会／編

菊判・240 頁
定価 4,000 円+税
ISBN 978-4-627-61411-6

研究者やエンジニアを対象に，超音波の基礎からはじめ，塑性加工や切削加工，研削加工など各種加工法への応用を体系的にまとめ，わかりやすく解説した．

目次

超音波の基礎／塑性加工への応用／切削加工への応用／研削加工への応用／超音波加工への応用／超音波接合への応用／プラスチック成形加工への応用／マイクロ加工への応用

※定価は 2015 年 4 月現在

弊社 Web サイトからもご注文できます
http://www.morikita.co.jp/

図書案内 　森北出版

切削加工の基礎
工具の選び方から高速ミーリングまで

松岡 甫篁・安齋 正博／著

菊判・216 頁
定価 2,600 円+税
ISBN 978-4-627-66961-1

切削加工の基礎から，マシニングセンタなどの CNC 工作機械の種類や機能，切削工具と保持具の選び方や使い方，現在の切削加工の主流である高速ミーリングの切削特性や加工事例などについて詳しく解説した．

目次

形づくりと切削加工／切削加工とは／CNC 工作機械と切削加工技術／切削工具と保持具の選び方・使い方／新しい切削加工技術／これからの高速ミーリング

※定価は 2015 年 4 月現在

弊社 Web サイトからもご注文できます
http://www.morikita.co.jp/